"十四五"职业教育国家规划教材

高等职业教育课程改革系列教材

实践导向型高职教育系列教材

# 电工基础项目教程

## 第 2 版

主　编　李爱秋　季昌瑞　丰章俊
副主编　易浩明　罗　丹　郭宏岩　秦　超
参　编　刘　芳　陈昌安　王法光　季海达

机械工业出版社

本书是实践导向型高职教育系列教材，是集基础理论、电路实践及综合应用于一体的项目化教学教材。全书分为两部分：第一部分为项目1~项目7，主要介绍电路的基本概念和定律、电路原理及基本分析方法、单相正弦交流电路、相量分析法、谐振、互感耦合电路和变压器、三相电路、电路的暂态分析、仪器仪表及其使用；第二部分为项目8，通过一个综合实训项目教学案例的学习，增强学生基本知识、基本技能的综合应用能力。

本书可作为高职高专院校电类各专业教材，也可作为有关技术人员的参考用书。

**为方便教学，本书有电子课件、习题答案、模拟试卷及答案等教学资源，凡选用本书作为授课教材的老师，均可通过 QQ（3045474130）咨询。**

## 图书在版编目（CIP）数据

电工基础项目教程/李爱秋，季昌瑞，丰章俊主编 . —2 版 . —北京：机械工业出版社，2022.12（2025.9重印）
高等职业教育课程改革系列教材
ISBN 978-7-111-72467-4

Ⅰ. ①电… Ⅱ. ①李… ②季… ③丰… Ⅲ. ①电工-高等职业教育-教材 Ⅳ. ①TM1

中国版本图书馆 CIP 数据核字（2022）第 256174 号

机械工业出版社（北京市百万庄大街 22 号　邮政编码 100037）
策划编辑：曲世海　　　　　　　责任编辑：曲世海　冯睿娟
责任校对：郑　婕　王明欣　　　封面设计：马精明
责任印制：单爱军
保定市中画美凯印刷有限公司印刷
2025 年 9 月第 2 版第 13 次印刷
184mm×260mm · 14.5 印张 · 306 千字
标准书号：ISBN 978-7-111-72467-4
定价：49.80 元

电话服务　　　　　　　　　网络服务
客服电话：010-88361066　　机 工 官 网：www.cmpbook.com
　　　　　010-88379833　　机 工 官 博：weibo.com/cmp1952
　　　　　010-68326294　　金 书 网：www.golden-book.com
**封底无防伪标均为盗版**　　机工教育服务网：www.cmpedu.com

# 前　言

本书根据实践导向型教材编写要求及专业教学改革的需求编写。书中内容突破了原有课程的结构体系，突出了应用性和操作性，增加了真实项目的综合实训和实用性强的电工仪表及其使用等内容。全书具有以下特点：

1）以项目形式引入学习任务。各项目中给出了具体的项目分析、项目任务、相关知识、项目实施、项目总结与考核等内容，能让学生在项目任务的驱动下去学习，掌握相关的电工基本操作技能，提高政治文化素养。

2）为适应传统教学内容向项目化教学内容的过渡，全书按电路基本概念、电路分析方法、解题步骤、例题分析、解题要点等内容编排，充分体现了理论与实践相结合的特点，避免了复杂的推理论证，引导读者用唯物辩证的方式看待和处理问题，形成科学的世界观和方法论，提高职业道德修养和精神境界。

3）注重教学方法和教学手段的改革。编写时力求做到概念准确、语言精练、重点突出、内容创新、叙述通俗；教学时可运用教学项目中的内容直接验证相关的电路定理、定律。本书采用项目化教学，但也适用于传统的方法教学。

4）为遵循技术技能人才成长规律，项目设计由简单到复杂，由生活实际到工程应用，循序渐进，强化学生职业素养养成和专业技术积累，将专业精神、职业精神和工匠精神融入教材中。

本书由李爱秋、季昌瑞和丰章俊任主编，易浩明、罗丹、郭宏岩和秦超任副主编，刘芳、陈昌安、王法光和季海达参编。全书由李爱秋和季昌瑞统稿，并制作书中的视频。丰章俊编写项目4和项目8，易浩明编写项目2和项目3，罗丹编写项目7和附录，郭宏岩编写项目5和项目6，刘芳编写项目1，秦超、陈昌安、王法光和季海达参与文字的录入、图表的设计和书中视频的制作等。

由于编者水平有限，书中纰漏之处在所难免，恳请广大读者提出宝贵的意见与建议，以利今后不断改进。

编　者

# 二维码索引

| 序号 | 二维码 | 页码 | 序号 | 二维码 | 页码 |
|---|---|---|---|---|---|
| 1 | | 3 | 11 | | 44 |
| 2 | | 5 | 12 | | 56 |
| 3 | | 9 | 13 | | 61 |
| 4 | | 12 | 14 | | 65 |
| 5 | | 24 | 15 | | 67 |
| 6 | | 28 | 16 | | 84 |
| 7 | | 33 | 17 | | 90 |
| 8 | | 35 | 18 | | 92 |
| 9 | | 40 | 19 | | 96 |
| 10 | | 42 | 20 | | 102 |

（续）

| 序号 | 二维码 | 页码 | 序号 | 二维码 | 页码 |
|---|---|---|---|---|---|
| 21 | | 109 | 26 | | 163 |
| 22 | | 127 | 27 | | 172 |
| 23 | | 143 | 28 | | 187 |
| 24 | | 148 | 29 | | 194 |
| 25 | | 161 | | | |

# 目　　录

# 项目 1

# 手电筒电路的安装与测试

## 1.1　项目分析

图 1-1 所示为手电筒电路，图 1-1a 为实体电路，图 1-1b 为电路模型。在理论分析计算时要将实体电路转换成电路模型，通过电路模型分析计算电路电压、电流及功率，通过比较分析，找出实物与电路符号的对应关系。

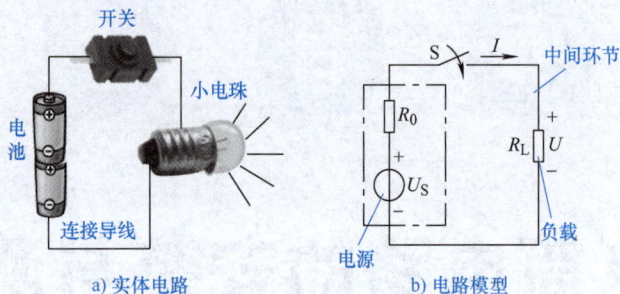

a) 实体电路　　　　　　b) 电路模型

图 1-1　手电筒电路

通过本项目的学习，达到以下教学目标：

### 1. 能力目标

1）会安装电路，会熟练使用万用表。

2）会测量电路中的电压、电流。

### 2. 知识目标

1）了解电路组成、电路模型。掌握电压和电流的关系，电压、电流和功率的关系。

2）掌握关联参考方向和非关联参考方向及其在欧姆定律中的应用。

3）掌握欧姆定律及电路参数。

### 3. 素质目标

通过学习元件的国家标准，养成遵守各种标准规定的习惯，培养良好的行为习惯。

## 1.2　项目任务

1）给定若干电阻，对电阻进行识别，测量电阻阻值。

2）给定电池、小电珠（可用电阻代替）、开关，按图 1-1 所示电路进行连接，并测量电路电流和小电珠两端电压。

## 1.3  相关知识

### 1.3.1  电路和电路模型

**1. 电路的概念**

电路是各种电气元器件按一定的方式连接起来的总体。在人们的日常生活和生产实践中，电路无处不在。从电视机、电冰箱、计算机到自动化生产线，都体现了电路的存在。最简单的电路实例是图 1-1a 所示的手电筒电路：用导线将电池、开关、小电珠连接起来，为电流流通提供路径。所以，由实际元器件构成的电流通路称为电路。电路又称回路，泛指电流流通的闭合路径。

**2. 电路的组成**

电路通常由电源、负载和中间环节三部分组成，如图 1-2 所示。

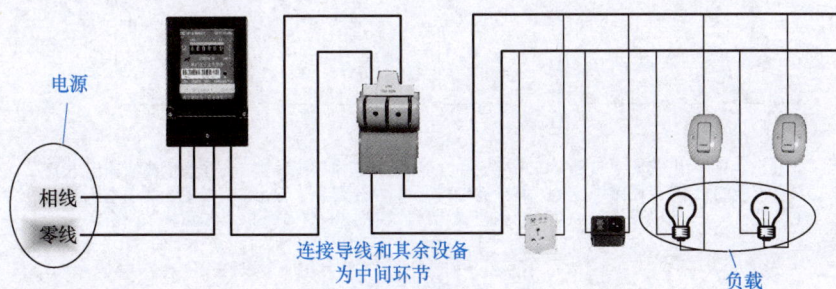

电源

相线
零线

连接导线和其余设备
为中间环节

负载

图 1-2  电路的组成

电源：是向电路中提供能量的装置，如电池、发电机等。电源可以把其他形式的能量转换成电能，如化学能、机械能、热能等都能转换成电能。

负载：是接在电路中消耗电能的装置，如电灯、电动机、电热炉等。负载能把从电源处接收到的电能转换成其他形式的能量，例如，电灯能把电能转换成光能和热能，电动机能把电能转换成机械能和动能。

中间环节：电源和负载之间连接的传输导线、控制电路及保护装置等。

**3. 电路的功能**

在电力系统中，电路可以实现电能的传输、分配和转换。例如发电厂发出的电能，通过电路进行传输、分配和转换。

在电子技术中，电路可以实现电信号的传递、存储和处理。例如，收音机、电视机、手机等能将收集到的信息进行处理、存储、转换和传递。

### 4. 电路模型

用抽象的理想电路元件及其组合，近似地代替实际元器件，从而构成了与实际电路相对应的电路模型，如图1-1b所示。一个实际电路用怎样的电路模型表示，应当通过对电路物理过程的观察分析而确定，要具体问题具体分析，既不会对整个电路的分析和计算产生影响，又能给解决实际问题带来事半功倍的效果。例如，图1-1中的电池可用理想电压源和内阻进行组合代替。

理想电路元件有电阻元件（只具有耗能的电特性）、电容元件（只具有存储电场能的电特性）、电感元件（只具有存储磁场能的电特性）、理想电压源（输出电压恒定，输出电流由它和负载共同决定）、理想电流源（输出电流恒定，两端电压由它和负载共同决定），如图1-3所示。理想电路元件是实际电路器件的理想化和近似，其电特性单一、精确，可定量分析和计算。

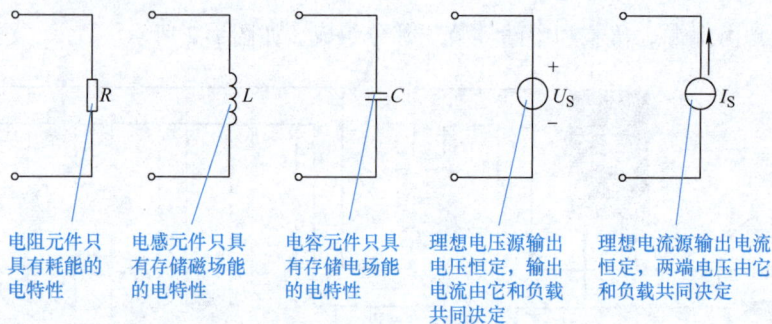

电阻元件只具有耗能的电特性　　电感元件只具有存储磁场能的电特性　　电容元件只具有存储电场能的电特性　　理想电压源输出电压恒定，输出电流由它和负载共同决定　　理想电流源输出电流恒定，两端电压由它和负载共同决定

图1-3　理想电路元件

### 5. 利用电路模型研究问题的特点

1）电路模型是用来探讨存在于各种实际电路中共同规律的工具。

2）电路模型主要针对由理想电路元件构成的集总参数电路，集总参数电路中的元件上所发生的电磁过程都集中在元件内部进行，任何时刻从元件两端流入和流出的电流恒等，且元件端电压值确定。因此，电磁现象可以用数学方式来精确地分析和计算。

3）在电路分析基本理论中运用电路模型，其主要优点是为寻求实际电路共有的一般规律、探讨各种实际电路共同遵守的基本规律带来方便。

## 1.3.2 电路的基本物理量

### 1. 电流及电流的参考方向

（1）电流的形成 带电粒子做有规则的定向运动形成了电流，即单位时间内通过导体横截面的电荷量，用 $I$ 或 $i$ 表示。

（2）电流的大小 电流的大小常用电流来衡量。大小和方向都会随时间变化的电流称为变动电流，其中，在一个周期内电流的平均值为零的变动电流称为交变电流，简称交流（即 AC），用符号 $i$ 表示。

对于变动电流来说，设在时间间隔 $\mathrm{d}t$ 内，通过导体横截面的电荷量为 $\mathrm{d}q$，则在该瞬间的电流为

$$i = \frac{\mathrm{d}q}{\mathrm{d}t} \tag{1-1}$$

大小和方向均不变的电流称为恒定电流，简称直流（即 DC），用符号 $I$ 表示，对于直流电流来说，$t$ 时间内通过导体横截面的电荷量为 $Q$，则其电流为

$$I = \frac{Q}{t} \tag{1-2}$$

在国际单位制（SI）中，电流的单位为 A（安培，简称安）。$1\mathrm{A} = 1\mathrm{C/s}$（库仑/秒）。实际应用中也用 kA（千安）、mA（毫安）、μA（微安）、nA（纳安）等作为计量单位。

单位换算：$\quad 1\mathrm{kA} = 1000\mathrm{A} \quad 1\mathrm{A} = 10^3\mathrm{mA} = 10^6\mathrm{\mu A} = 10^9\mathrm{nA}$

（3）电流的参考方向 由于在不同的导电物质中，形成电流的可以是正电荷，也可以是负电荷，或两者都有，习惯上规定以正电荷移动的方向为电流的正方向。

在分析电路时，某一电流的实际方向可能一时难以确定，也可能方向是不断变化的，所以在分析电路时假设一个电流方向作为计算依据，若计算结果为正值，则说明电流的实际方向与假设方向一致；若计算结果为负值，则说明电流的实际方向与假设方向相反。把任意假设的电流方向称为参考方向，用实线箭头表示，或者用 $I_{ab}$ 表示，如图1-4所示。电路图上标示的电流方向为参考方向，参考方向是为列写方程式提供依据的，实际方向根据计算结果来定。

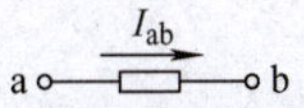

图 1-4 电流的参考方向

### 2. 电压及电压的参考方向

（1）电压的定义 电压 $U$ 指电场力将单位正电荷从电路中某点移至另一点所做的功，即

$$U_{ab} = \frac{W_a - W_b}{q} \qquad (1-3)$$

式中，$q$ 为正电荷电荷量；$W_a$ 为正电荷在 a 点的电势能；$W_b$ 为正电荷在 b 点的电势能；$W_a - W_b$ 为正电荷从 a 点移动到 b 点所做的功。

在国际单位制（SI）中，电压的单位是 V（伏特，简称伏），实际应用中也用 kV（千伏）、mV（毫伏）、μV（微伏）表示。

单位换算：$1kV = 1000V$    $1V = 10^3\,mV = 10^6\,\mu V$

（2）电压的参考方向   电场力移动正电荷的方向为电压正方向。在电路分析时，电压的方向可能一时无法确定，需要假设一个电压方向，即电压的参考方向，如图 1-5 所示。

电路图上标示的电压方向为参考方向，参考方向为列写方程式提供依据，实际方向根据计算结果来确定。若在电阻两端施加电压，则电阻中就有电流通过；若电阻中有电流通过，则电阻两端肯定有电压降，电压降的方向与电流的方向相同。

图 1-5 电压的参考方向

### 3. 电位

电位是表征电场特性的物理量，用符号 $V_X$ 表示，单位是 V（伏特）。电场中两点之间的电位差称为电压，如甲、乙两点之间的电位差，就是甲、乙两点之间的电压。如果乙点的电位是零，则甲点的电位就是甲、乙两点之间的电压。电压有方向性，电压的正方向是从高电位指向低电位。

（1）电位的定义   电位是电场力将单位正电荷从给定点移动到参考点（又称零电位点或接地点）所做的功，即

$$V_a = \frac{W_a}{q} \qquad (1-4)$$

在国际单位制（SI）中，电位单位和电压单位相同，也是 V（伏特）。

（2）电位的参考点   参考点的选取从理论上讲是任意的，但在实际应用中，由于大地的电位比较稳定，所以经常选用大地作为电路的参考点。若设备仪器的外壳与大地相连，那么选取仪器仪表外壳作为电路的参考点。在电子技术中，很多元件集中在一个公共点，为分析方便经常选取公共点作为电路的参考点。电路中电位的高低正负都是相对于参考点而言的，只有参考点确定了，电路中的各点电位才是唯一的、确定的。如果电路的参考点改变了，则电路中各点电位也随之改变。电位参考点也称零电位点，$V_0 = 0$，如图 1-6 所示，那么电路中某点的电位就是该点到参考点之间的电压，即 $V_X = U_{X参}$。图 1-6 中 A、B 两点电位为

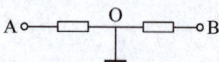

图 1-6 零电位

$$V_A = U_{AO} \quad V_B = U_{BO}$$

电路中 A、B 两点的电压就是该两点电位之差，即

$$U_{AB} = V_A - V_B$$

【例 1-1】　A 点电位为 65V，B 点电位为 35V，求 $U_{BA}$。

**解**：$U_{BA} = V_B - V_A = 35V - 65V = -30V$

### 4. 电动势

（1）电动势的定义　电动势是对电源而言的，是指外力将单位正电荷从电源的负极移动到电源正极所做的功，即

$$E = \frac{W}{q} \tag{1-5}$$

电动势的单位与电压相同，为 V（伏特）。

（2）电动势的方向　电动势的方向规定为电源内部正电荷运动的方向，即由低电位指向高电位（与电压定义方向相反）的方向，或为电源负极指向电源正极。电动势 $E$ 只存在于电源内部，其数值反映了电源力做功的本领。

### 5. 电压、电位和电动势三者的关系

1）电压、电位和电动势的定义式形式相同，因此它们的单位相同，都是 V（伏特）。

2）三者的区别和联系如下：

➢ 电压等于两点电位之差：$U_{ab} = V_a - V_b$。

➢ 电源的开路电压在数值上等于电源电动势。

➢ 电路中某点电位在数值上等于该点到参考点的电压。

### 6. 电压、电流的方向问题

（1）电压、电流的关联参考方向和非关联参考方向　对于简单电路，电压、电流的实际方向很容易看出来，但是对于复杂电路，电压、电流的实际方向很难预先判断出来，在电路分析和计算过程中无法列写方程或方程组，因此必须先确定电压、电流参考方向。电压、电流参考方向有两种组合，即图 1-7a 所示的关联参考方向和图 1-7b 所示的非关联参考方向。

实际电源上的电压、电流方向总是非关联的，实际负载上的电压、电流方向是关联的。因此，假定某元件是电源时，其电压、电流方向应选取非关联参考方向；假定某元件是负载时，其电压、电流方向应选取关联参考方向。

（2）关于参考方向的注意事项　在分析电路前应选定电压、电流的参考方向，并标在图中。参考方向一旦选定，在计算过程中不得任意改变。参考方向是列写方程式的

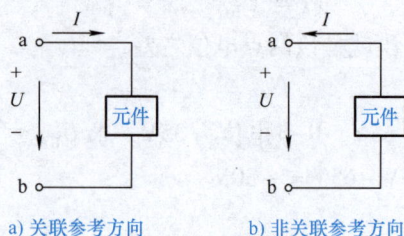

a) 关联参考方向    b) 非关联参考方向

图 1-7　参考方向

需要，是待求值的假定方向而不是真实方向，因此不必追求它们的物理实质是否合理。电阻或阻抗一般选取关联参考方向，独立源一般选取非关联参考方向。参考方向也称为假定正方向，以后讨论均在参考方向下进行，实际方向由计算结果确定。计算结果是正值，表示真实方向与参考方向相同；计算结果是负值，表示真实方向与参考方向相反。

### 7. 电功

（1）电功的定义　电流能使电动机转动、电炉发热、电灯发光，说明电流具有做功的本领。电流做的功称为电功。电流做功的同时伴随着能量的转换，其做功的大小用电功进行度量，即

$$W = UIt \tag{1-6}$$

式中，电压 $U$ 的单位为 V（伏特）、电流 $I$ 的单位为 A（安培）、时间 $t$ 的单位为 s（秒）时，电功 $W$ 的单位为 J（焦耳）。工程实际中，还常常用 kW·h（千瓦小时）来表示电功（或电能）的单位，1kW·h 又称为 1 度电。

1 度电的概念：1000W 的电炉加热 1h 耗费的电能是 1 度；100W 的灯泡照明 10h 耗费的电能也是 1 度；40W 的灯泡照明 25h 耗费的电能也是 1 度，即 1 度电 = 1kW×1h。

（2）电功的测量　日常生活中，用电能表测量电功。当用电器工作时，电能表转动并且显示电流做功的多少。显然电功的大小不仅与电压、电流的大小有关，还取决于用电时间的长短。

### 8. 电功率

（1）电功率的定义　单位时间内电流所做的功称为电功率，用 $P$ 表示，即

$$P = \frac{W}{t} = \frac{UIt}{t} = UI \tag{1-7}$$

式中，电功 $W$ 的单位为 J（焦耳）、时间 $t$ 的单位为 s（秒）、电压 $U$ 的单位为 V（伏特）、电流 $I$ 的单位为 A（安培）时，电功率 $P$ 的单位为 W（瓦特，简称瓦）。

电功率的大小表征了设备能量转换的本领。根据电压和电流的关联参考方向和非关联参考方向，电功率的公式可写成 $P = UI$（关联时）和 $P = -UI$（非关联时）两种

形式。

在电路分析中，电功率也是一个有正、负之分的物理量。当一个电路元件上消耗的电功率为正值时，说明这个元件在电路中吸收电能，是负载；当一个电路元件上消耗的电功率为负值时，说明它不仅没有吸收电能，反而在向电路释放电能，起电源的作用，是电源。即电功率分为吸收功率和释放功率：负载把电能转换为其他形式的能量，称为吸收功率，功率为正值；电源把其他形式的能量转换为电能，称为释放功率，功率为负值。电阻元件永远是吸收功率的，其功率为

$$P = UI = I^2R = \frac{U^2}{R}$$

(2) 额定值 用电器的铭牌数据值称为额定值，额定值是指用电器长期、安全工作条件下的最高限值，一般在出厂时标定。额定电功率反映了设备能量转换的本领。例如额定值为"220V、1000W"的电动机，是指该电动机运行在220V电压时，1s内可将1000J的电能转换成机械能和热能；"220V、40W"的电灯，表示该灯在220V电压下工作时，1s内可将40J的电能转换成光能和热能。

【例1-2】 电路如图1-8所示，已知元件吸收功率为 −20W，电压 $U$ 为5V，求电流 $I$。

解：图1-8中，电压、电流为关联参考方向，所以有

$$I = \frac{P}{U} = \frac{-20W}{5V} = -4A$$

根据计算结果，电流 $I$ 为负值，说明电流真实方向与参考方向相反。

【例1-3】 电路如图1-9所示，已知元件中通过的电流为 −100A，电压 $U$ 为10V，求电功率 $P$，并说明元件性质。

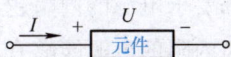

图 1-8 例 1-2 电路图　　　　　　　图 1-9 例 1-3 电路图

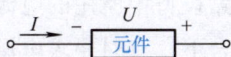

解：图1-9中，电压、电流为非关联参考方向，所以

$$P = -UI = -10V \times (-100A) = 1000W$$

根据计算结果，功率 $P$ 为正值，说明元件吸收功率，即为负载。

## 1.3.3 电路中的独立电源

电源是一种将其他形式的能量（如机械能、热能、光能、化学能）转换为电能的装置或设备，电源给电路提供某种形式的"输入"或"激励"。发电机、蓄电池、干电池等是一些常见的电源。

实际电源在工作时，端电压基本不随外部电路的变化而变化，如新的干电池、大型

电网；有些电源提供的电流基本不随外部电路的变化而变化，如光电池、晶体管稳流电源。电源模型一般分为两种：电压源和电流源。

**1. 理想电压源**

实际电路设备中所用的电源，多数需要输出较为稳定的电压，即设备对电源电压的要求是，当负载电流改变时，电源所输出的电压值尽量保持或接近不变。但实际电源总是存在内阻的，因此当负载增大时，电源的端电压总会有所下降。为了使设备能够稳定运行，工程应用中，希望电源的内阻越小越好，当电源内阻等于零时，就成为理想电压源了，如图1-10所示。理想电压源是从实际电源抽象出来的一种模型，其端电压与通过的电流无关。理想电压源具有以下两个显著特点：

1）它对外输出的电压 $U_S$ 是恒定值（或是一定的时间函数），与流过它的电流无关，即与接入电路的方式无关。

2）流过理想电压源的电流由它本身与外电路共同决定，即与它相连接的外电路有关。

理想电压源的外特性如图1-11所示。

图1-10　理想电压源符号　　　　　　　图1-11　理想电压源的外特性

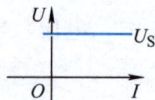

**2. 理想电流源**

实际电路设备中所用的电源，并不是在所有情况下都要求电源的内阻越小越好。在某些特殊场合下，有时要求电源具有很大的内阻，因为高内阻的电源能够有一个比较稳定的电流输出。

例如，一个60V的蓄电池串联一个60kΩ的电阻，就构成了一个最简单的高内阻电源。这个电源如果向一个低阻负载供电，基本就可具有恒定的电流输出。当低阻负载 $R$ 在 $1\sim10\Omega$ 变化时，这个高内阻电源供出的电流为

$$I = \frac{U}{R} = \frac{60\text{V}}{60000\Omega + R} \approx 1\text{mA}$$

电流基本维持在1mA不变。这是因为只有 $1\sim10\Omega$ 的负载电阻，与几十千欧姆的电源内阻相加时是可以忽略不计的。很显然，在这种情况下，电源的内阻越高，此电源输出的电流就越稳定。当电源内阻为无限大时，输出的电流就是恒定值，这时称它为理想电流源。理想电流源的符号如图1-12所示。理想电流源也具有两个显著特点：

1）它对外输出的电流 $I_S$ 是恒定值（或是一定的时间函数），与它两端的电压无关，

即与接入电路的方式无关。

2）加在理想电流源两端的电压由它本身与外电路共同决定，即与它相连接的外电路有关。

理想电流源的外特性如图 1-13 所示。由于理想电流源的输出电流与外电路无关，无论外电路如何，理想电流源总向外输出定值电流 $I_S$。因此，输出电流不为零的理想电流源不允许开路，否则将击穿电流源。

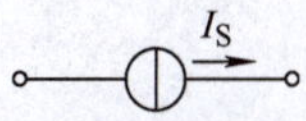

图 1-12　理想电流源符号

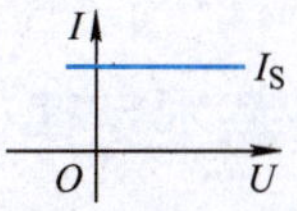

图 1-13　理想电流源的外特性

### 3. 实际电源的两种电路模型

实际电源既不同于理想电压源，又不同于理想电流源，即前文所讲的理想电压源和理想电流源在实际当中是不存在的。实际电源的性能只是在一定的范围内与理想电源相接近。

实际电源总是存在内阻的。当实际电源的电压值变化不大时，一般用一个理想电压源与一个电阻元件的串联组合作为其电路模型，如图 1-14a 所示；当实际电源输出的电流值变化不大时，常用一个理想电流源与一个电阻元件的并联组合作为它的电路模型，如图 1-14b 所示。

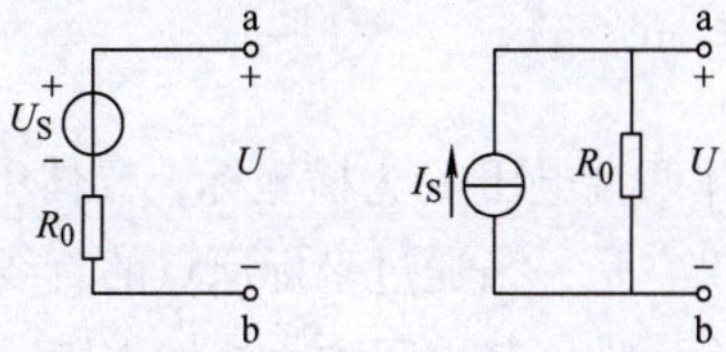

a) 电压源模型　　　b) 电流源模型

图 1-14　实际电源的两种电路模型

当把电源内阻视为恒定不变时，电源内部和外电路的消耗主要取决于外电路负载的大小，即电源内部的消耗和外电路的消耗是按比例分配的。在电压源形式的电路模型中，这种分配比例是以分压形式给出的；在电流源形式的电路模型中，这种分配比例则是以分流形式给出的。

因为实际电源内阻上的功率消耗一般很小，所以实际电源的两种电路模型所对应的外特性与理想电源的外特性非常接近，如图 1-15 所示。

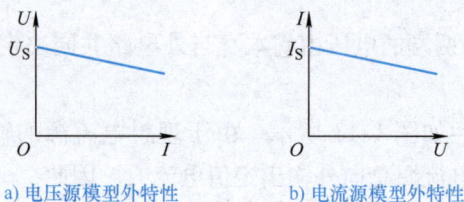

a) 电压源模型外特性　　　　b) 电流源模型外特性

图 1-15　实际电源两种电路模型的外特性

### 1.3.4　电路基本定律

#### 1. 部分电路欧姆定律

欧姆定律的简述：在同一电路中，通过导体的电流与导体两端的电压成正比，跟导体的电阻成反比。该定律是由德国物理学家乔治·西蒙·欧姆在 1826 年 4 月发表的《金属导电定律的测定》论文中提出的。

标准式：$I = \dfrac{U}{R}$（变形公式：$U = IR$ 或 $R = \dfrac{U}{I}$）

式中，$I$（电流）的单位为 A（安培）；$U$（电压）的单位为 V（伏特）；$R$（电阻）的单位为 Ω（欧姆）。

根据电压和电流的关联参考方向和非关联参考方向，欧姆定律可写成 $I = \dfrac{U}{R}$（关联时）和 $I = -\dfrac{U}{R}$（非关联时）两种形式。

欧姆定律成立时，以导体两端电压 $U$ 为横坐标，导体中的电流 $I$ 为纵坐标，所画出的曲线，称为伏安特性曲线。它是一条通过坐标原点的直线，斜率为电阻的倒数。具有这种性质的电气元件称为线性元件，其电阻称为线性电阻或欧姆电阻。

欧姆定律不成立时，伏安特性曲线不是过原点的直线，而是不同形状的曲线。把具有这种性质的电气元件，称为非线性元件。

【例 1-4】　电路如图 1-16 所示，已知图 1-16a 中的电流 $I = 2A$，电压 $U = 6V$，求电路的电阻阻值。已知图 1-16b 中的电流 $I = -2A$，电压 $U = 6V$，求电路的电阻阻值。

　解：图 1-16a 中，电压、电流为关联参考方向，所以有

$$R = \frac{U}{I} = \frac{6V}{2A} = 3\Omega$$

图 1-16b 中，电压、电流为非关联参考方向，所以有

$$R = -\frac{U}{I} = -\frac{6V}{-2A} = 3\Omega$$

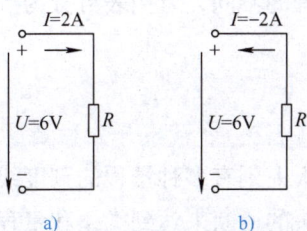

图 1-16　例 1-4 电路图

### 2. 全电路欧姆定律

若回路中有电源，则运用闭合电路欧姆定律求回路中的电流，根据图 1-17 所示电路，可得

$$I = \frac{E}{R + r}$$

式中，$E$ 为电源电动势，单位为 V（伏特）；$R$ 是负载电阻，单位为 $\Omega$（欧姆）；$r$ 为电源内阻，单位为 $\Omega$（欧姆）；电流 $I$ 的单位为 A（安培）。

麦克斯韦诠释欧姆定律为：处于某状态的导电体，其电动势与产生的电流成正比。因此，电动势与电流的比例（即电阻），不会随着电流的改变而改变。

【例 1-5】　电路如图 1-17 所示，已知：$E = 10V$，$r = 1\Omega$，$R = 9\Omega$。求：（1）电流；（2）电源输出电压。

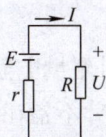

图 1-17　单电源闭合电路

**解：**（1）根据全电路欧姆定律可得

$$I = \frac{E}{R + r} = \frac{10V}{9\Omega + 1\Omega} = 1A$$

（2）设电源输出电压参考方向与电流参考方向为关联参考方向，根据部分电路欧姆定律可得

$$U = IR = 1A \times 9\Omega = 9V$$

## 1.3.5　万用表的使用

万用表是一种多量程、多用途的便携式直读仪表，一般用来测量交/直流电流、电压和电阻等，有的还可以测量电感、电容和晶体管放大倍数，所以万用表又称为多用

表。根据万用表内部结构和原理的不同，万用表可分为指针式和数字式两种类型。

### 1. 指针式万用表

指针式万用表由测量机构（表头）、转换开关和测量电路组成。测量机构通常由磁电系直流微安表组成，表头面板上刻有多种量程的刻度线，还有指针和调零器等；转换开关则利用固定触头和活动触头的通断来达到类型和量程的转换；测量电路主要将被测量转换成适合表头表示的电量，图 1-18 所示为指针式万用表测量电路原理图。

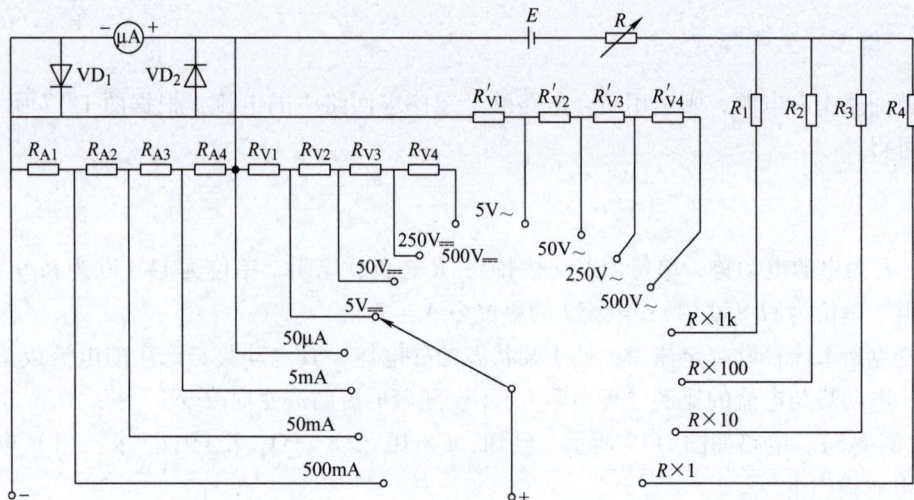

图 1-18　指针式万用表测量电路原理图

（1）电阻的测量　将转换开关旋到测量电阻档"Ω"的位置上，然后选择合适的电阻量程，再将两表笔短接调零，若指针不指在欧姆零点，则应转动欧姆调零旋钮，使指针指在零点；如果调不到零，说明表内电池电量不足，需更换电池，每次更换量程后应重新进行欧姆调零。调零后，将被测电阻接入表笔"+""−"两端，便构成了电阻的测量电路。由于电阻本身不带电源，所以在电路中接入了电池 $E$，由于被测电阻越小则通过表头的电流越大，所以标度盘上电阻的刻度与电流、电压的刻度相反；又由于电流与被测电阻不成正比关系，所以电阻刻度是不均匀的。为提高测量准确度，选择量程时应尽量使指针在电阻刻度的中间位置附近。测量值在表盘电阻刻度线上读出：被测电阻值 = 表盘指针指向的电阻刻度 × 量程。测量时不允许用手触及被测电阻的两端，以免并联上人体电阻，造成测量误差。此外，测量接在电路中的电阻时，必须断开电阻的一端或断开与被测电阻相并联的电路（不能带电测量电阻）。对具有电解电容的电路进行电阻测量时，要进行放电后再测量。

（2）直流电流的测量　将转换开关旋到直流电流档，测量直流电流时，正负极性必须正确，电流由红表笔流入，黑表笔流出，被测电流从"+""−"两端接入，便构成了测量直流电流的回路。图 1-18 中，$R_{A1}$、$R_{A2}$、$R_{A3}$、$R_{A4}$ 是分流器电阻，与表头构成闭合回路，通过转换开关的档位来改变分流器的电阻值，从而达到改变电流量程的目的。

（3）直流电压的测量　将转换开关旋到直流电压档，测量直流电压档，正负极性必须正确，红表笔应接在电路中的高电位端，黑表笔应接在电路低电位端，被测电压从"＋""－"两端接入，便构成了测量直流电压的回路。图 1-18 中，$R_{V1}$、$R_{V2}$、$R_{V3}$、$R_{V4}$ 是分压电阻，与表头构成串联电路，通过改变转换开关的档位便可改变分压电阻的阻值，从而达到改变电压量程的目的。

（4）交流电压的测量　将转换开关旋到交流电压档，被测交流电压从"＋""－"两端接入，便构成了交流电压测量回路。因表头属于磁电系直流表，测量交流时需加装整流电路。图 1-18 中，两个二极管 $VD_1$ 和 $VD_2$ 组成半波整流电路，表头反映的是交流电压的有效值，电阻 $R'_{V1}$、$R'_{V2}$、$R'_{V3}$、$R'_{V4}$ 是分压电阻，电压量程的改变与测量直流电压时量程的改变原理相同。

（5）万用表使用的注意事项

1）测量电压或电流时，在无法估计被测电压、电流大小的情况下，应选择最大量程档，粗测后再换到合适的量程档进行测量。

2）正确选择被测量电量的档位，禁止带电转动转换开关，切忌用电流档或电阻档测量电压。

3）在测量直流电压或直流电流时，必须注意极性，正、负端应各自与电路的正、负端相接。

4）测量电流时，应把电路断开，将万用表串联在被测电路中。

5）不能带电测量电阻值，如需测量，必须把被测电阻与电路断开，电阻档在换档后要重新调零。

6）万用表每次使用完毕后，都应将转换开关拨到空档或最大交流电压档，以免造成仪表损坏；万用表长期不用时，应将电池取出。

## 2. 数字式万用表

数字式万用表和指针式万用表一样，也是一种多用途、多量程的直读式仪表。数字式万用表的表头为数字式电压表，它用液晶数字显示测量的结果，工作可靠、速度快、准确度高、输入阻抗高、保护功能齐全，读数直接、简单、准确。

图 1-19 所示为 DT－830 型数字式万用表。它的使用方法如下：黑表笔总是插入 COM 孔，测量电压、电阻，检测二极管通断时，红表笔插入 V/Ω 孔。

（1）交直流电压的测量　根据需要将转换开关拨到 DCV（直流电压档）或 ACV（交流电压档）的合适量程，红表笔插入 V/Ω 孔，黑表笔插入 COM 孔，并将表笔与被测线路并联，即显示读数。

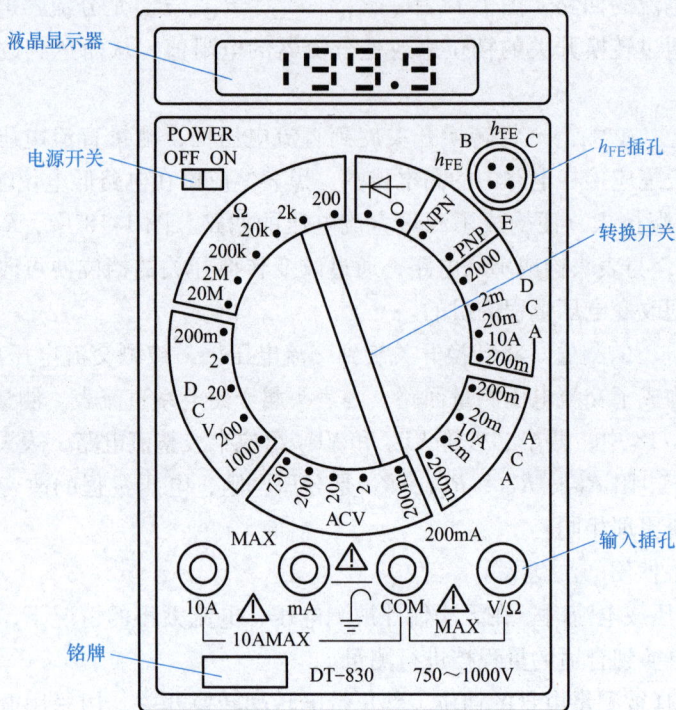

图 1-19　DT–830 型数字式万用表

（2）**交直流电流的测量**　将转换开关拨到 DCA（直流电流档）或 ACA（交流电流档）的合适量程。测量 200mA 以下交直流电流时，红表笔插入 mA 孔；测量 200mA 以上交直流电流时，红表笔插入 10A 孔。黑表笔插入 COM 孔，将表笔与被测电路串联。测量直流时，数字式万用表读数有正负之分，以区分极性。

（3）**电阻的测量**　将量程开关拨到 Ω（电阻档）的合适位置，红表笔插入 V/Ω 孔，黑表笔插入 COM 孔。如果被测电阻值超出所选择量程的最大值，万用表将显示 "1"，这时应选择更高的量程。测量电阻时，红表笔为正极，黑表笔为负极。

（4）**$h_{FE}$ 插孔**　测量晶体管的 $h_{FE}$ 值，注意区分管型是 PNP 型还是 NPN 型。

## 1.4　项目实施

### 1.4.1　项目实施条件

场地：学做合一教室或电工技能实训室。

仪器：万用表。

工具：电烙铁、剪刀、螺钉旋具及剥线钳等。

元器件清单：按表 1-1 配置元器件。

**表 1-1 元器件清单**

| 序 号 | 元器件名称 | 型号及规格 | 数 量 |
|---|---|---|---|
| 1 | 电阻 | 1kΩ | 1个 |
| | | 500Ω | 1个 |
| 2 | 焊锡 | φ1.0mm | 若干 |
| 3 | 导线 | 单股 φ0.5mm | 若干 |
| 4 | 电池（带电池盒） | 1.5V | 4个 |
| 5 | 开关 | | 1个 |
| 6 | 通用电路板 | 100mm×50mm | 1块 |

## 1.4.2 电路安装与测试

### 1. 元器件检测

为了确保电路在正确安装的情况下正常工作，减少不必要的返工，在组装前应对所有的电子元器件进行检测（要求学生严格执行实验室的管理规范，培养良好的行为习惯和爱护公共财物的优秀品德）。

（1）电阻的检测 要求读取标称阻值、允许偏差，用数字式万用表测量实际阻值，计算实际偏差，判别质量是否合格，测量结果记于表 1-2 中。

**表 1-2 电阻的检测**

| 序号 | 标称阻值/Ω | 实测阻值/Ω | 允许偏差（%） | 实际偏差（%） | 质量判别 |
|---|---|---|---|---|---|
| 1 | | | | | |
| 2 | | | | | |

（2）电池电压的检测 要求读取标称电压，用数字式万用表测量实际电压值，计算实际误差，判别质量是否合格，测量结果记于表 1-3 中。

**表 1-3 电池电压的检测**

| 序 号 | 标称电压/V | 实测电压值/V | 实际误差（%） | 质量判别 |
|---|---|---|---|---|
| 1 | | | | |
| 2 | | | | |
| 3 | | | | |
| 4 | | | | |

**2. 电路安装**

按照图 1-1 焊接电路，小电珠用 1kΩ 电阻代替，焊接电池盒时，先要拿下电池。更换阻值不同的电阻，观察参数变化。

**3. 参数测量**

1）电压测量。将焊接好的电路检查无误后，合上开关，用万用表直流电压档测量各元件电压，将测量结果填入表 1-4 中。

表 1-4　电压和电流测量数据

| 阻值不同的电阻 | 电压 | | | |
|---|---|---|---|---|
| | 电池电压/V | 电阻电压/V | 开关电压/V | 回路电流/A |
| 1kΩ | | | | |
| 500Ω | | | | |

2）电流测量。先断开开关，用电烙铁将电路断开一个缺口，万用表调到直流电流档，将万用表表笔连接缺口处，使电路构成闭合回路，合上开关，读取电流值，填入表 1-4 中。

3）根据测量的电压、电流，计算电功率。

## 1.4.3　实训报告

实训报告格式见附录 A。

## 1.5　项目总结与考核

### 1.5.1　项目总结

1）电路理论研究的对象是由理想电路元件构成的电路模型，实际电路元器件的电磁特性是多元的、复杂的，各种理想电路元件的电磁特性都是单一的、确切的，即它们各自具有精确定义、表征参数、伏安关系和能量特性。要掌握事物及问题的本质特性，善于将复杂问题分解成基本单元，从而找到分析问题的方法，培养解决问题的能力。

2）电路分析的主要变量有电压、电流和电功率等。在分析电路时，电流、电压的参考方向是重要的概念，必须要熟练掌握且正确运用。

3）实际电源具有两种电路模型：一是由电阻元件与理想电压源相串联构成的电压

源模型，二是由电阻元件与理想电流源相并联构成的电流源模型。理想电压源视为零值时，相当于短路；理想电流源视为零值时，相当于开路；而实际的电压源不允许短路，实际的电流源不允许开路。

## 1.5.2 项目考核

项目考核原则是"过程考核与综合考核相结合，理论考核与实践考核相结合"，具体考核内容参考表 1-5。

### 表 1-5 项目 1 考核表

| 考核项目 | 考核内容及要求 | 分 值 | 得 分 |
|---|---|---|---|
| 电路制作 | 1）能正确检测项目中所用元器件<br>2）电路板设计制作合理，元器件布局合理，焊接规范 | 30 | |
| 参数测量 | 1）能正确使用仪器仪表<br>2）能正确测量电压和电流 | 40 | |
| 实训报告编写 | 1）格式标准，表达准确<br>2）内容充实、完整，逻辑性强<br>3）有测量数据记录及结果分析 | 20 | |
| 综合职业素养 | 1）遵守纪律，态度积极<br>2）遵守操作规程，注意安全<br>3）富有团队合作精神 | 10 | |
| 总分 | | 100 | |

## 习　题

### 一、填空题

1. 电路通常由_____、_____和_____三部分组成。

2. 在电力系统中，电路的功能是对发电厂发出的电能进行_____、_____和_____。

3. _____元件只具有耗能的电特性，_____元件只具有存储磁场能的电特性，_____元件只具有存储电场能的电特性，它们都是_____电路元件。

4. 由理想电路元件构成的电路图，称为与其相对应实际电路的_____。

5. 电荷有规则的定向运动即形成电流，习惯上规定_____的方向为电流的实际方向。

6. _____的高低与参考点有关，是相对的量；_____的大小与参考点无关，只取决于两点电位的差值，是绝对的量；_____只存在于电源内部。

7. 某电阻元件的额定数据为"1kΩ、2.5W"，正常使用时允许流过的最大电流为_____。

8. 理想电压源输出的电压值恒定，输出的_____由它本身和外电路共同决定。

## 二、判断题

1. 电压和电流都是既有大小又有方向的电量，因此它们都是矢量。　　　（　　）
2. 电压源处于开路状态时，它两端电压的数值与它内部电动势的数值相等。

　　　　　　　　　　　　　　　　　　　　　　　　　　　　　（　　）
3. 电功率大的用电器，其消耗的电功也一定比电功率小的用电器多。　（　　）
4. 电流由元件的低电位端流向高电位端的参考方向称为关联参考方向。（　　）
5. 一个电流在电路分析中为负值，则说明它小于零。　　　　　　　　（　　）
6. 电压和电流的计算结果得负值，说明它们的假设参考方向反了。　　（　　）
7. 当实际电压源的内阻为零时，就成为理想电压源了。　　　　　　　（　　）
8. 电阻元件在电路中总是吸收功率，而电压源和电流源总是释放功率。（　　）

## 三、单项选择题

1. 已知空间有 a、b 两点，电压 $U_{ab} = 10V$，a 点电位为 $V_a = 4V$，则 b 点电位 $V_b$ 为（　　）。

A. 6V　　　　　　　　　　B. −6V　　　　　　　　C. 14V

2. 某电阻 $R$ 上 $U$、$I$ 参考方向不一致，令 $U = -10V$，消耗功率为 0.5W，则电阻 $R$ 为（　　）。

A. 200Ω　　　　　　　　　B. −200Ω　　　　　　　C. ±200Ω

3. 当电路中电流的参考方向与电流的真实方向相反时，该电流（　　）。

A. 一定为正值　　　　　B. 一定为负值　　　　C. 不能肯定是正值或负值

4. 把其他形式的能转换为电能的装置称为（　　）。

A. 用电器　　　　　　　B. 电阻　　　　　　　C. 灯泡　　　　　　D. 电源

5. 一个输出电压几乎不变的设备带载运行，当负载增大时，则（　　）。

A. 负载电阻减小　　　B. 负载电阻增大　　　C. 电源输出的电流变小

6. 当恒流源开路时，该恒流源内部（　　）。

A. 有电流，有功率损耗　　　　　　　　　B. 无电流，无功率损耗

C. 有电流，无功率损耗　　　　　　　　　D. 无电流，有功率损耗

## 四、计算题

1. 图 1-20a 中，已知元件吸收功率为 $-20\text{W}$，电压 $U$ 为 5V，求电流 $I$，并说明元件性质；图 1-20b 中，已知元件中通过的电流 $I$ 为 $-100\text{A}$，电压 $U$ 为 10V，求电功率 $P$，并说明元件性质。

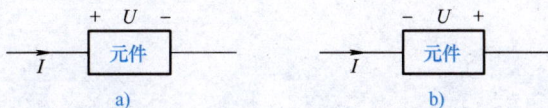

图 1-20　计算题 1 图

2. 电路如图 1-21 所示，已知 $U_S = 6\text{V}$，$I_S = 3\text{A}$，$R = 4\Omega$。计算通过理想电压源的电流及理想电流源两端的电压，并根据两个电源功率的计算结果，分别说明各个电源是吸收功率还是释放功率。

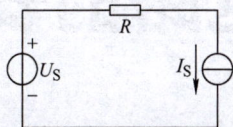

图 1-21　计算题 2 图

# 项　目　2

# 直流电桥电路的安装与测试

## 2.1 项目分析

电桥电路是一个复杂电路，如图 2-1 所示。电桥电路中，电阻 $R_1$、$R_2$、$R_3$、$R_4$ 称为电桥电路的 4 个桥臂，$R$ 构成了桥支路，接在 a、b 两点之间；含有内阻的电源接在 c、d 两点之间。一般情况下，当 a、b 两点的电位不相等时，$R$ 所在的桥支路有电流通过。调整 $R_3$ 使 $R_1$、$R_2$、$R_3$ 和 $R_4$ 的数值满足对臂电阻的乘积相等时，a、b 两点就会等电位，则桥支路中无电流通过，这时电桥达到"平衡"，电桥平衡的条件是 $R_3 R_2 = R_1 R_4$。

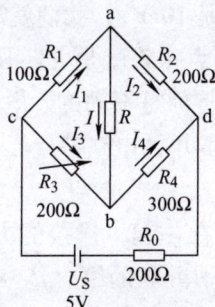

图 2-1  电桥电路

通过本项目的学习，达到以下教学目标：

### 1. 能力目标

1）能使用直流惠斯通电桥测量电阻值，能分析直流惠斯通电桥的工作原理。

2）会使用电桥平衡特点，分析电路。

### 2. 知识目标

1）熟练掌握欧姆定律的应用。

2）理解电阻的串、并联特性，理解直流惠斯通电桥的工作原理。

3）掌握电阻混联电路的分析和计算过程，掌握基尔霍夫定律。

### 3. 素质目标

通过学习焊接技术，掌握工程规范，养成良好的职业素养。

## 2.2 项目任务

1）根据图 2-1 焊接电路。调整电桥平衡，测量各个元件的电压、电流。

2）能使用直流惠斯通电桥测量电阻值，当直流惠斯通电桥检流计指示值为零的时候，计算各电阻中电流的大小。

## 2.3 相关知识

### 2.3.1 电阻的串、并联及其等效变换

"等效"就是指作用效果相同。例如，一台拖拉机带一辆拖车，使其速度为10m/s；五匹马拉相同的一辆拖车，速度也是10m/s，我们就说，拖拉机和五匹马对这辆拖车的作用是"等效"的。但拖拉机绝不意味着就是五匹马，即"等效"仅仅指对等效部分之外的事物作用效果相同，其内部特性是不同的。电路分析中会经常运用"等效"，其目的当然是化简电路。用一个较为简单的电路替代原来看似很复杂的电路，显然会给电路的分析和计算带来很大的方便。

在电路中，总有许多电阻连接在一起，连接的方式多种多样，最常见的是电阻的串联、并联和混联（串、并联的组合）。对于这些电路，在进行分析与计算时，可以把电路中的某部分通过串、并联等效变换的方法使其简化，即用一个简单的电路来替代原电路。

#### 1. 电阻的串联及其等效

电路中各个元件被导线逐次连接起来（中间无分支）的连接方式称为串联。以串联方式连接的电路称为串联电路。如图2-2所示，两个小灯泡首尾相连，然后接进电路中，我们说这两个灯泡是串联。串联电路的基本特征是只有一条支路。

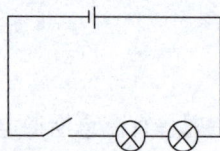

图 2-2 串联电路

串联电路的特点如下：
1）串联电路的电流处处相等：
$$I_总 = I_1 = I_2 = I_3 = \cdots = I_n \tag{2-1}$$
2）串联电路的总电压等于各处电压之和：
$$U_总 = U_1 + U_2 + U_3 + \cdots + U_n \tag{2-2}$$
3）串联电路的等效总电阻为各电阻之和：

$$R_{总} = R_1 + R_2 + R_3 + \cdots + R_n \qquad (2-3)$$

4）各电阻消耗的功率：

$$P_1 = I^2 R_1, P_2 = I^2 R_2, \cdots, P_n = I^2 R_n \qquad (2-4)$$

5）两个电阻串联分压：

$$U_1 = \frac{R_1}{R_1 + R_2} U, \quad U_2 = \frac{R_2}{R_1 + R_2} U \qquad (2-5)$$

6）两个电阻串联分功率：

$$P = P_1 + P_2, \quad \frac{P_1}{P_2} = \frac{R_1}{R_2} \qquad (2-6)$$

电阻串联的等效电路如图 2-3 所示。

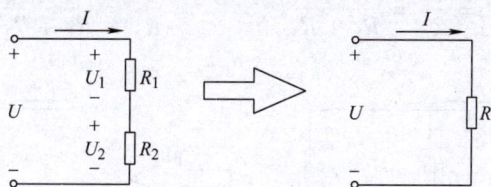

图 2-3　电阻串联等效电路

## 2. 电阻的并联及其等效

电阻的并联是指两个或两个以上电阻的两端分别接在一起的连接方式。图 2-4 所示为多个电阻并联后，接在电压两端所组成的电阻并联电路。家庭用电器，如电视机、空调、计算机等构成的电路就是并联电路。

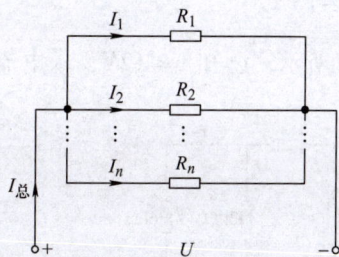

图 2-4　并联电路

并联电路的特点如下：

1）各电阻电压相等：

$$U_{总} = U_1 = U_2 = \cdots = U_n \qquad (2-7)$$

2）并联电路中的干路电流（或说总电流）等于各支路电流之和：

$$I_{总} = I_1 + I_2 + \cdots + I_n \qquad (2-8)$$

3）并联电路中总电阻的倒数等于各支路电阻倒数之和：

$$\frac{1}{R_{总}} = \frac{1}{R_1} + \frac{1}{R_2} + \cdots + \frac{1}{R_n} \qquad (2-9)$$

特别地，两电阻并联的总电阻为

$$R = \frac{R_1 R_2}{R_1 + R_2}$$

对于 $n$ 个相等的电阻并联，并联总电阻为

$$R_{并} = \frac{R}{n}$$

4）两个电阻的并联电路如图 2-5 所示，$R_1$、$R_2$ 支路的电流分别为

$$I_1 = \frac{U}{R_1} = \frac{R_2}{R_1 + R_2}I , \quad I_2 = \frac{U}{R_2} = \frac{R_1}{R_1 + R_2}I \qquad (2-10)$$

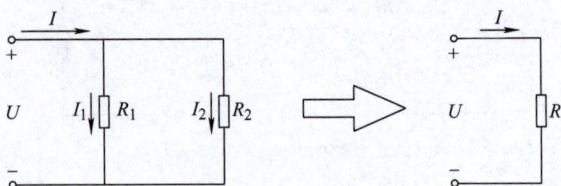

图 2-5　电阻并联等效电路

式（2-10）称为分流公式。等效电阻为

$$R = \frac{R_1 R_2}{R_1 + R_2}$$

## 3. 电阻混联电路的求解实例

【例 2-1】　电路如图 2-6a 所示，已知 $U = 12V$，求电流 $I$。

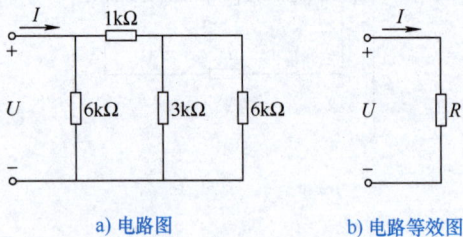

a) 电路图　　　　　b) 电路等效图

图 2-6　例 2-1 电路图和电路等效图

解：将图 2-6a 所示电路等效为图 2-6b 所示电路，则

$$R = 6k\Omega // (1k\Omega + 3k\Omega // 6k\Omega) = 2k\Omega$$

$$I = \frac{U}{R} = \frac{12V}{2k\Omega} = 6mA$$

**【例2-2】** 求图 2-7a 所示电路的电压 $U_1$ 及电流 $I_2$。

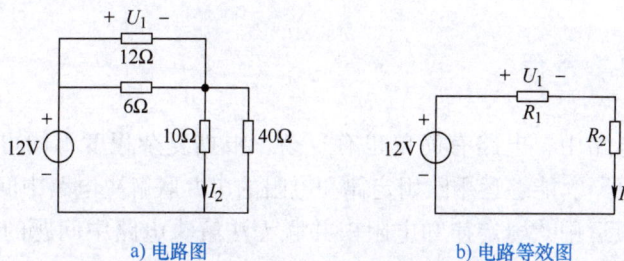

a) 电路图　　　　　　　b) 电路等效图

图 2-7　例 2-2 电路图和电路等效图

**解：** 将图 2-7a 所示电路等效为图 2-7b 所示电路，则

$$R_1 = \frac{12 \times 6}{12 + 6}\Omega = 4\Omega$$

$$R_2 = \frac{10 \times 40}{10 + 40}\Omega = 8\Omega$$

由串联分压公式得

$$U_1 = \frac{R_1}{R_1 + R_2} \times 12V = 4V$$

电路总电流为

$$I = \frac{12V}{R_1 + R_2} = 1A$$

在图 2-7a 中，由分流公式得

$$I_2 = \frac{40}{10 + 40}I = 0.8A$$

**【例2-3】** 电路如图 2-8a 所示，已知每个电阻的阻值 $R = 10\Omega$，电源电动势 $E = 6V$，电源内阻 $r = 0.5\Omega$，求电路的总电流。

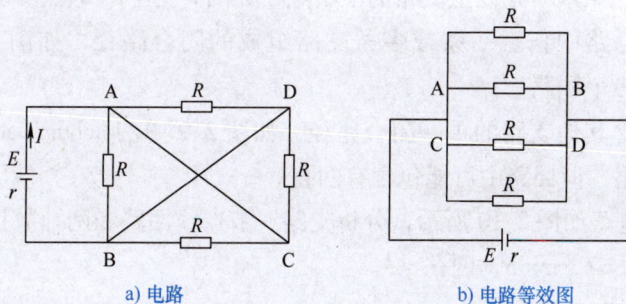

a) 电路　　　　　　　b) 电路等效图

图 2-8　例 2-3 电路图和电路等效图

**解：** 将图 2-8a 电路等效为图 2-8b 所示电路，总的等效电阻 $R_总 = \dfrac{R}{4} = 2.5\Omega$，总电

流$I = \dfrac{E}{R_总 + r} = 2A$。

## 2.3.2　基尔霍夫定律

在实际应用电路中，电路有简单也有复杂，根据复杂程度不同可分成复杂电路和简单电路。能够运用欧姆定律和电阻的串并联解决电路中问题的电路称为简单电路；反之，只运用欧姆定律和电阻串并联无法解决电路中问题的电路称为复杂电路。为了解决复杂电路问题引入了基尔霍夫定律，基尔霍夫定律是由德国科学家基尔霍夫提出的，它概括了电路中电流和电压分别遵循的基本规律，包括基尔霍夫电流定律（KCL）和基尔霍夫电压定律（KVL）。基尔霍夫两个定律和欧姆定律称为电路中的三大定律。下面介绍基尔霍夫定律中涉及的几个基本概念。

### 1. 几个常用的电路名词

支路（$m$）：一个或几个二端元件首尾相接且中间无分岔，各元件上通过的电流相等，如图2-9中的acb、adb、a$R_3$b 三条支路。对一个整体电路而言，支路就是指其中不具有任何分岔的局部电路。

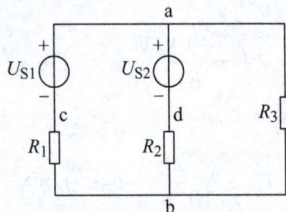

图2-9　常用名词举例电路图

节点（$n$）：三条或三条以上支路的汇集点，如图2-9中的 a 点和 b 点两个节点。

回路（$l$）：电路中任意一条或多条支路组成的闭合路径，如图2-9中的 acbda、acb$R_3$a、adb$R_3$a 三个回路。

网孔：不包含其他支路的单一闭合路径，如图2-9中的 acbda、adb$R_3$a 两个网孔。网孔中不包含回路，但回路中可能包含有网孔。

【例2-4】　电路如图2-10所示，分析支路、节点、回路和网孔数目。

解：$m = 5$，$l = 7$，$n = 3$，网孔 $= 3$。

### 2. 基尔霍夫电流定律（KCL）

（1）定义　基尔霍夫电流定律（Kirchhoff's Current Law，KCL）描述的是与同一节点相连接的各支路中电流之间的约束关系。对于电路中的任意一个节点，单位时间内流

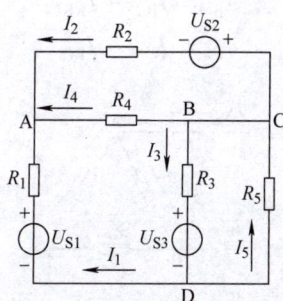

图 2-10　例 2-4 电路图

入该节点的电荷量必然等于流出该节点的电荷量，否则，就会发生电荷的"堆积"，这在集总参数电路中是不可能的，这就是电流的连续性原理。KCL 正是对这一原理的具体表述。

**KCL：任一时刻，流入电路中任一节点上电流的代数和恒等于零。**数学表达式为

$$\sum i(t) = 0 \quad （任意波形的电流）$$

$$\sum I = 0 \quad （稳恒不变的电流）$$

通常规定以指向节点的电流取正，背离节点的电流取负。在此规定下，根据 KCL 可对图 2-11 所示电路中的节点 a，列出 KCL 方程：

$$-I_1 + I_2 - I_3 - I_4 = 0 \tag{2-11}$$

（2）KCL 的第二种形式　将式（2-11）整理为 $I_2 = I_1 + I_3 + I_4$，可得 KCL 的另一种形式：对于集总参数电路，在任一时刻，流入某一节点的电流之和等于流出该节点的电流之和，即

$$\sum I_入 = \sum I_出 \tag{2-12}$$

**【例 2-5】**　电路如图 2-12 所示，已知 $i_1 = -2\text{A}$，$i_2 = 6\text{A}$，$i_3 = 3\text{A}$，求电流 $i_4$。

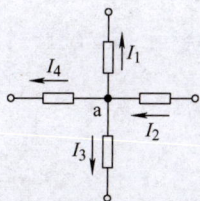

图 2-11　基尔霍夫电流定律应用图

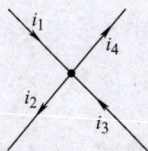

图 2-12　例 2-5 电路图

**解：**根据 $\sum i(t) = 0$，可列出 KCL 方程：

$$i_1 - i_2 + i_3 - i_4 = 0$$

得

$$i_4 = i_1 - i_2 + i_3 = -2\text{A} - 6\text{A} + 3\text{A} = -5\text{A}$$

（3）KCL 的推广应用　对图 2-13 所示电路的三个节点分别列 KCL 方程：

$$I_A = I_{AB} - I_{CA}$$

$$I_B = I_{BC} - I_{AB}$$
$$I_C = I_{CA} - I_{BC}$$

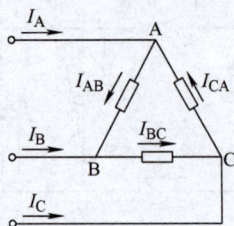

图 2-13　KCL 推广应用电路

把上述三式相加可得

$$I_A + I_B + I_C = 0$$

可见，在任一瞬间通过任一封闭面的电流的代数和也恒等于零，即 $\sum I = 0$。在如图 2-14 所示电路中，B 封闭曲面均可视为广义节点。

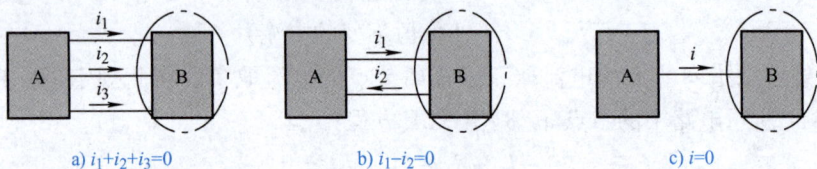

a) $i_1+i_2+i_3=0$　　　b) $i_1-i_2=0$　　　c) $i=0$

图 2-14　广义节点

### 3. 基尔霍夫电压定律（KVL）

（1）定义　基尔霍夫电压定律（Kirchhoff's Voltage Law，KVL）描述的是任一回路中各个元件（或各段电路）上电压之间的约束关系。

KVL：对于集总参数电路，在任一时刻，沿任意回路绕行一周（顺时针方向或逆时针方向），回路中各段电压的代数和恒等于零，即

$$\sum u(t) = 0 \quad （任意波形的电压） \tag{2-13}$$
$$\sum U = 0 \quad （稳恒不变的电压）$$

式（2-13）说明，基尔霍夫电压定律是用来确定回路中各段电压之间关系的电压定律。基尔霍夫电压定律是依据"电位的单值性原理"得出的结论。

例如，根据图 2-15 所示电路，先标绕行方向，再根据 $\sum U = 0$，得

$$-U_1 - U_{S1} + U_2 + U_3 + U_4 + U_{S4} = 0$$

（2）KVL 的第二种形式　由 $-U_1 - U_{S1} + U_2 + U_3 + U_4 + U_{S4} = 0$，根据图 2-15 所示电路，将各电压改写为

$$-R_1 I_1 - U_{S1} + R_2 I_2 + R_3 I_3 + R_4 I_4 + U_{S4} = 0$$

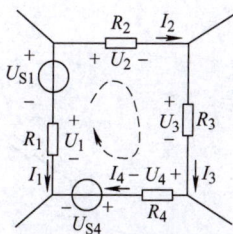

图 2-15　电路举例

把上式加以整理得

$$- R_1 I_1 + R_2 I_2 + R_3 I_3 + R_4 I_4 = U_{S1} - U_{S4}$$

可得 KVL 另一形式：电阻电压降等于电源电压升，即

$$\sum IR = \sum U_S \qquad (2\text{-}14)$$

式（2-14）是 KVL 方程的常用形式，是把变量和已知量区分放在方程式两边，这给解题带来了一定方便。

【**例 2-6**】　电路如图 2-16 所示，已知 $U_{S1} = 18V$，$U_{S2} = 9V$，$R_1 = R_2 = 1\Omega$，$R_3 = 4\Omega$，试求各支路电流。

**解**：设各支路电流参考方向及回路绕行方向如图 2-16 所示。

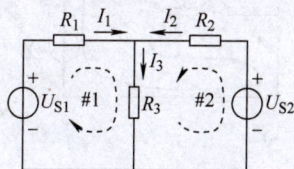

图 2-16　例 2-6 电路图

根据 $\sum U = 0$ 对回路#1 列 KVL 方程：

$$I_1 R_1 + I_3 R_3 - U_{S1} = 0 \qquad I_1 + 4I_3 - 18 = 0$$

对回路#2 列 KVL 方程：

$$I_2 R_2 + I_3 R_3 - U_{S2} = 0 \qquad I_2 + 4I_3 - 9 = 0$$

根据 KCL 列方程：

$$I_1 + I_2 = I_3$$

解方程组得

$$I_1 = 6A, I_2 = -3A, I_3 = 3A$$

（3）KVL 的推广应用　KVL 不仅能应用于电路中的任意闭合回路，同时也可推广应用于回路的部分电路。以图 2-17a 所示电路为例，对假想回路列 KVL 方程：$U_S - IR - U = 0$ 或写作 $U = U_S - IR$；图 2-17b 对假想回路列 KVL 方程：$U_A - U_B - U_{AB} = 0$ 或写作 $U_{AB} = U_A - U_B$。

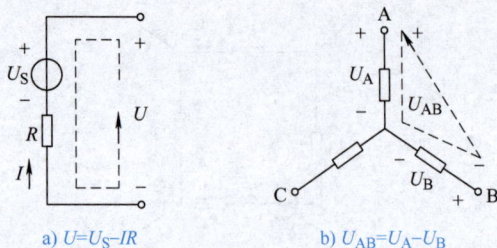

a) $U=U_S-IR$                    b) $U_{AB}=U_A-U_B$

图 2-17  KVL 推广应用电路

### 4. 基尔霍夫定律的应用举例

【例 2-7】 电路如图 2-18 所示，求电压 $U$ 和电流 $I$。

解：KCL：$-3A-1A+2A-I=0 \rightarrow I=-2A$

欧姆定律：$U_1=3I=3 \times (-2)V=-6V$

KVL：$U+U_1+3V-2V=0 \rightarrow U=5V$

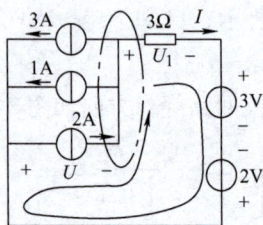

图 2-18  例 2-7 电路图

【例 2-8】 电路如图 2-19 所示，求 a 点电位 $V_a$。

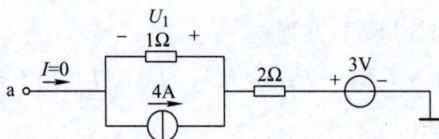

图 2-19  例 2-8 电路图

解：由于 $I=0$，所以 2Ω 电阻电压为零，则

$$V_a=-U_1+3V=(-4A) \times 1\Omega+3V=-1V$$

归纳基尔霍夫定律解题要点：

1）列 KCL 方程时，支路电流的参考方向可任意选定（设电路的节点数为 $n$，支路数为 $m$），但只有 $n-1$ 个节点电流方程是独立的。如用 $\sum I=0$ 列方程，流进节点的电流取正号，流出节点的电流取负号。

2）列 KVL 方程时，一般选网孔作为独立回路，且只有 $m-n$ 个独立回路方程。如果用 $\sum U=0$ 列回路电压方程，则回路内的所有元件（包括电压源 $U_S$）全部用电压降表述。电压降与回路绕行方向相同者，取正号，反之取负号。

3）KVL 方程可推广到不闭合回路两端点间的电压。

### 2.3.3 电阻的星形、三角形联结及其等效变换

在实际电路中，如图 2-20a 所示电桥电路，它既非串联又非并联电路，且不具备参数对称条件，用串、并联简化电路的方法无法求得端口 ab 处的等效电阻，这就是星形联结电路和三角形联结电路，应用丫 – △变换法可求得 ab 端口的等效电阻。利用丫 – △变换法可将复杂电路变换为简单的串、并联电路。

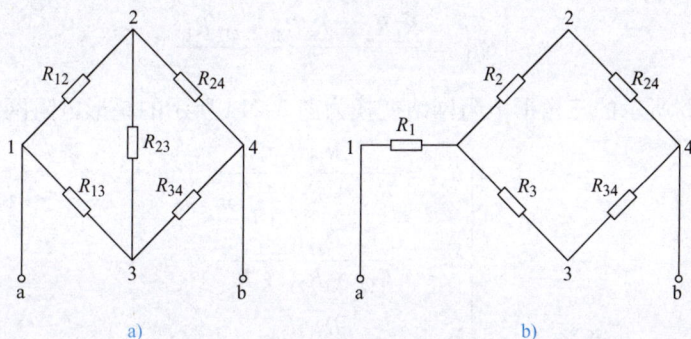

图 2-20　电桥电路

#### 1. 星形联结

将三个电阻的一端连接在一个节点上，另一端分别连接到电路的三个节点上的连接方式称为星形联结。如图 2-20a 中的电阻 $R_{12}$、$R_{23}$、$R_{24}$ 的连接或电阻 $R_{13}$、$R_{23}$、$R_{34}$ 的连接。星形联结又称为丫联结。

#### 2. 三角形联结

将三个电阻元件首尾相接，连接成一个闭合回路，称为三角形联结。如图 2-20a 中的电阻 $R_{12}$、$R_{23}$、$R_{13}$ 的连接或电阻 $R_{24}$、$R_{34}$、$R_{23}$ 的连接。三角形联结和星形联结都是通过三个节点与外部相连。

#### 3. 星形联结和三角形联结电阻的等效变换

星形联结和三角形联结，在一定的条件下可以等效变换，且不影响网络未经变换部分的电压和电流，这种等效变换可以简化电路的计算。图 2-20a 中的电阻 $R_{12}$、$R_{23}$、$R_{13}$ 三角形联结变换为图 2-20b 中的电阻 $R_1$、$R_2$、$R_3$ 星形联结后，便可应用电阻串、并联的方法求出 ab 端口的等效电阻。

**注意**：这种等效变换，必须保证变换前后网络的外特性不变，即在两种网络的任意两个端点间加上相同的电压时，从各对应端点流出、流入的电流也相等，这种变换只适用于不包含电源的网络（无源网络）。如果网络的任一支路中包含电源，则其变换范围不属于讨论范围之内。

当图 2-21a 所示的星形电阻网络变换为图 2-21b 所示的三角形电阻网络时，有

$$\begin{cases} R_{12} = \dfrac{R_1 R_2 + R_2 R_3 + R_3 R_1}{R_3} \\[3mm] R_{23} = \dfrac{R_1 R_2 + R_2 R_3 + R_3 R_1}{R_1} \\[3mm] R_{31} = \dfrac{R_1 R_2 + R_2 R_3 + R_3 R_1}{R_2} \end{cases} \tag{2-15}$$

当图 2-21b 所示的三角形电阻网络变换为图 2-21a 所示的星形电阻网络时，有

$$\begin{cases} R_1 = \dfrac{R_{12} R_{31}}{R_{12} + R_{23} + R_{31}} \\[3mm] R_2 = \dfrac{R_{23} R_{12}}{R_{12} + R_{23} + R_{31}} \\[3mm] R_3 = \dfrac{R_{31} R_{23}}{R_{12} + R_{23} + R_{31}} \end{cases} \tag{2-16}$$

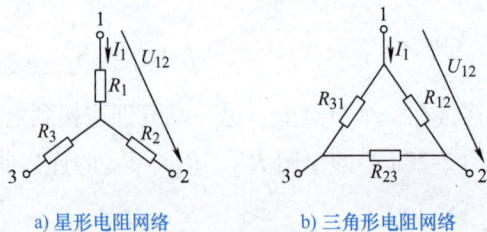

a) 星形电阻网络          b) 三角形电阻网络

图 2-21  星形电阻网络与三角形电阻网络的等效变换

若星形电阻网络中 3 个电阻的阻值相等，则等效三角形电阻网络中 3 个电阻的阻值也相等，即

$$R_{\curlyvee} = \frac{1}{3} R_{\triangle} \quad 或 \quad R_{\triangle} = 3 R_{\curlyvee} \tag{2-17}$$

**【例 2-9】** 电路如图 2-22a 所示，求等效电阻 $R_{AB}$。

**解**：图 2-22a 所示电路由 5 个电阻元件构成，其中任何两个电阻元件之间都没有串、并联关系，因此这是一个复杂电路。

对这样一个复杂电路的入端电阻进行求解的基本方法就是：假定 A、B 两端口之间有一个理想电压源 $U_S$，然后运用 KCL 和 KVL 对电路列出足够的方程式，并从中解出输入端电流 $I$，进而解出入端电阻 $R_{AB} = U_S / I$。但这种方法显然比较烦琐。

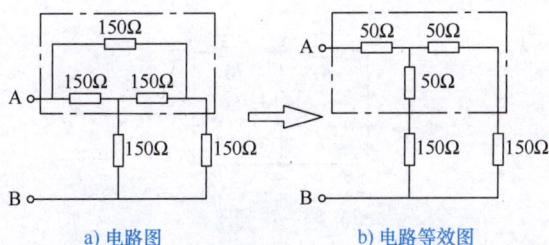

a) 电路图　　　　　　　　　　　　b) 电路等效图

图 2-22　例 2-9 电路图和电路等效图

如果把图 2-22a 点画线框中的三角形电阻网络变换为图 2-22b 点画线框中的星形电阻网络，复杂的电阻网络就变成了简单的串、并联关系，利用电阻的串、并联公式即可方便地求出 $R_{AB}$：

$$R_{AB} = 50\ \Omega + \left[ (50\ \Omega + 150\Omega)\ /\!/\ (50\ \Omega + 150\Omega) \right]$$
$$= 50\Omega + 100\Omega = 150\Omega$$

星形电阻网络与三角形电阻网络之间的等效变换，除了用于计算电路的入端电阻以外，还能较方便地解决实际电路中的其他一些问题。

## 2.3.4　电路中各点电位的计算

电路中某一点的电位是指由这一点到参考点的电压，原则上电路参考点可以任意选取，通常可认为参考点的电位为零值。

在如图 2-23 所示电路中，若以 d 点为参考点，则

d 点电位：$V_d = 0$

a 点电位：$V_a = U_{S1}$

b 点电位：$V_b = I_3 R_3$

c 点电位：$V_c = -U_{S2}$

若以 b 点为参考点，则

b 点电位：$V_b = 0$

a 点电位：$V_a = I_1 R_1$

c 点电位：$V_c = I_2 R_2$

d 点电位：$V_d = -I_3 R_3$

可见，参考点是可以任意选定的，但一经选定，各点电位的计算即以该点为准。当参考点发生变化时，电路中各点的电位也随之发生变化，即电位是相对参考点的选择而确定的。

在电子技术中，为了画图的简便和图面的清晰，习惯上在电路图中不画出电源，而是在电源的非接"地"的一端标出其电位的极性及数值。

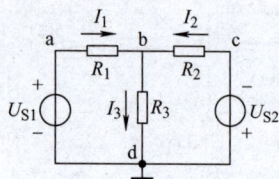

图 2-23　电路举例

【例2-10】　电路如图2-24所示，分别以 A、B 为参考点计算 C 点和 D 点的电位及 $U_{CD}$。

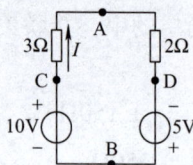

图 2-24　例 2-10 电路图

**解**：以 A 点为参考点，则有

$$I = \frac{10V + 5V}{3\Omega + 2\Omega} = 3A$$

$$V_C = 3A \times 3\Omega = 9V$$

$$V_D = -3A \times 2\Omega = -6V$$

$$U_{CD} = V_C - V_D = 9V - (-6V) = 15V$$

以 B 点为参考点，则有

$$V_C = 10V, V_D = -5V$$

$$U_{CD} = V_C - V_D = 10V - (-5V) = 15V$$

【例2-11】　电路如图2-25a所示，求 S 断开和闭合时 a 点的电位。

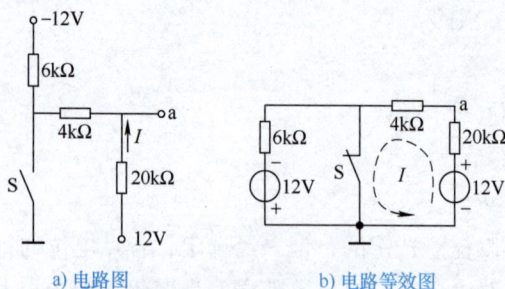

a) 电路图　　　　　　b) 电路等效图

图 2-25　例 2-11 电路图和电路等效图

**解**：（1）S 断开时，图中三个电阻为串联，有

$$I = [12V - (-12V)] \div (6k\Omega + 4k\Omega + 20k\Omega) = 0.8mA$$

$$V_a = 12V - 0.8mA \times 20k\Omega = -4V$$

（2）S 闭合时，电路等效图如图 2-25b 所示，有

$$I = 12V \div (20k\Omega + 4k\Omega) = 0.5mA$$

$$V_a = 0.5mA \times 4k\Omega = 2V$$

## 2.3.5　直流惠斯通电桥

电桥分为直流电桥和交流电桥，直流电桥又分为直流惠斯通电桥和直流双臂电桥。电桥在电磁测量中应用广泛，其特点是灵敏度和准确度都比较高，在需要精确测量电阻时往往采用电桥。交流电桥可以测量电阻、电感、电容等参数。

直流惠斯通电桥俗称直流单臂电桥，它用于测量 $1 \sim 1000k\Omega$ 的中值电阻；直流双臂电桥又称为开尔文电桥，用于测量 $1\Omega$ 以下的小电阻。

精确测量电阻必须采用直流电桥，直流电桥是一种比较测量仪器，它将被测电阻与标准电阻直接进行比较，从而确定被测电阻的阻值大小，它的测量准确度远高于万用表。

### 1. 直流惠斯通电桥的工作原理

直流惠斯通电桥的工作原理如图 2-26 所示，它由四个电阻连接成一个封闭的环行电路，每个电阻均称为桥臂。电桥的两个顶点 a、b 端为输入端，接电桥的直流电源，另两个顶点 c、d 端为输出端，接检流计。四个桥臂电阻中，$R_X$ 为被测电阻，其余均为标准电阻，测量时接通电桥电源，调节标准电阻，使检流计指示为零，即 $I_g = 0$，此时电桥处于平衡状态，c、d 两点的电位相等，即 $I_1 R_X = I_4 R_4$，$I_2 R_2 = I_3 R_3$，当 $I_g = 0$ 时，$I_1 = I_2$，$I_3 = I_4$，从而得到 $\dfrac{R_X}{R_2} = \dfrac{R_4}{R_3}$，即 $R_X R_3 = R_2 R_4$，由此可求得 $R_X = R_4 \dfrac{R_2}{R_3}$。电桥中，

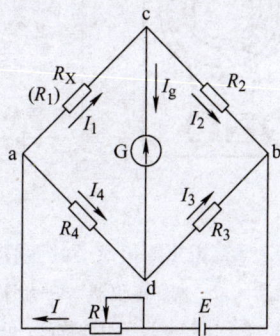

图 2-26　直流惠斯通电桥的工作原理图

$\dfrac{R_2}{R_3}$ 称为比例臂，也称为电桥的倍率；$R_4$ 称为比较臂。当调节电桥达到平衡时，比较臂

$R_4$ 乘以倍率 $\dfrac{R_2}{R_3}$ 即可得到被测电阻 $R_X$ 的阻值。由于被测电阻 $R_X$ 与标准电阻值进行比较，

而标准电阻的准确度很高，所以电桥测量电阻的准确度是很高的，一般直流惠斯通电桥

的准确度等级有 0.01、0.02、0.05、0.1、0.2、0.5、1.0、1.5 八个等级。

### 2. 直流惠斯通电桥的使用方法

直流惠斯通电桥的型号繁多，但其使用方法大致相同，下面以常用的 QJ23 型直流惠斯通电桥为例，介绍直流惠斯通电桥的使用。

QJ23 型直流惠斯通电桥的面板及原理电路如图 2-27 所示，比例臂由 8 个电阻组成，在实际应用中 $R_2$、$R_3$ 放在一起，用转换开关来改变 $\dfrac{R_2}{R_3}$ 的值，由倍率开关切换 7 个

档位，档位分别为 ×0.001、×0.01、×0.1、×1、×10、×100、×1000 共 7 种。其比较臂由四组电阻串联而成（有 4 个读数盘），第一组为 9 个 1Ω 电阻，第二组为 9 个 10Ω 电阻，第三组为 9 个 100Ω 电阻，第四组为 9 个 1000Ω 电阻；当所有的电阻串联时，总电阻为 9999Ω，阻值由读数盘中的转换盘开关转换；选择不同倍率和比较臂电阻，可测量出不同的电阻值。

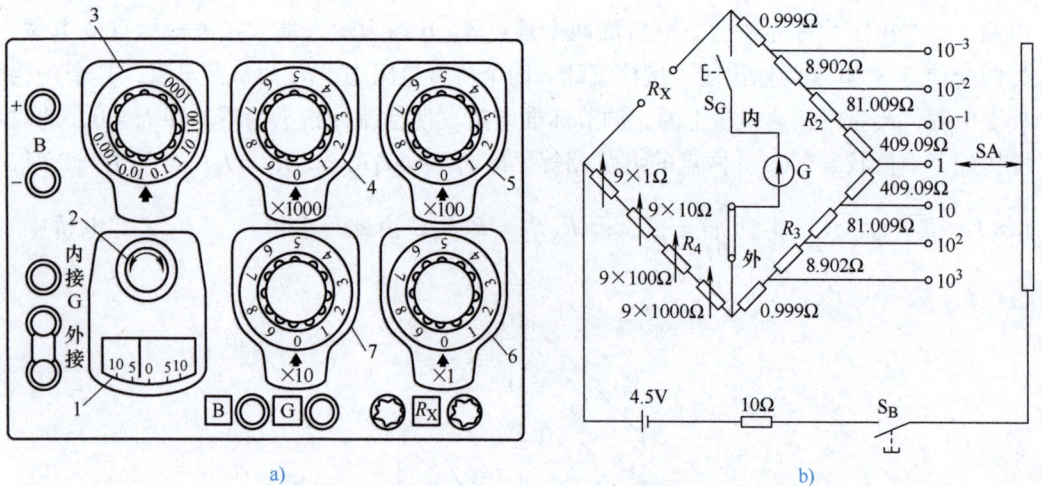

图 2-27 QJ23 型直流惠斯通电桥的面板及原理电路

1—检流计 2—调零电位器 3—倍率开关
4—比较臂第四组读数盘 5—比较臂第三组读数盘 6—比较臂第二组读数盘
7—比较臂第一组读数盘

（1）**测量电阻及其偏差**　QJ23 型直流惠斯通电桥可以测量 $1 \times 10^3 \sim 9999 \times 10^3 \Omega$ 的电阻，其准确度在不同的量程内有所不同，由于接线电阻的影响，只有在 $100 \sim 99999\Omega$ 的量程内，其实际偏差才不超过 $\pm 0.2\%$。

（2）**测量步骤**

1）使用前将检流计的锁扣打开，调节调零装置使指针指示在零位。

2）用万用表粗测下被测电阻，估计它的大约数值，然后根据电阻值选择适当的比较臂。一般情况下，要尽可能将比较臂的四组电阻都用上，以保证读数的准确度为 4 位有效值。

3）选择适当的倍率。当被测电阻 $R_X$ 为几百欧时，应选择 0.1 的倍率；当被测电阻 $R_X$ 为几千欧时，应选择 1 的倍率；当被测电阻 $R_X$ 为几万欧时，应选择 10 的倍率，以此类推。

例如，被测电阻约为 4.1kΩ，如果选择倍率 1，那么比较臂电阻读数盘 $R_4$ 预置为 $4110 \times 1\Omega$，保证了读数为 4 位有效值：

$$4.110k\Omega = 4110 \times 1\Omega = (4 \times 1000 + 1 \times 100 + 1 \times 10 + 0 \times 1) \times 1\Omega$$

4）用短粗导线将被测电阻 $R_X$ 接在测量接线柱上，连接处要拧紧。测量时，打开电源按钮，再按检流计按钮，调节读数盘，使检流计指示为零，如果此时指针偏转太快，则应及时松开按钮。这时，如果检流计指针偏向标度尺"＋"端，应增大比较臂电阻值；反之，如果检流计指针偏向标度尺"－"端，则应减小比较臂电阻值。调整后再按下检流计细调按钮，仔细调节，直至检流计指示基本为零，使电桥达到基本平衡。

5）读数并计算电阻值。被测电阻值 = 比较臂读数盘电阻之和 × 倍率。

6）测量完毕，先松开检流计按钮，再断开电源按钮。

（3）**使用注意事项**

1）为了测量准确，测量时选择的倍率应使比较臂电阻的四个读数盘都有读数。

2）测量时，电桥必须放置平稳，被测电阻应单独测量，不能带电测量。

3）由于接头处的接触电阻和连接导线电阻的影响，直流惠斯通电桥不宜测量阻值小于 1Ω 的电阻。

4）测量时，连接导线应尽量用截面面积较大、较短的导线，以减小误差。接线时必须拧紧，如有松脱，电桥会极端不平衡，会损坏检流计。

5）电池电压不足会影响电桥的灵敏度，应及时更换。若采用外接电源，必须注意极性，电压不要超过电桥额定值，否则会烧坏桥臂电阻。

6）测量完毕，应先松开检流计按钮，再断开电源按钮，特别是被测电阻具有电感时，一定要遵守上述规则，否则会损坏检流计。

7）测量结束后，将检流计锁扣锁上，以免检流计受振损坏。

## 2.4 拓展知识

### 2.4.1 电压源和电流源的等效变换

前面介绍的理想电压源和理想电流源都是无穷大功率源,实际上并不存在。实际的电源总是存在内阻的,因此当负载改变时,负载两端的电压及流过负载的电流都会发生改变。

一个实际的电源既可以用与内阻相串联的电压源作为它的电路模型,也可以用一个与内阻相并联的电流源作为它的电路模型。因此,这两种实际电源的电路模型,在一定条件下也是可以等效互换的。

问题是,将一个与内阻并联的电流源模型等效为一个与内阻串联的电压源模型,或是将一个与内阻串联的电压源模型等效为一个与内阻并联的电流源模型,等效互换的条件是什么呢?

图 2-28 所示为实际电源与负载所构成的电路。对图 2-28a 所示电路列 KVL 方程,设回路绕行方向为顺时针,则

$$U_S = U + IR_u \tag{2-18}$$

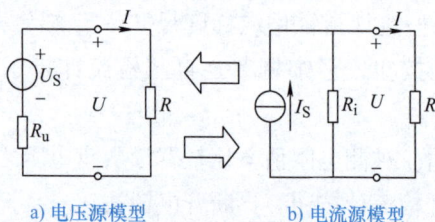

a) 电压源模型　　　　　b) 电流源模型

图 2-28　两种电源模型之间的等效变换

对图 2-28b 所示电路列 KCL 方程:

$$I_S = \frac{U}{R_i} + I \tag{2-19}$$

将式(2-19)等号两端同乘以 $R_i$,得到

$$R_i I_S = U + IR_i \tag{2-20}$$

比较式(2-18)和式(2-20),两式都反映了负载端电压 $U$ 与通过负载的电流 $I$ 之间的关系,假设两个电源模型对负载等效,则式(2-18)和式(2-20)中的各项应完全相同,于是可得到两种电源模型等效互换的条件是

$$\begin{cases} U_S = I_S R_i \\ R_u = R_i \end{cases} \quad 或 \quad \begin{cases} I_S = \dfrac{U_S}{R_u} \\ R_i = R_u \end{cases} \tag{2-21}$$

两种电源模型之间等效变换时，内阻不变。在进行上述等效变换时，一定要让电压源由"−"到"+"的方向与电流源电流的方向保持一致，这一点恰好说明了电源上的电压、电流符合非关联参考方向。

**【例2-12】** 求如图2-29a所示电路中的电流$I$。

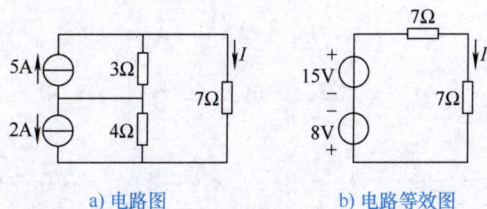

a) 电路图　　　　　　　　　b) 电路等效图

图2-29　例2-12 电路图和电路等效图

**解：**（1）将电流源等效为电压源，如图2-29b所示。

（2）根据欧姆定律求电流

$$I = (15V − 8V) \div (7\Omega + 7\Omega) = 0.5A$$

**【例2-13】** 求图2-30a所示电路中的电压$U$。

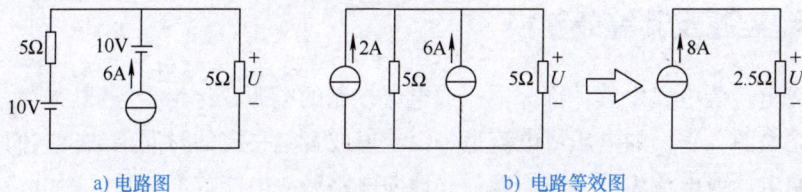

a) 电路图　　　　　　　　　　　b) 电路等效图

图2-30　例2-13 电路图和电路等效图

**解：**根据电源等效变换，将图2-30a电路等效成图2-30b所示电路（10V电压源和5Ω电阻串联等效为2A电流源和5Ω电阻并联；6A电流源和10V电压源串联等效为6A电流源），则

$$U = IR = 8A \times 2.5\Omega = 20V$$

**【例2-14】** 电路如图2-31a所示，已知$U_{S1} = 12V$，$R_1 = 3\Omega$，$U_{S2} = 36V$，$R_2 = 6\Omega$，$R_3 = 8\Omega$，求$R_3$中的电流$I_3$。

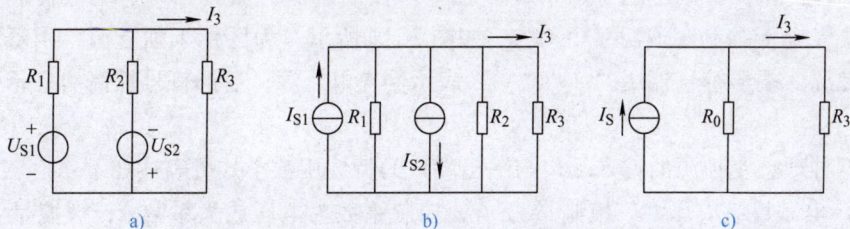

a)　　　　　　　　　b)　　　　　　　　　c)

图2-31　例2-14 电路图

**解**：采用电源等效变换，图 2-31a→图 2-31b→图 2-31c，则

$$I_{S1} = \frac{U_{S1}}{R_1} = \frac{12\text{V}}{3\Omega} = 4\text{A}$$

$$I_{S2} = \frac{U_{S2}}{R_2} = \frac{36\text{V}}{6\Omega} = 6\text{A}$$

$$I_S = I_{S1} - I_{S2} = 4\text{A} - 6\text{A} = -2\text{A}$$

$$R_0 = \frac{R_1 R_2}{R_1 + R_2} = \frac{3 \times 6}{3 + 6}\Omega = 2\Omega$$

$$I_3 = \frac{R_0}{R_0 + R_3}I_S = \frac{2}{2 + 8} \times (-2)\text{A} = -0.4\text{A}$$

**等效条件**：对外部等效，对内部不等效；理想电源之间不能等效变换，实际电源模型之间可以等效变换；实际电源模型等效变换时应注意等效过程中参数的计算、电源数值与其参考方向的关系；电阻之间等效变换时一定要注意找对节点，这是等效的关键；与理想电压源并联的支路对外可以开路等效；与理想电流源串联的支路对外可以短路等效。

### 2.4.2 受控源及其等效变换

电压或电流受电路中其他部分电压或电流控制的电源，称为受控源。前面介绍的电源都是独立电源，它们的电压或电流是一恒定值或者是一定的时间函数，它们与电路中其他支路的电压或电流无关，它们能独立地向电路释放电能或电信号，对电路起激励作用，称为独立源。受控源的电压或电流受另一条支路的电压或电流控制，只能用来反映电路中某一支路电压或电流对另一支路电压或电流的控制关系。

#### 1. 受控源的分类

受控源分为受控电压源和受控电流源。受控源有两对端钮，一对输出端和一对输入端，输出端钮又称为受控端，对外提供电压或电流；输入端钮称为控制端，用来控制输出电压或电流的大小。受控源根据控制量是电压或电流、被控量是电压源还是电流源，可分为四种：电压控制电压源（VCVS）、电压控制电流源（VCCS）、电流控制电压源（CCVS）及电流控制电流源（CCCS），如图 2-32 所示。为区别于独立源，用菱形符号表示受控源，菱形符号外用"+""−"表示受控电压源，菱形符号加箭头表示受控电流源。

这四种理想受控源的输入端口与输出端口的特性用数学式可表述如下：

（1）电压控制电压源　控制量为 $u_1$，控制系数为电压放大系数 $\mu$，被控量为 $\mu u_1$，即 $u_2 = \mu u_1$，$\mu$ 为电压放大系数，无量纲，如图 2-32a 所示。

（2）电压控制电流源　控制量为 $u_1$，控制系数为转移电导 $g$，被控量为 $g u_1$，即

$i_2 = gu_1$，$g$ 具有电导的量纲，称为转移电导，如图 2-32b 所示。

（3）**电流控制电压源** 控制量为 $i_1$，控制系数为转移电阻 $r$，被控量为 $ri_1$，即 $u_2 = ri_1$，$r$ 具有电阻的量纲，称为转移电阻，如图 2-32c 所示。

（4）**电流控制电流源** 控制量为 $i_1$，控制系数为电流放大系数 $\beta$，被控量为 $\beta i_1$，即 $i_2 = \beta i_1$，$\beta$ 称为电流放大系数，无量纲，如图 2-32d 所示。

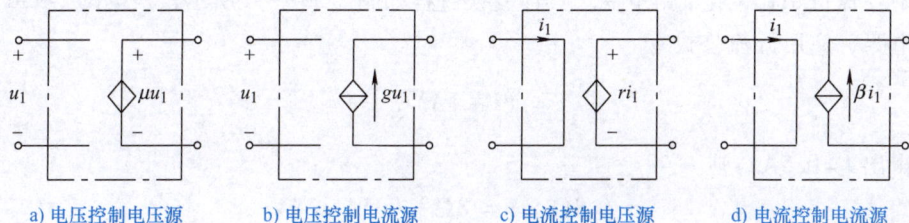

a) 电压控制电压源 　 b) 电压控制电流源 　 c) 电流控制电压源 　 d) 电流控制电流源

图 2-32　四种理想受控源电路图

当比例系数 $\mu$、$r$、$g$、$\beta$ 为常数时，受控量和控制量之间成正比关系，这样的受控源称为线性受控源，本书只讨论线性受控源。与独立电源一样，将有串联电阻的受控电压源和有并联电阻的受控电流源称为实际受控源，如用 VCVS 构成的电子管电压放大器电路模型、用 VCCS 构成的场效应晶体管电路模型、用 CCVS 构成的他励式直流发电机电路模型、用 CCCS 构成的晶体管电路模型。

### 2. 受控源的等效变换

受控源由于本身受制于控制量，在电路解题中进行的化简、等效变换、列写方程等，都不能像独立源一样处理，而串联电阻与受控电压源及并联电阻与受控电流源的组合，可像独立源一样进行等效变换，但控制量所在的支路必须保留。

### 3. 含受控源电路的解题方法

（1）**受控源电路中无独立源的求解法** 无独立源的受控源电路多数为求它的等效电路，求解时可用等效电源法或外施电压法进行化简，化简时控制量所在的支路不能去掉。

（2）**受控源中含有电压控制电流源电路的求解法** 当受控源的控制量在有源二端网络内部时，含受控源的网络可用等效电源定理求出它的等效电路（项目 3 中的戴维南定理）；当受控源的控制量在有源端网络外部时，将受控电压源或受控电流源进行电源等效变换，求入端电阻 $R_i$ 时，受控源应作为一种电阻性元件保留在电路中，且受控源不能做开路和短路处理，应用外施电压法或短路电流法求入端电阻 $R_i$。

（3）**含受控源的复杂电路求解法** 对于含受控源的复杂电路，可用项目 3 中介绍的回路电流法、支路电流法或节点电压法列写电路方程求解，受控源当作独立源列入方程中相应的各项，并将受控量和控制量的关系代入方程中（如项目 3 中介绍的网孔电流、节点电位等未知量）。

### 4. 例题分析

【例2-15】 用等效变换法求图2-33a所示电路中的支路电流$i$和电压$u$。

**解**：图2-33a是一个含有电流控制电流源（CCCS）的电路，受控电流为$i$，在变换过程中要保持8Ω电阻支路不变。具体变换过程如图2-33b~d所示，根据图2-33d所示等效电路，应用分流公式有

$$i = (i + 1\text{A}) \frac{4}{8+4}$$

得出$i = 0.5\text{A}$，则

$$u = 8\Omega \times i = 8\Omega \times 0.5\text{A} = 4\text{V}$$

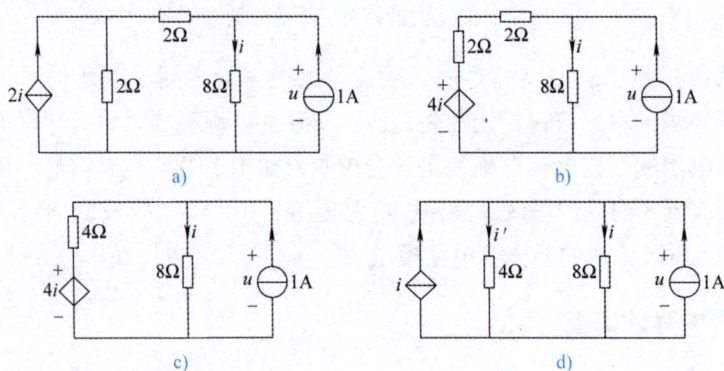

图2-33 例2-15电路图

前面所讲的独立源，向电路提供的电压或电流是由非电能量提供的，其大小、方向由自身决定；受控源的电压或电流不能独立存在，而是受电路中某个电压或电流控制的，受控源的大小、方向由控制量决定。当控制量为零时，受控电压源相当于短路，受控电流源相当于开路。

在电路分析过程中，有受控源的控制量存在的情况下，受控源在电路中起电源作用，此时它和独立源具有相同的特性，理想受控源之间仍然不能进行等效变换，含有内阻的受控源之间可以等效变换，等效变换的条件与独立源类似。由于受控源的数值受电路中某处电压（或电流）的控制，因此它不像独立源那样数值恒定，而是随控制量的变化而改变，故在电路变换的过程中，特别要注意不能随意把受控源的控制量变换掉；另外在求等效电阻时，只要电路中存在控制量，受控源便不能按零值处理。

## 2.4.3 负载获取最大功率的条件

一个实际电源产生的功率通常分为两部分：一部分消耗在电源及电路

的内阻上，另一部分输出给负载。在电子通信技术中，总是希望负载上得到的功率越大越好，那么，怎样才能使负载从电源处获得最大功率呢？

如图 2-34 所示电路，当负载太大或太小时，显然都不能使负载上获得最大功率。当负载 $R_L$ 很大时，电路将接近于开路状态；当负载 $R_L$ 很小时，电路又会接近于短路状态。为找出负载上获得最大功率的条件，可写出图示电路中负载 $R_L$ 的功率表达式，即

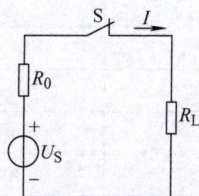

图 2-34　电路举例

$$P_L = I^2 R_L = \left( \frac{U_S}{R_0 + R_L} \right)^2 R_L = \frac{U_S^2 R_L}{(R_0 + R_L)^2}$$

$$= \frac{U_S^2 R_L / R_L}{4 R_0 R_L / R_L + (R_0 - R_L)^2 / R_L}$$

$$= \frac{U_S^2}{4 R_0 + \dfrac{(R_0 - R_L)^2}{R_L}}$$

由上式可以看出，负载功率 $P_L$ 仅由分母中的两项决定：第一项 $4R_0$ 与负载无关，第二项显然只取决于分子 $(R_0 - R_L)^2$。因此，当第二项中的分子为零时，分母最小，此时负载上获得最大功率，即

$$P_{Lmax} = \frac{U_S^2}{4R_0} \tag{2-22}$$

由此得出负载获得最大功率的条件：负载电阻等于电源内阻。这一原理在许多实际问题中得到应用，例如晶体管收音机里的输入、输出变压器就是为了达到上述阻抗匹配条件而接入的。

## 2.5　项目实施

### 2.5.1　项目实施条件

场地：学做合一教室或电工技能实训室。
仪器：万用表、直流惠斯通电桥、5V 稳压电源。
工具：电烙铁、剪刀、螺钉旋具及剥线钳等。

元器件清单：按表2-1配置元器件。

表2-1 元器件清单

| 序　号 | 元器件名称 | 型号及规格 | 数　量 |
|---|---|---|---|
| 1 | 电阻 | 100Ω | 2个 |
| | | 200Ω | 2个 |
| | | 300Ω | 1个 |
| 2 | 多圈电位器 | 200Ω | 1个 |
| 3 | 焊锡 | $\phi 1.0mm$ | 若干 |
| 4 | 导线 | 单股 $\phi 0.5mm$ | 若干 |
| 5 | 通用电路板 | 100mm×50mm | 1块 |

## 2.5.2　电路安装与测试

### 1. 电阻的测量

1）用万用表测电阻。要求读取标称阻值、允许偏差，用数字式万用表测量实际阻值，计算实际偏差，判别质量是否合格，测量结果记于表2-2中。

表2-2 电阻测量值（1）

| 序号 | 标称阻值/Ω | 实测阻值/Ω | 允许偏差（%） | 实际偏差（%） | 质量判别 |
|---|---|---|---|---|---|
| 1 | | | | | |
| 2 | | | | | |
| 3 | | | | | |

2）用直流惠斯通电桥测电阻。要求读取标称阻值、允许偏差，用直流惠斯通电桥测量实际阻值，计算实际偏差，判别质量是否合格，测量结果记于表2-3中。

表2-3 电阻测量值（2）

| 序　号 | 标称阻值/Ω | 实测阻值/Ω | 允许偏差（%） | 实际偏差（%） | 质量判别 |
|---|---|---|---|---|---|
| 1 | | | | | |
| 2 | | | | | |
| 3 | | | | | |

3）将万用表测得的电阻值与直流惠斯通电桥测得的电阻值进行比较，分析产生偏差的原因。

### 2. 电路安装

按照图2-1焊接电路，其中，$R=100\Omega$。

### 3. 参数测量

将焊接好的电路进行检查无误后，接通电源，用万用表直流电压档测量 ab 两端电压，调节电位器，使 ab 两端电压为零，对电路电压、电流进行测量，将测量电压结果填入表 2-4 中，电流结果填入表 2-5 中。

表 2-4　各个电阻的电压值

| 参　　数 | $U_{ca}$ | $U_{ad}$ | $U_{cb}$ | $U_{bd}$ | $U_{cd}$ |
| --- | --- | --- | --- | --- | --- |
| 测量值 | | | | | |
| 计算值 | | | | | |

表 2-5　各个电阻的电流值

| 参　　数 | $I_1$ | $I_2$ | $I_3$ | $I_4$ | $I$ |
| --- | --- | --- | --- | --- | --- |
| 测量值 | | | | | |
| 计算值 | | | | | |

## 2.5.3　实训报告

实训报告格式见附录 A。

## 2.6　项目总结与考核

## 2.6.1　项目总结

1）KCL 和 KVL 是电路中两个非常重要的基本定律，它们只取决于电路的连接方式，与元件的性质无关。KCL 是电流连续性原理的体现，KVL 是电位单值性原理的反映。两定律不仅适用于直流电路，也适用于交流电路。也可以说，凡集总参数的电路，任何时刻都遵循这两条定律。该项目使人们认识到掌握事物普遍规律的重要性，要善于从问题的表象去发现本质及规律。

应用 KCL、KVL 两定律列写方程式时，必须注意电压、电流的参考方向以及回路的绕行方向，由此来进一步理解和掌握参考方向的重要性。

2）"等效"这一概念贯穿于整个教材的始终，是电路分析中非常重要的基本概念。两个线性电路"等效"，是指它们对"等效"之外电路的作用效果相同。两个线性电路相互"等效"的条件，在保持两个线性电路对外引出端钮上的电压、电流、功率关系一致的情况下，即可导出。由此导出：电阻串、并联电路的等效变换；Y-△电阻网络的等效变换；实际电源的两种电路模型之间的等效变换。

3）电路中某一点电位等于该点与参考点之间的电压，电位计算时与所选择的路径无关。

4）电桥电路由四个桥臂电阻及两条对角线组成，电源接在一条对角线上，当两个相对桥臂电阻的乘积相等时，若另一条对角线两端出现等电位现象，则桥支路中无电流通过，此时称为电桥平衡。利用电桥平衡原理可以比较精确地测量电阻阻值。

5）在电子技术中，负载电阻与电源的输出电阻达到"匹配"时，负载可以从电源获得最大功率。

6）受控源是一种电压（或电流）受电路中其他部分的电压（或电流）控制的非独立源。受控源可以像独立源一样进行等效变换和化简。唯一要注意的是，在化简的过程中，当受控量还存在时，不可将控制量消除。

## 2.6.2 项目考核

项目考核的原则是"过程考核与综合考核相结合，理论考核与实践考核相结合"，具体考核内容参考表 2-6。

表 2-6 项目 2 考核表

| 考核项目 | 考核内容及要求 | 分 值 | 得 分 |
|---|---|---|---|
| 电路制作 | 1）能正确检测项目中所用元器件<br>2）电路板设计制作合理，元器件布局合理，焊接规范 | 30 | |
| 电路调试及参数测量 | 1）能正确使用万用表<br>2）能正确使用直流惠斯通电桥<br>3）能正确调试电桥平衡<br>4）能正确测量电路参数 | 40 | |
| 实训报告编写 | 1）格式标准，表达准确<br>2）内容充实、完整，逻辑性强<br>3）有测试数据记录及结果分析 | 20 | |
| 综合职业素养 | 1）遵守纪律，态度积极<br>2）遵守操作规程，注意安全<br>3）富有团队合作精神 | 10 | |
| 总分 | | 100 | |

# 习　题

## 一、填空题

1. 电阻并联分流，阻值越大，流过的电流_____。并联的电阻越多，其等效电阻的值越_____。

2. 电阻均为 $9\Omega$ 的星形电阻网络，若等效为三角形网络，各电阻的阻值应为____$\Omega$。

3. 实际电压源模型"20V，$5\Omega$"等效为电流源模型时，其电流源 $I_S$ = _____A，内阻 $R_i$ = _____$\Omega$。

4. 实际电流源模型"1A，$5\Omega$"等效为电压源模型时，其电压源 $U_S$ = _____V，内阻 $R_u$ = _____$\Omega$。

5. 直流惠斯通电桥的平衡条件是_____相等；负载上获得最大功率的条件是_____，获得的最大功率 $P_{\max}$ = _____。

6. 电路如图 2-35 所示，已知 $I_1$ = 2A，$I_2$ = 3A，则 $I_3$ = _____A。

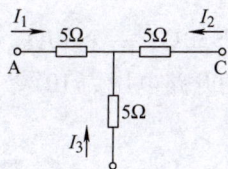

图 2-35　填空题 6 电路

## 二、判断题

1. 理想电压源和理想电流源可以等效变换。　　　　　　　　　　　　（　　）

2. KVL 不仅适用于集总参数电路中的任意一个闭合回路，也适合于不闭合回路。
（　　）

3. 直流惠斯通电桥可用来较准确地测量电阻阻值。　　　　　　　　　（　　）

4. KVL 仅适用于闭合回路中各电压之间的约束关系。　　　　　　　　（　　）

5. 对电路中的任意节点而言，流入节点的电流与流出该节点的电流必定相等。
（　　）

6. 两个电路等效，即无论其内部还是外部都相同。　　　　　　　　　（　　）

7. 电路等效变换时，如果一条支路的电压为零，可按短路处理。　　　（　　）

8. 电路等效变换时，如果一条支路的电流为零，可按短路处理。　　　（　　）

9. 灯泡与可变电阻并联接到电压源上，当可变电阻减小时灯泡的分流也减小，所以灯泡变暗。　　　　　　　　　　　　　　　　　　　　　（　　）

10. 负载上获得最大功率时，说明电源的利用率达到了最大。　　　　（　　）

### 三、单项选择题

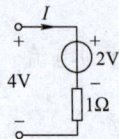

图 2-36　选择题 1 电路

1. 图 2-36 所示电路中的电流为（　　　）。

A. 0A 　　　　　　　　B. 1A

C. 2A 　　　　　　　　D. 3A

2. 两个电阻串联，$R_1 : R_2 = 1 : 2$，总电压为 60V，则 $R_1$ 两端电压 $U_1$ 的大小为（　　　）。

A. 10V 　　　　　　　B. 20V 　　　　　　　C. 30V

3. 已知接成星形联结的三个电阻都是 30Ω，则等效三角形联结的三个电阻阻值为（　　　）。

A. 全是 10Ω 　　　　B. 两个 30Ω，一个 90Ω 　　　　C. 全是 90Ω

4. 实验测得某有源二端网络的开路电压为 10V，短路电流为 5A，则当外接 8Ω 电阻时，其端电压为（　　　）。

A. 10V 　　　　　　B. 5V 　　　　　　C. 8V 　　　　　　D. 2V

5. 两个电阻串联接到电压为 120V 的电压源上，电流为 3A；并联接到同一电压源上，电流为 16A，则这两个电阻分别为（　　　）。

A. 30Ω、10Ω 　　　B. 30Ω、20Ω 　　　C. 40Ω、20Ω 　　　D. 40Ω、10Ω

6. 电源供电给电阻 $R_L$ 时，电压源 $U_S$ 和电阻 $R_L$ 值均保持不变，为了使电源输出功率最大，应调节内阻值等于（　　　）。

A. $R_L$ 　　　　　B. 0 　　　　　C. ∞ 　　　　　D. $\dfrac{R_L}{2}$

7. 从外特性来看，任何一条电阻 $R$ 支路与恒压源 $U_S$（　　　）联，其结果可以用一个等效恒压源替代，该等效电源值为（　　　）。

A. 串，$\dfrac{U_S}{R}$ 　　　B. 串，$U_S$ 　　　C. 并，$\dfrac{U_S}{R}$ 　　　D. 并，$U_S$

8. 已知三角形联结的三个电阻都是 30Ω，则等效星形联结的三个电阻阻值为（　　　）。

A. 全是 10Ω 　　　　　　　　B. 两个 30Ω，一个 10Ω

C. 全是 $90\Omega$　　　　　　　　　　　　　D. 两个 $10\Omega$，一个 $30\Omega$

9. 由 10V 的电源供电给负载 1A 的电流，如果电流到负载往返电路的总电阻 $1\Omega$，那么负载的端电压应为（　　）。

　　A. 11V　　　　　　　B. 8V　　　　　　　C. 12V　　　　　　　D. 9V

10. 电路图 2-37 所示，已知 $I = 9A$，则 $I_1 = $（　　）。

　　A. 6A　　　　　　　B. 9A　　　　　　　C. 0A　　　　　　　D. 3A

11. 电路如图 2-38 所示，电流 $I$ 等于（　　）。

　　A. $-4A$　　　　　　B. 0　　　　　　　C. 4A　　　　　　　D. 8A

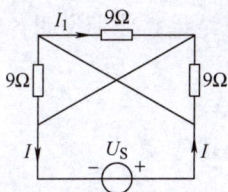

图 2-37　选择题 10 电路　　　　　　　图 2-38　选择题 11 电路

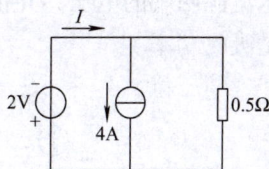

## 四、计算题

1. 在图 2-39a、b 所示电路中，若 $I = 0.6A$，求 $R$；在图 2-39c、d 所示电路中，若 $U = 0.6V$，求 $R$。

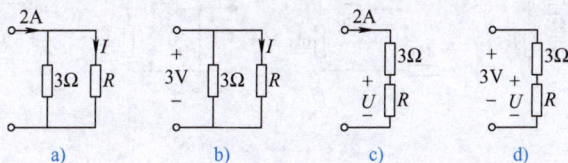

图 2-39　计算题 1 电路

2. 电路如图 2-40 所示，求电阻 $R_{ab}$。

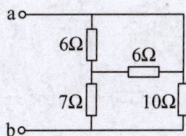

图 2-40　计算题 2 电路

3. 电路如图 2-41 所示，300V 电源不稳定，若它突然升高到 360V，求 o 点电位有多大的变化。

4. 一只"110V，8W"的指示灯要接在 380V 的电源上，应当串联多大阻值的电

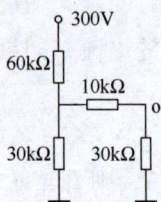

图 2-41　计算题 3 电路

阻？该电阻应选用多大功率？

5. 电路如图 2-42 所示，已知 $U_S = 6V$，$I_S = 3A$，$R = 4\Omega$。计算通过理想电压源的电流及理想电流源两端的电压，并根据两个电源功率的计算结果，分别说明各个电源是释放功率还是吸收功率。

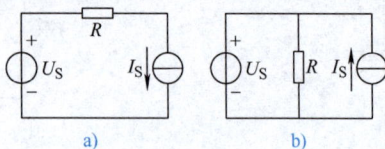

图 2-42　计算题 5 电路

6. 求图 2-43 所示各电路的入端电阻 $R_{ab}$。

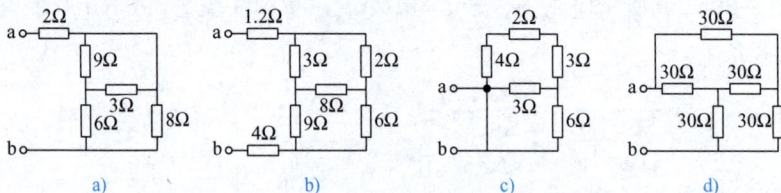

图 2-43　计算题 6 电路

7. 电路如图 2-44 所示，已知电流 $I = 10mA$，$I_1 = 6mA$，$R_1 = 3k\Omega$，$R_2 = 1k\Omega$，$R_3 = 2k\Omega$。求电流表 $A_1$ 和 $A_2$ 的读数。

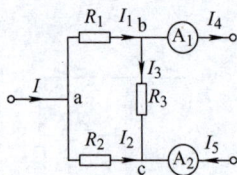

图 2-44　计算题 7 电路

8. 电路如图 2-45 所示，试求电路中的电流 $I$。

9. 电路如图 2-46 所示，开关 S 断开时电压表读数为 6V，开关 S 闭合后，电流表读数为 0.5A，电压表读数为 5.8V，试计算其内阻 $R_0$（设电压表内阻为无穷大，电流表内阻为零）。

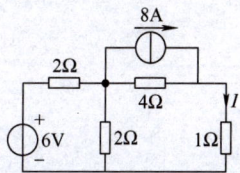

图 2-45　计算题 8 电路

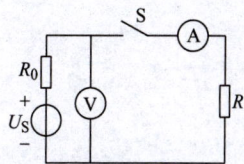

图 2-46　计算题 9 电路

10. 求图 2-47 所示电路的入端电阻 $R_i$。

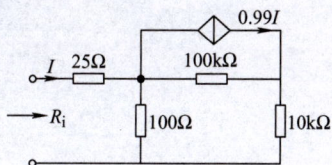

图 2-47　计算题 10 电路

项　目　3

# 双电源电路的安装与测试

## 3.1 项目分析

图 3-1 所示电路由 12V 和 6V 两个直流稳压电源供电，通过复杂电路的各种分析方法，可以获取电路中各个支路的电流和各个元件承受的电压，也可以采用实验方法获取电路中各支路电流和元件电压，并且可以用安装电路测量数据来验证各个定理的正确性。

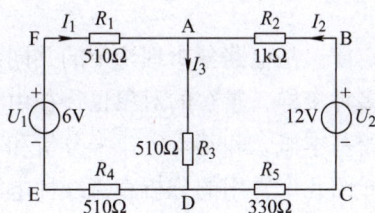

图 3-1　双电源电路图

通过本项目的学习，达到以下教学目标：

### 1. 能力目标

1）能够熟练运用支路电流法、叠加原理和戴维南定理计算复杂直流电路中的电流、电压。能对双电源电路进行检测，能分析双电源电路的工作原理。

2）能使用直流电流表、电压表，通过检测双电源电路的电压和电流验证支路电流法、节点电压法及叠加原理，并通过测量得出戴维南定理。

### 2. 知识目标

1）熟练掌握支路电流法，因为它是直接应用基尔霍夫定律求解电路的最基本方法之一。

2）理解回路电流及节点电压的概念，掌握回路电流法和节点电压法的内容及其正确运用。深刻理解线性电路的叠加性，了解叠加定理的适用范围。

3）理解有源二端网络和无源二端网络的概念及其求解步骤。

4）初步学会应用戴维南定理分析电路的方法。

### 3. 素质目标

通过学习电路的各种分析方法，掌握正确的学习方法和思维方法，培养学生逻辑思维与辩证思维能力，形成科学的世界观和方法论。

## 3.2　项目任务

　　① 利用直流电流表和直流电压表分别测量图 3-1 所示电路中各支路的电流和电压，进一步认识和理解支路电流法和叠加定理。② 由测量得出戴维南等效电路参数。

## 3.3　相关知识

　　电路的基本概念和基本定律，是电路分析理论中的共同约定和共同语言。但是，由于工程实际应用电路的结构多种多样，求解的对象也往往由于具体要求的不同而大相径庭，所以，只用项目 1 所学的基本概念和基本定律来分析和计算较为复杂的电路，显然是不够的。为此，本项目将介绍几个常用的分析直流线性电路的方法：支路电流法、回路电流法、节点电压法、叠加定理和戴维南定理。

　　线性直流电路常用的分析方法及定理，大多建立在欧姆定律及基尔霍夫定律之上，因此本项目的学习，实质上还是对电路基本定律及基本分析方法的扩展应用。对直流线性电路（可以是简单的，也可以是复杂的）而言，分析和计算中应用的一些原则、原理和方法具有普遍的典型意义，可扩展运用到交流电路甚至更为复杂的网络中。因此，本项目内容是全书的重点内容之一。

### 3.3.1　支路电流法

　　支路电流客观地存在于电路之中，直接把它设为未知量，然后应用 KCL 和 KVL 对电路列写方程式进行求解，这种解题方法称为支路电流法。

　　**【例 3-1】** 图 3-2 所示为两个参数不同的电源并联向负载供电的电路。已知负载电阻 $R_L = 24\Omega$，两个电源的电压值：$U_{S1} = 130V$，$U_{S2} = 117V$，电源内阻：$R_1 = 1\Omega$，$R_2 = 0.6\Omega$。试用 KCL 和 KVL 求出各支路电流。

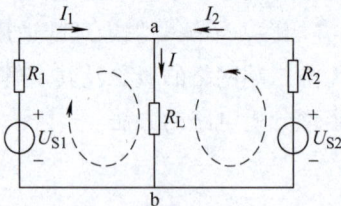

图 3-2　例 3-1 电路

　　**解：** 观察电路结构，可看出它有 a、b 两个节点，两个节点之间连接三条支路，共构成三个回路。电路的待求量是支路电流，由于支路有三条，所以应列写三个独立的方程式。

三条支路电流既汇集于 a 点又汇集于 b 点，因此两个节点互相不独立，只需对两节点中任意一个列写 KCL 独立方程式，余下的两个独立方程可选取三个回路中的任意两个，习惯上常常选择比较直观的网孔作为独立回路，并分别对它们列写 KVL 方程式。

列写方程式之前，首先要在电路图上标出各待求支路电流的参考方向及独立回路（或网孔）的绕行方向，如图 3-2 中实线箭头及虚线绕行箭头所示。

选取 a 点为独立节点，按"指向节点的电流取正、背离节点的电流取负"的约定方向，可得相应的 KCL 方程：

$$I_1 + I_2 - I = 0$$

对左回路列写 KVL 方程：

$$I_1 R_1 + I R_L = U_{S1}$$

对右回路列写 KVL 方程：

$$I_2 R_2 + I R_L = U_{S2}$$

将相关数值代入上述方程组，化简处理后可得

$$\begin{cases} I_1 + I_2 - I = 0 \\ I_1 = 130 - 24I \\ I_2 = 195 - 40I \end{cases}$$

利用代入消元法联立求解可得

$$\begin{cases} I = 5\mathrm{A} \\ I_1 = 10\mathrm{A} \\ I_2 = -5\mathrm{A} \quad \text{（负值说明其参考方向与实际方向相反）} \end{cases}$$

联立方程求解，方法不是唯一的，也可采用行列式或其他方法求解。

由此可得出应用支路电流法求解电路的一般步骤，具体如下：

1）确定已知电路的支路数 $m$，并在电路图上标示出各支路电流的参考方向。

2）应用 KCL 列写 $n-1$ 个独立节点方程式。

3）应用 KVL 列写 $m-n+1$ 个独立电压方程式。

4）联立求解方程式组，求出 $m$ 个支路电流。

【例 3-2】 用支路电流法求解图 3-3 所示电路中的各支路电流，并用功率平衡校验求解结果。

**解**：（1）图 3-3 所示电路中，$n=2$，$m=3$。

选取节点①列写 KCL 方程：

$$I_1 + I_2 - I_3 = 0$$

选取两个回路列写 KVL 方程：

对回路 I：$7I_1 + 7I_3 = 70$

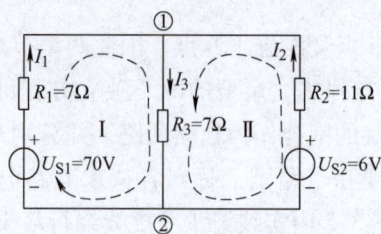

图 3-3  例 3-2 电路图

对回路 Ⅱ：$11I_2 + 7I_3 = 6$

由 KVL 方程可得

$$\begin{cases} I_1 = 10 - I_3 \\ I_2 = (6 - 7I_3)/11 \end{cases}$$

将上式代入 KCL 方程可得

$$10 - I_3 + \left[ (6 - 7I_3)/11 \right] - I_3 = 0$$

解得

$$I_3 = 4\text{A}$$

代入上述方程式可得    $I_1 = 6\text{A}$，$I_2 = -2\text{A}$

$I_2$ 为负值，说明它的实际方向与参考方向相反。

（2）求各元件上吸收的功率，进行功率平衡校验。

$R_1$ 上吸收的功率：$P_{R1} = I_1^2 R_1 = 6^2 \times 7\text{W} = 252\text{W}$

$R_2$ 上吸收的功率：$P_{R2} = (-2)^2 \times 11\text{W} = 44\text{W}$

$R_3$ 上吸收的功率：$P_{R3} = 4^2 \times 7\text{W} = 112\text{W}$

$U_{S1}$ 上吸收的功率：$P_{S1} = -(6 \times 70)\text{W} = -420\text{W}$（释放功率）

$U_{S2}$ 上吸收的功率：$P_{S2} = -(-2) \times 6\text{W} = 12\text{W}$（吸收功率）

元件上吸收的总功率：$P = 252\text{W} + 44\text{W} + 112\text{W} + 12\text{W} = 420\text{W}$

电路中吸收的功率等于释放的功率，计算结果正确。

支路电流法原则上适用于各种复杂电路，但当支路数过多时，方程数增加，计算量加大，因此它适用于支路数较少的电路。

### 3.3.2  回路电流法

利用支路电流法列方程时，若一个复杂电路的支路数较多，则需要列写较多个方程式，造成解题过程的烦琐和不易。观察图 3-4 所示电路，该电路虽然支路数较多，但网孔数却较少。针对此类型电路，为了适当地减少方程式的数目，我们引入了回路电流法。

以图 3-4 所示电路为例，此电路具有 4 个节点、6 条支路、7 个回路和 3 个网孔，

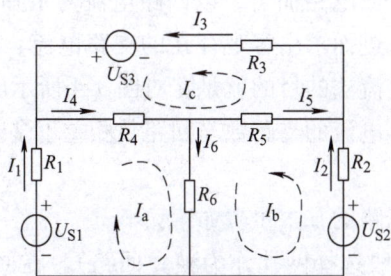

图 3-4　回路电流法举例

因此利用支路电流法求解时，需列出 3 个 KCL 方程式和 3 个 KVL 方程式，而对 6 个方程式进行联立求解时，其过程的烦琐程度可想而知。

假想在 3 个独立回路中（独立回路一般选取独立网孔），各自有一个绕回路环行的电流，把这些假想的绕回路流动的电流取名为回路电流，如图 3-4 中虚线箭头所示的 $I_a$、$I_b$ 和 $I_c$。由于回路电流在流入和流出节点时并不发生变化，所以它们自动满足 KCL。这样，在求解电路时，KCL 方程式就被省略了，只需对 3 个独立回路列出相应的 KVL 方程式即可。

选定图 3-4 所示电路的 3 个网孔作为独立回路，列写 3 个 KVL 方程式。

对回路 a：$(R_1 + R_4 + R_6)I_a + R_4 I_c + R_6 I_b = U_{S1}$

对回路 b：$(R_2 + R_5 + R_6)I_b - R_5 I_c + R_6 I_a = U_{S2}$

对回路 c：$(R_3 + R_4 + R_5)I_c - R_5 I_b + R_4 I_a = U_{S3}$

3 个方程式的左边为电阻电压降，其中，第一项为本回路电流流经本回路中所有电阻时产生的电压降，括号内的所有电阻称为回路的自电阻；方程式左边的第二项和第三项，为相邻回路电流流经本回路公共支路上连接的电阻（即 $R_4$、$R_5$ 和 $R_6$）时产生的电压降，这些公共支路上连接的电阻称为互电阻，换句话说，每一个互电阻上的电压降都是相邻两个回路电流在互电阻上产生的电压的叠加。

上述问题并不难理解，仔细观察电路中客观存在的支路电流 $I_1 \sim I_6$，找出它们与假想的回路电流之间的关系，可以看出：

$$I_1 = I_a \qquad I_2 = I_b \qquad I_3 = I_c$$

$$I_4 = I_a + I_c \qquad I_5 = I_c - I_b \qquad I_6 = I_a + I_b$$

也就是说，实际上互电阻 $R_4$ 上的电压降是 $I_4 R_4$，对应回路电流产生的电压降是 $I_a R_4 + I_c R_4$；互电阻 $R_5$ 上的电压降是 $I_5 R_5$，对应回路电流产生的电压降是 $I_c R_5 - I_b R_5$；互电阻 $R_6$ 上的电压降是 $I_6 R_6$，对应回路电流产生的电压降是 $I_a R_6 + I_b R_6$。即回路电流法中的 3 个 KVL 方程式，实质上与支路电流法中的 3 个 KVL 方程式完全等效，只不过用假想的、实际上并不存在的回路电流替代了客观存在的支路电流。在方程式的右边，由于不涉及回路电流，所以与支路电流法中 KVL 方程式右边完全相同。

对多支路、少回路的平面电路而言，以回路电流为未知量，根据 KVL 列写回路电压方程，求解出回路电流，进而求出客观存在的支路电流、电压和功率等的解题方法，称回路电流法。提出回路电流法的目的就是在对图 3-4 所示电路进行分析和计算时，减少方程式的数目。但当一个电流的支路数与回路数相差不多时，采用回路电流法显然意义不大。

归纳回路电流法求解电路的基本步骤如下：

1）选取独立回路（一般选择网孔作为独立回路），在回路中标出假想回路电流的参考方向，并把这一参考方向作为回路的绕行方向。

2）列写回路的 KVL 方程，应注意自电阻的电压降恒为正值，公共支路上互电阻电压降的正、负由相邻回路电流的方向来决定，当流经互电阻的相邻回路电流方向与本回路电流方向一致时，该部分电压降取正，相反时取负。方程式右边电压降的正、负取值方法与支路电流法相同。

3）求解联立方程组，得出假想的各回路电流。

4）在电路图上标出客观存在的各支路电流的参考方向，按照它们与回路电流之间的关系，求出各条支路电流。

【例 3-3】 电路如图 3-5 所示，已知 $R_1 = 7\Omega$，$R_2 = 11\Omega$，$R_3 = 7\Omega$，$U_{S1} = 70V$，$U_{S2} = 6V$。试用回路电流法求出各支路电流。

解：设图 3-5 所示回路电流为 $I_a$、$I_b$，列出回路电流法方程式。

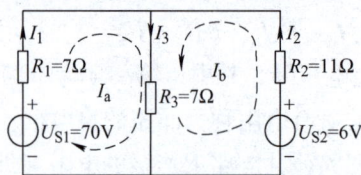

图 3-5　例 3-3 电路图

对左回路列 KVL 方程：$I_a(R_1 + R_3) + I_b R_3 = U_{S1}$

对右回路列 KVL 方程：$I_b(R_2 + R_3) + I_a R_3 = U_{S2}$

代入相关数值得

$$\begin{cases} I_a(7 + 7) + 7I_b = 70 \\ I_b(11 + 7) + 7I_a = 6 \end{cases}$$

解方程组得

$$I_a = 6A, \; I_b = -2A$$

根据电路图中电流的参考方向可知

$$I_1 = I_a = 6A \quad I_2 = I_b = -2A \quad I_3 = I_b + I_a = 4A$$

计算结果和例 3-2 相同，显然解题步骤减少了。

回路电流法原则上适用于各种复杂电路，但对于支路数较多且网孔数较少的电路尤其适用。

### 3.3.3 节点电压法

节点电压法也称为节点电位法。当一个电路中支路数较多，但是节点数较少时，采用节点电压法就可以减少独立方程的数量。节点电压法的方程数等于独立节点数。

节点电压是指电路中选定参考节点后，其余各节点对参考节点之间的电压，如图 3-6 所示电路中的 $U_1$ 和 $U_2$（$U_1 = U_{10}$，$U_2 = U_{20}$）。在图 3-6 中，各支路电流和相应的节点电压都有明确的线性关系，求得各独立节点的电压后，各支路的电流也就很容易求得了，$I_1 = \dfrac{U_1}{R_1}$，$I_2 = \dfrac{U_2}{R_2}$，$I_3 = \dfrac{U_{12}}{R_3} = \dfrac{U_1 - U_2}{R_3}$。

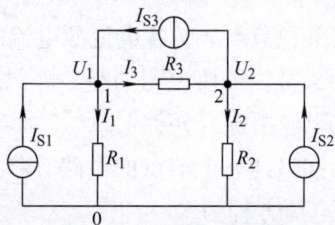

图 3-6　节点电压法

节点电压法的原理：节点电压法是以节点电压作为电路的未知量，然后根据 KCL 来列写电路中各独立节点电流方程的分析方法。节点上各电阻支路的电流大小是以节点电压的形式来表示的。节点电压法的独立方程数等于独立节点数，即 $n-1$。求出各独立节点的节点电压后，所有支路的电流大小很容易求出。

用节点电压法列写 KCL 方程原则上与用支路电流法列写 KCL 方程一样，但是这时应该用节点电压来表示各电阻支路中的电流。有些电阻支路接在两个独立节点之间，列写方程时应该把两个独立节点电压都计算进去，对图 3-6 所示电路中的两个节点，列写 KCL 方程。

节点 1：　$I_1 + I_3 - I_{S1} - I_{S3} = 0$

节点 2：　$I_2 - I_3 - I_{S2} + I_{S3} = 0$

将各电阻支路的电流用未知量（节点电压 $U_1$、$U_2$）表示并整理得

$$\begin{cases} \left(\dfrac{1}{R_1} + \dfrac{1}{R_3}\right)U_1 - \dfrac{1}{R_3}U_2 = I_{S1} + I_{S3} \\ -\dfrac{1}{R_3}U_1 + \left(\dfrac{1}{R_2} + \dfrac{1}{R_3}\right)U_2 = I_{S2} - I_{S3} \end{cases} \tag{3-1}$$

式（3-1）就是以节点电压为未知量列写的 KCL 方程，称为节点电压方程。仔细观察可以发现：该式中每个等式的左边均为经电阻流出相应节点的电流之和，而等式右边

是经电流源流入相应节点的电流，由 KCL 可知，两边必然相等。

式(3-1) 可以进一步写成

$$\begin{cases} G_{11}U_1 + G_{12}U_2 = I_{S11} \\ G_{21}U_1 + G_{22}U_2 = I_{S22} \end{cases} \tag{3-2}$$

式(3-2) 为具有两个独立节点电路的节点方程的一般形式。仔细观察不难发现：$G_{11} = G_1 + G_3$，是连接到节点 1 的所有电导之和，称为节点 1 的自电导；$G_{22} = G_2 + G_3$，是连接到节点 2 的所有电导之和，称为节点 2 的自电导。自电导恒为正值，这是因为假设节点电压的参考方向总是由独立节点指向参考节点，所以各节点电压在自电导中引起的电流总是流出该节点的。$G_{12} = G_{21} = -G_3$，是连接在节点 1 与节点 2 之间的各支路电导之和，称为两相邻节点的互电导。互电导恒为负值，原因是另一节点电压通过互电导产生的电流总是流入该节点的。

等式右边分别是流入节点 1 和节点 2 的各电流源电流的代数和，流入为正，流出为负（$I_{S11} = I_{S1} + I_{S3}$，$I_{S22} = I_{S2} - I_{S3}$）。需要说明的是，如果理想电流源支路有串联电阻，在列写节点电压方程时，该电阻应去除（短路）。

经上例分析，可以把结果推广到 $n$ 个节点的电路，将第 $n$ 个节点指定为参考节点，对第 $i$ 个节点而言，该节点的电压方程为

$$\sum_{j=1}^{n-1} (G_{ij}U_j) = I_{Sij} \tag{3-3}$$

该方程的个数为 $n-1$ 个。在等式的左边，$j = i$ 时的系数 $G_{ij}$，是第 $i$ 个节点的自电导，其值为连接到第 $i$ 个节点的所有电导之和，且自电导恒为正值；$j \neq i$ 时的系数 $G_{ij}$，是第 $i$ 个节点与 $j$ 节点之间的互电导，其值为连接在第 $i$ 个节点与第 $j$ 个节点之间的各支路电导之和，且互电导恒为负值。在等式的右边，是流入 $i$ 节点的等效电流源的代数和，流入节点为正，流出节点为负。

掌握了列写节点方程的规律，可直接根据电路列写节点电压方程，不必再重复推导过程。节点电压法原则上适用于各种复杂电路，但对于支路数较多且节点数较少的电路尤其适用。与支路电流法相比，它可减少 $m - n + 1$ 个方程式。

节点电压法分析电路的步骤归纳如下：

1）选定参考节点，其余各节点与参考点之间的电压就是待求的节点电压（均以参考点为节点电压负极）。

2）若电路中存在电压源与电阻串联的支路，先将其等效变换为电阻与电流源的并联电路。

3）标出各支路电流的参考方向，对 $n-1$ 个节点列写 KCL 方程。

4）解方程，求解各节点电压。

5）用 KVL 和欧姆定律，将节点电流用节点电压的关系式代替，写出节点电压方程式。

6）由节点电压求各支路电流及其响应。

【例3-4】 用节点电压法求解图3-7所示电路中的各支路电流。

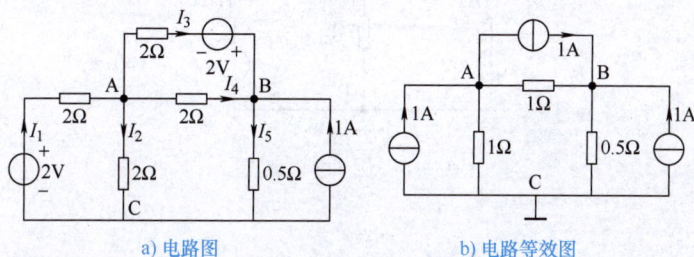

a) 电路图　　　　　　　　　　　b) 电路等效图

图3-7　例3-4 电路图和电路等效图

**解：** 将图3-7a 中的电压源变换为电流源，等效成图3-7b 所示电路，列出节点电压方程。

对A点：
$$\left(\frac{1}{1}+\frac{1}{1}\right)U_A - \left(\frac{1}{1}\right)U_B = 1-1$$

对B点：
$$\left(\frac{1}{1}+\frac{1}{0.5}\right)U_B - \left(\frac{1}{1}\right)U_A = 1+1$$

可解得
$$U_A = 0.4V$$
$$U_B = 0.8V$$
$$U_{AB} = U_A - U_B = 0.4V - 0.8V = -0.4V$$

各支路电流分别为

$$I_1 = \frac{2V - 0.4V}{2\Omega} = 0.8A$$

$$I_2 = \frac{0.4V}{2\Omega} = 0.2A$$

$$I_3 = \frac{2V - 0.8V + 0.4V}{2\Omega} = 0.8A$$

$$I_4 = \frac{0.4V - 0.8V}{2\Omega} = -0.2A$$

$$I_5 = \frac{0.8V}{0.5\Omega} = 1.6A$$

【例3-5】 用节点电压法求解图3-8所示电路中的各支路电流。

**解：** 选取节点①作为参考节点，求 $U_1$。

$$I_1 + I_2 - I_3 = 0 \tag{3-4}$$

$$I_1 = (70 - U_1)/7 \tag{3-5}$$

$$I_2 = (6 - U_1)/11 \tag{3-6}$$

$$I_3 = U_1/7 \tag{3-7}$$

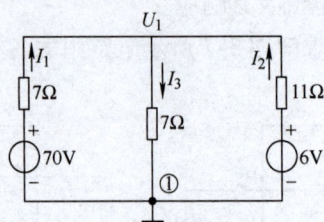

图3-8　例3-5电路图

求得

$$U_1 = \frac{\dfrac{70}{7} + \dfrac{6}{11}}{\dfrac{1}{7} + \dfrac{1}{7} + \dfrac{1}{11}}V = \frac{812}{29}V = 28V$$

将 $U_1$ 代入式(3-5)~式(3-7) 得

$$I_1 = 6A, I_2 = -2A, I_3 = 4A$$

用节点电压法求解节点 $n = 2$ 的复杂电路时，显然只需列写出 $2 - 1 = 1$ 个节点电压方程式，即

$$U_1 = \frac{\sum \dfrac{U_S}{R_S}}{\sum \dfrac{1}{R}} \tag{3-8}$$

式(3-8) 称为弥尔曼定理，是节点电压法的特例，例3-5 电路的 $U_1$ 可直接应用弥尔曼定理求得。

由式(3-5) 解得　$I_1 = (70V - U_1) \div 7\Omega = 6A$

由式(3-6) 解得　$I_2 = (6V - U_1) \div 11\Omega = -2A$

由式(3-7) 解得　$I_3 = U_1 \div 7\Omega = 4A$

【例3-6】　用弥尔曼定理求解图3-9 所示电路中的各支路电流。

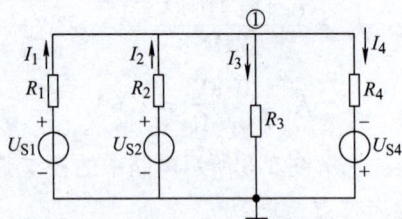

图3-9　例3-6 电路图

**解**：直接应用弥尔曼定理求 $U_1$：

$$U_1 = \frac{U_{S1}/R_1 + U_{S2}/R_2 - U_{S4}/R_4}{1/R_1 + 1/R_2 + 1/R_3 + 1/R_4}$$

$$I_1 = \frac{U_{S1} - U_1}{R_1} \qquad I_2 = \frac{U_{S2} - U_1}{R_2}$$

$$I_3 = \frac{U_1}{R_3} \qquad I_4 = \frac{U_{S4} + U_1}{R_4}$$

节点电压法适用于支路数较多、节点数目较少的电路。待求量节点电压实际上是指待求节点相对于电路参考点之间的电压值，因此应用节点电压法求解电路时，必须首先选定电路参考节点，否则就失去了待求节点的相对性。

回路电流作为电路的独立待求量时，可自动满足节点电流定律，因此回路电流法与支路电流法相比可减少 $n-1$ 个 KCL 方程式；节点电压作为电路的独立待求量时，可自动满足回路电压定律，与支路电流法相比可减少 $m-n+1$ 个 KVL 方程式。两种方法都是为了减少方程式的数目而引入的解题方法。

### 3.3.4　叠加定理

叠加定理是对电路进行等效变换的分析方法，通过等效变换来改变电路的结构使电路得以简化。叠加定理是反映线性电路基本性质的一个十分重要的定理，也是在电路分析中对电路进行等效变换的分析方法之一。利用叠加定理，可以将一个含有多个独立电源的线性电路等效变换为只含单一独立电源的线性电路，从而使电路得到简化。

叠加定理指出：在含有多个独立电源线性电路中，任何一条支路的电流或电压，均可看作是由电路中各个电源单独作用时，各自在此支路上产生的电流或电压的叠加。

下面以图 3-10a 所示电路中的电流 $I$ 为例来说明叠加定理。

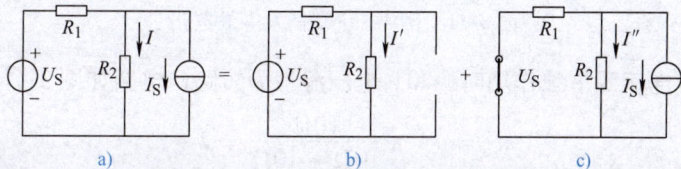

a)　　　　　　　　b)　　　　　　　　c)

图 3-10　叠加定理举例

在图 3-10a 中 $I$ 采用基尔霍夫定律求解，用基尔霍夫定律列方程得 $U_S = (I + I_S)R_1 + IR_2$，即 $I = (U_S - I_S R_1)/(R_1 + R_2) = U_S/(R_1 + R_2) - I_S R_1/(R_1 + R_2) = I' + I''$。

和 $I'$ 对应的电路如图 3-10b 所示，和 $I''$ 对应的电路如图 3-10c 所示。而图 3-10b 和图 3-10c 正是电压源和电流源单独作用于电路时的等效电路。在图 3-10b 和图 3-10c 中，可直接求得 $I' = U_S/(R_1 + R_2)$，$I'' = -I_S R_1/(R_1 + R_2)$。图 3-10a 中的电流 $I$ 就等于电压源 $U_S$ 和电流源 $I_S$ 单独作用时所产生的电流的代数和，$I'$ 和 $I''$ 参考方向与 $I$ 的参考方向相同（即 $I = I' + I''$）。由此可见，图 3-10a 所示电路就等于图 3-10b 和图 3-10c 所示电路的叠加。

一个独立电源单独作用，意味着其他独立电源不作用，即不作用的电压源的电压为零，视其为短路，用短路线代替（实际电压源的内阻仍保留在电路中）；不作用的电流源的电流为零，视其为开路，将其断开（实际电流源的内阻仍保留在电路中）。

虽然电压或电流可以用叠加定理计算，但功率却不能用叠加定理计算。

应用叠加定理时应注意以下几点：

1）叠加定理只适用于线性电路求电压和电流；不能用叠加定理求功率（功率为电源的二次函数）；不适用于非线性电路。

2）应用时电路的结构参数必须前后一致。

3）叠加时注意在参考方向下求代数和。

4）不作用的独立电压源短路，不作用的独立电流源开路。

5）含受控源线性电路可叠加，受控源应始终保留在电路中。

用叠加定理解决电路问题的实质，就是把含有多个电源的复杂电路分解为多个简单电路的叠加。应用时要注意两个问题：一是某独立电源单独作用时，其他独立电源的处理方法；二是叠加时各分量的方向问题。以上问题的解决方法请看以下应用举例。

【例3-7】 用叠加定理求图 3-11a 所示电路中的电流 $I$。

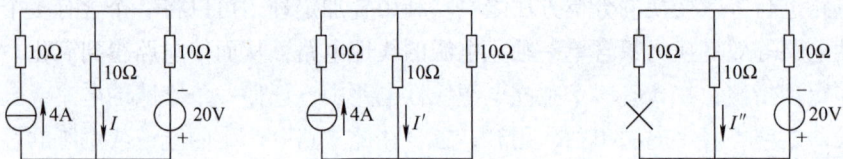

a) 例3-7电路图　　　b) 4A电流源单独作用时的等效电路　c) 20V电压源单独作用时的等效电路

图 3-11　例 3-7 电路图及等效电路

**解**：当 4A 电流源单独作用时，20V 电压源视为短路，电路如图 3-11b 所示，其中

$$I' = 4\text{A} \times \frac{10\Omega}{10\Omega + 10\Omega} = 2\text{A}$$

当 20V 电压源单独作用时，4A 电流源视为开路，电路如图 3-11c 所示，其中

$$I'' = -\frac{20\text{V}}{10\Omega + 10\Omega} = -1\text{A}$$

根据叠加定理可得电流 $I$ 为

$$I = I' + I'' = 2\text{A} + (-1\text{A}) = 1\text{A}$$

【例3-8】 电路如图 3-12a 所示，求电压 $U_S$。

**解**：当 10V 电压源单独作用时，等效电路如图 3-12b 所示，其中

$$U'_S = -10 I'_1 + U'_1 = -10 \times 1\text{V} + 4\text{V} = -6\text{V}$$

当 4A 电流源单独作用时，等效电路如图 3-12c 所示，其中

$$U''_S = -10 I''_1 + U''_1 = -10 \times (-1.6)\text{V} + 9.6\text{V} = 25.6\text{V}$$

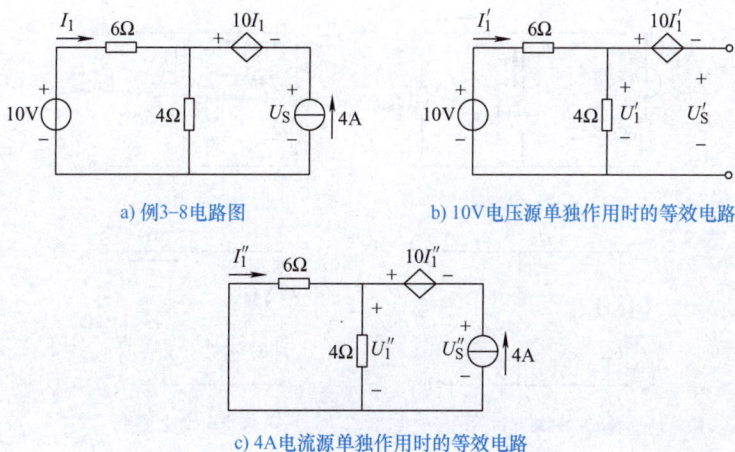

a) 例3-8电路图　　　　　　　　　　　　　b) 10V电压源单独作用时的等效电路

c) 4A电流源单独作用时的等效电路

图 3-12　例 3-8 电路图及等效电路

共同作用下，叠加可得

$$U_S = U_S' + U_S'' = -6V + 25.6V = 19.6V$$

## 3.3.5　戴维南定理

戴维南定理指出：任何一个线性有源二端网络，对外电路来说，均可以用一个理想电压源 $U_S$ 和一个电阻 $R_0$ 串联的有源支路（也称戴维南等效电路）来等效代替。其中，理想电压源 $U_S$ 等于线性有源二端网络的开路电压 $U_{ab}$，电阻 $R_0$ 等于线性有源二端网络除源后的入端等效电阻 $R_{ab}$，如图 3-13 所示。

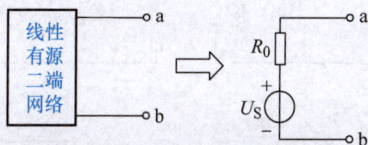

图 3-13　戴维南定理的描述

什么是有源二端网络？任何仅具有两个引出端钮的电路均称为二端网络。若二端网络内部含有电源，就称为有源二端网络，如图 3-14b 所示电路；若二端网络内部不包含电源，则称为无源二端网络，如图 3-14c 所示电路。

【例 3-9】　电路如图 3-14a 所示，试用戴维南定理求 $I_3$。

解：（1）先断开待求（12Ω 电阻）支路，得有源二端网络，如图 3-14b 所示，求有源二端网络的开路电压 $U_{ab}$。当 12Ω 电阻支路断开时，则有

$$I_1 = -I_2 = -5A$$

$$U_S = U_{ab} = 24V - 6Ω \times I_1 = 24V - 6 \times (-5)V = 54V$$

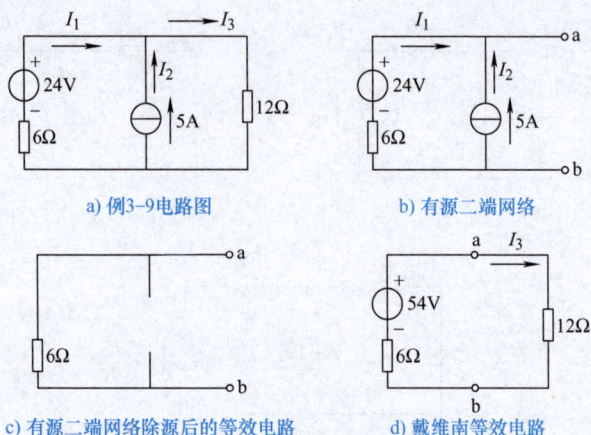

a) 例3-9电路图    b) 有源二端网络

c) 有源二端网络除源后的等效电路    d) 戴维南等效电路

图 3-14　例 3-9 电路图及等效电路

（2）再求有源二端网络除源后所得无源二端网络的等效电阻 $R_{ab}$，电路如图 3-14c 所示，有 $R_0 = R_{ab} = 6\Omega$。

（3）将有源二端网络等效为一个有源支路，把待求（12Ω 电阻）支路与等效电源连接，得到图 3-14d 所示的电路，则有

$$I_3 = \frac{54V}{6\Omega + 12\Omega} = \frac{54V}{18\Omega} = 3A$$

【例 3-10】　求图 3-15a 所示电路中的 $I$。

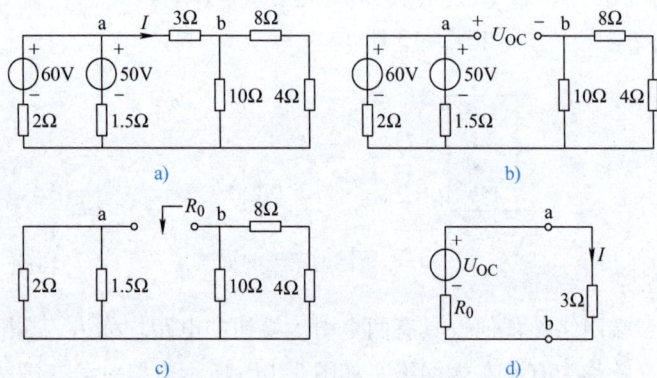

图 3-15　例 3-10 电路图及等效电路

解：（1）先断开待求（3Ω 电阻）支路，得有源二端网络，如图 3-15b 所示，求有源二端网络的开路电压 $U_{ab}$。当 3Ω 的支路断开时，则有

$$U_S = U_{OC} = U_{ab} = 50V + \frac{60V - 50V}{1.5\Omega + 2\Omega} \times 1.5\Omega \approx 54.3V$$

（2）再求有源二端网络除源后所得无源二端网络的等效电阻 $R_{ab}$，电路如图 3-15c

所示，有

$$R_0 = R_{ab} = 2\Omega // 1.5\Omega + 10\Omega // (8\Omega + 4\Omega) \approx 6.31\Omega$$

（3）将有源二端网络等效为一个有源支路，把待求（3Ω 电阻）支路与等效电源连接，得到如图 3-15d 所示的电路，则

$$I = \frac{U_{OC}}{3\Omega + R_0} = \frac{54.3V}{3\Omega + 6.31\Omega} \approx 5.83A$$

【例3-11】　电路如图 3-16a 所示，已知 $R_1 = 20\Omega$，$R_2 = 30\Omega$，$R_3 = 30\Omega$，$R_4 = 20\Omega$，$U = 10V$。求当 $R_5 = 16\Omega$ 时的 $I_5$ 值。

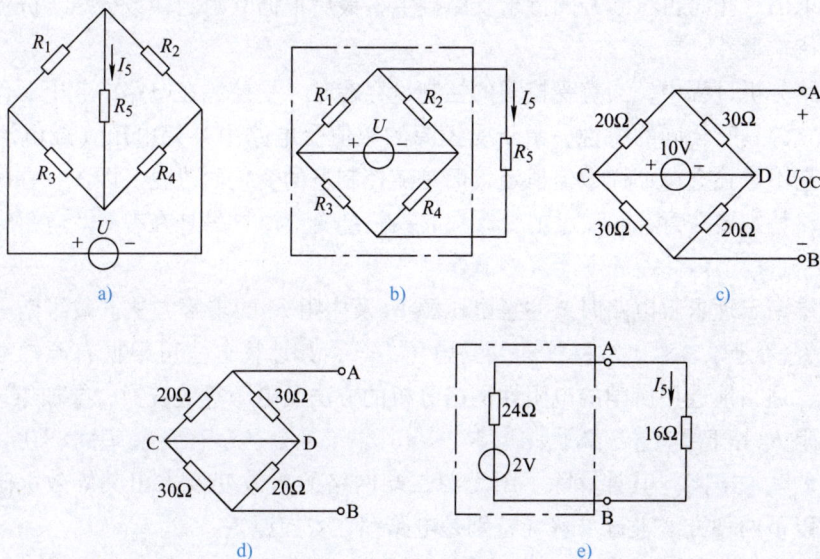

图 3-16　例 3-11 电路图及等效电路

**解：**（1）将图 3-16a 电路整理成图 3-16b。

（2）断开被求支路 $R_5$，得到图 3-16c 所示电路，求开路电压 $U_{OC}$：

$$U_S = U_{OC} = U_{AD} + U_{DB}$$

$$= 10V \times \frac{30\Omega}{20\Omega + 30\Omega} - 10V \times \frac{20\Omega}{30\Omega + 20\Omega}$$

$$= 6V - 4V = 2V$$

（3）求入端电阻 $R_{AB}$：恒压源被短接后，C、D 成为一点，电阻 $R_1$ 和 $R_2$、$R_3$ 和 $R_4$ 分别并联后再串联，如图 3-16d 所示，即

$$R_0 = R_{AB} = 20\Omega // 30\Omega + 30\Omega // 20\Omega = 12\Omega + 12\Omega = 24\Omega$$

（4）得原电路的戴维南等效电路如图 3-16e 所示，由全电路欧姆定律可得

$$I_5 = \frac{2V}{24\Omega + 16\Omega} = 0.05A$$

戴维南定理的解题步骤归纳如下：

1）将待求支路与原有源二端网络分离，对断开的两个端钮分别标以记号（如 A、B）。

2）应用所学过的各种电路求解方法，对有源二端网络求解其开路电压 $U_{OC}$（$U_{AB}$）。

3）把有源二端网络进行除源处理（恒压源短路、恒流源开路），对无源二端网络求其入端电阻 $R_{AB}$。

4）让开路电压等于等效电源的 $U_S$，入端电阻等于等效电源的内阻 $R_0$，则戴维南等效电路求出。此时再将断开的待求支路接上，最后根据欧姆定律或分压、分流关系求出电路的待求量。

在电路分析过程中，当有受控源的控制量存在时，受控源在电路中起电源作用，此时它和独立源具有相同的特性，由于受控源的数值受电路中某处电压（或电流）的控制，因此它不像独立源那样数值恒定，而是随控制量的变化而改变。因此，在电路变换的过程中，特别要注意不能随意把受控源的控制量变换掉；另外在求等效电阻时，若电路中存在控制量，则受控源不能按零值处理。

用戴维南定理求解电路时要注意电压源 $U_S$ 及内阻 $R_0$ 的求解方法。戴维南等效电路的恒压源 $U_S$ 等于原有源二端网络的开路电压 $U_{OC}$，其计算方法可根据有源二端网络的实际情况，适当地选用所学的电阻性网络分析的方法及电源等效变换、叠加原理等进行求解。内阻 $R_0$ 等于原有源二端网络除源（令其内部所有独立恒压源短路、独立恒流源开路）后的入端电阻，其计算除了用无源二端网络的等效变换求出其等效电阻外，还可以采用以下两种方法进行求解（特别是电路存在受控源）：

（1）开路、短路法求解 $R_0$    将有源二端网络开路后，求出其开路电压 $U_{OC}$，再将有源二端网络短路，求出其短路电流 $I_{SC}$，开路电压与短路电流的比值即等于戴维南等效电源的内阻 $R_0$。

（2）外加电源法求解 $R_0$    将有源二端网络除源，在得到一个无源二端网络后，在其两端加一个恒压源 $U_S$（或恒流源 $I_S$），求出恒压源提供的电流 $I$（或恒流源两端的电压 $U$），则恒压源 $U_S$ 与电流 $I$ 的比值（或恒流源端电压 $U$ 与恒流源 $I_S$ 的比值）即等于戴维南等效电源的内阻 $R_0$。

【例 3-12】  电路如图 3-17a 所示，求 $U_R$。

解：（1）将图 3-17a 中待求支路断开，得到图 3-17b 所示电路，求开路电压 $U_{OC}$：

$$U_{OC} = 6I_1 + 3I_1$$

而 $I_1 = 9\text{V} \div (6\Omega + 3\Omega) = 1\text{A}$，即

$$U_{OC} = 6I_1 + 3I_1 = 9I_1 = 9\text{V}$$

（2）求等效电阻 $R_0$。

方法一：开路、短路法求 $R_0$。

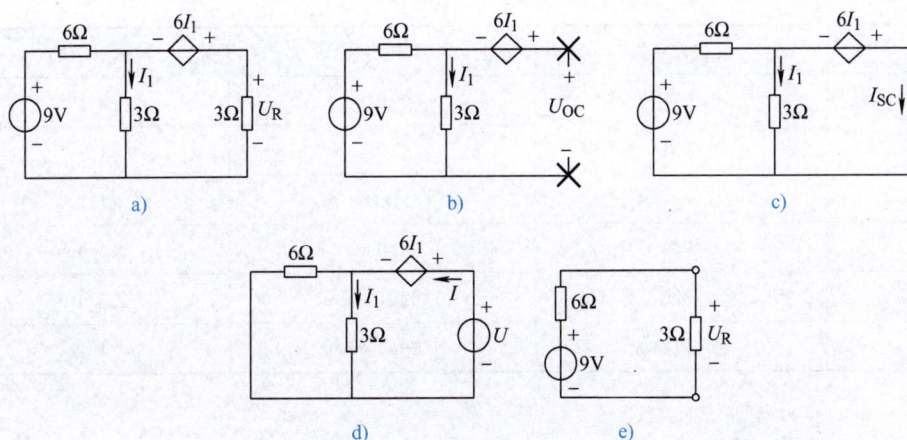

图 3-17   例 3-12 电路及等效电路

开路电压如图 3-17b 所示，即 $U_{OC} = 9V$

短路电流如图 3-17c 所示，$3I_1 = -6I_1$，即 $I_1 = 0$，可得 $I_{SC} = 9V \div 6\Omega = 1.5A$

等效电阻 $R_0 = U_{OC}/I_{SC} = 9V \div 1.5A = 6\Omega$

方法二：外加电源法求 $R_0$。

将图 3-17a 中待求支路断开，在输出端加电压源 $U$，如图 3-17d 所示，则

$$U = 6I_1 + 3I_1 = 9I_1 \qquad I_1 = \frac{6}{6+3}I$$

$$R_0 = U/I = 6I/I = 6\Omega$$

应用方法二时应注意独立源置零，受控源保留。

（3）戴维南等效电路如图 3-17e 所示，分压得

$$U_R = \frac{3}{6+3} \times 9V = 3V$$

## 3.4   项目实施

### 3.4.1   项目实施条件

场地：学做合一教室或电工技能实训室。

仪器：万用表、0～30V 可调双路直流稳压电源。

工具：电烙铁、剪刀、螺钉旋具及剥线钳等。

元器件清单：按表 3-1 配置元器件。

表 3-1  元器件清单

| 序 号 | 元器件名称 | 型号及规格 | 数 量 |
|---|---|---|---|
| 1 | 电阻 | 510Ω | 3 个 |
| | | 330Ω | 1 个 |
| | | 1kΩ | 1 个 |
| 2 | 焊锡 | $\phi$1.0mm | 若干 |
| 3 | 导线 | 单股 $\phi$0.5mm | 若干 |
| 4 | 通用电路板 | 100mm×50mm | 1 块 |

## 3.4.2  电路安装与测试

### 1. 电路安装

根据图 3-1 所示电路进行安装焊接，元器件布局时，要考虑电流测试点位置，便于电流测量。

### 2. 参数测量

（1）基尔霍夫定律

1）实验前先任意设定三条支路电流正方向。图 3-1 中的 $I_1$、$I_2$、$I_3$ 的方向已设定，闭合回路的正方向可任意设定。

2）分别将两路直流稳压源接入电路，令 $U_1 = 6V$，$U_2 = 12V$。

3）用万用表直流电流档分别测量三条支路的电流，读出并记录电流值于表 3-2 中。

4）用万用表直流电压档分别测量两路电源及电阻元件上的电压值，记录于表 3-2 中。

表 3-2  数据记录

| 被测量 | $I_1$/mA | $I_2$/mA | $I_3$/mA | $U_1$/V | $U_2$/V | $U_{FA}$/V | $U_{AB}$/V | $U_{AD}$/V | $U_{CD}$/V | $U_{DE}$/V |
|---|---|---|---|---|---|---|---|---|---|---|
| 计算值 | | | | | | | | | | |
| 测量值 | | | | | | | | | | |
| 相对误差 | | | | | | | | | | |

（2）叠加定理

1）将两路稳压源的输出分别调节为 6V 和 12V，接入 $U_1$ 和 $U_2$ 处。

2）令 $U_1$ 电源单独作用（接入 $U_1$，断开 $U_2$，将电路中断开 $U_2$ 的端口短接），用万用表测量各支路电流及各电阻元件两端的电压，记录于表3-3中。

表3-3 数据记录

| 实验内容 | 测量项目 | | | | | | | | | |
|---|---|---|---|---|---|---|---|---|---|---|
| | $U_1$/V | $U_2$/V | $I_1$/mA | $I_2$/mA | $I_3$/mA | $U_{AB}$/V | $U_{CD}$/V | $U_{AD}$/V | $U_{DE}$/V | $U_{FA}$/V |
| $U_1$单独作用 | | | | | | | | | | |
| $U_2$单独作用 | | | | | | | | | | |
| $U_1$、$U_2$ 共同作用 | | | | | | | | | | |

3）令 $U_2$ 电源单独作用（接入 $U_2$，断开 $U_1$，将电路中断开 $U_1$ 的端口短接），重复实验步骤2）的测量，记录于表3-3中。

4）令 $U_1$ 和 $U_2$ 共同作用（同时接入 $U_1$ 和 $U_2$），重复上述的测量，并记录于表3-3中。

（3）戴维南定理

1）用开路电压、短路电流法测定戴维南等效电路的 $U_{OC}$、$R_0$。按图3-18a 连接，接入稳压电源 $U_1$ =6V 和 $U_2$ =12V，断开 $R_3$ 支路，测出 $U_{OC}$；将 $R_3$ 支路短路测出 $I_{SC}$，

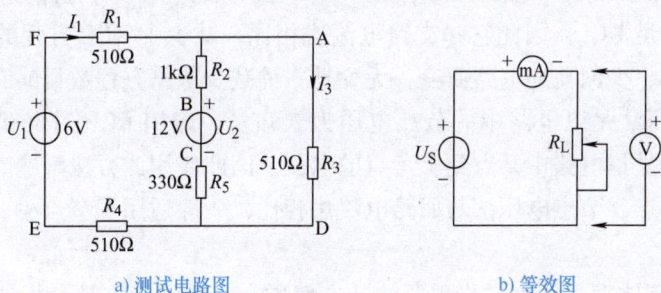

a) 测试电路图          b) 等效图

图3-18 戴维南定理测试图

并计算出 $R_0$，记录于表3-4中。

表3-4 数据记录

| 参　　数 | $U_{OC}$/V | $I_{SC}$/mA | $R_0 = \dfrac{U_{OC}}{I_{SC}}$/$\Omega$ |
|---|---|---|---|
| 测量值 | | | |
| 计算值 | | | |

2）验证戴维南定理：从备用电阻中取得与按步骤1）所得的等效电阻 $R_0$ 等值的电阻，然后令其与直流稳压电源（电压调到步骤1）时所测得的开路电压 $U_{OC}$）相串联，如图3-18b 所示，改变 $R_L$，分别测量电压、电流并记录于表3-5中。

表 3-5　数据记录

| $U/\mathrm{V}$ | | | | | | | | |
|---|---|---|---|---|---|---|---|---|
| $I/\mathrm{mA}$ | | | | | | | | |

### 3.4.3　实训报告

实训报告格式见附录 A。

## 3.5　项目总结与考核

### 3.5.1　项目总结

1）支路电流法是以客观存在的支路电流为未知量，直接应用 KCL 和 KVL 对复杂电路进行求解的方法。对于含有 $n$ 个节点、$m$ 条支路的复杂网络，应用支路电流法可列出 $n-1$ 个独立的 KCL 方程，$m-n+1$ 个独立的 KVL 方程。

2）回路电流法是以假想的回路电流为未知量，应用 KVL 对电路进行求解的方法。回路电流自动满足 KCL，因此它和支路电流法相比，减少了 KCL 方程的数目。回路电流法对于多支路、少网孔的电路而言，无疑是一种减少电路方程数目的有效解题方法。

3）节点电压法是以电路中的节点电压为未知量，应用 KCL 对电路进行求解的方法。节点电压就是指电路中某点到参考点的电位，因此应用此方法解题时，必须在电路中确定参考电位点。节点电压法与回路电流法相比，一般适用于节点少、支路数较多的复杂电路。

4）叠加定理体现了线性网络重要的基本性质——叠加性，是分析线性复杂网络的理论基础。应用叠加定理分析电路时应注意：电流或电压分量的参考方向与原电流或电压的参考方向应尽量保持致，否则要注意其正、负的选定。

5）戴维南定理表明任意一个有源二端网络都可以用一个极其简单的电压源模型来等效代替。戴维南定理是用电路的"等效"概念总结出的一个分析复杂网络的基本定理。

6）用唯物辩证法思想分析问题和解决问题，注重定理之间的知识迁移，培养举一反三的思维习惯，树立正确的人生观、价值观和世界观。

### 3.5.2　项目考核

项目考核原则是"过程考核与综合考核相结合，理论考核与实践考核相结合"，具体考核内容参考表 3-6。

表 3-6　项目 3 考核表

| 考核项目 | 考核内容及要求 | 分值 | 得分 |
|---|---|---|---|
| 电路制作 | 1）能正确检测项目中所用元器件<br>2）能正确连接电路，元器件布局合理，焊接规范 | 30 | |
| 参数测量 | 1）能正确理解基尔霍夫定律测量步骤，测得理想数据<br>2）能正确理解叠加定理的测量方法，测得合理数据<br>3）能正确理解戴维南定理等效参数的测量 | 40 | |
| 实训报告编写 | 1）格式标准，表达准确<br>2）内容充实、完整，逻辑性强<br>3）有测量数据记录及结果分析 | 20 | |
| 综合职业素养 | 1）遵守纪律，态度积极<br>2）遵守操作规程，注意安全<br>3）富有团队合作精神 | 10 | |
| 总分 | | 100 | |

# 习　题

## 一、填空题

1. 以客观存在的支路电流为未知量，直接应用 KCL 和 KVL 求解电路的方法，称为_____法。

2. 当电路只有两个节点时，应用_____法只需对电路列写_____个方程式，方程式的一般表达式为_____，称为_____定理。

3. 具有两个引出端钮的电路称为_____网络，其内部含有电源的称为_____网络，内部不包含电源的称为_____网络。

4. 在进行戴维南定理化简的过程中，求入端电阻的除源步骤里，应注意受控电压源为零值时应按_____处理，受控电流源为零值时应按_____处理。求电压源的步骤里，求解开路电压的过程中，对受控源的处理应与_____的分析方法相同。

5. 戴维南等效电路是指一个电阻和一个电压源的串联组合。其中"等效"二字的含义是指原有源二端网络在"等效"前后对_____以外的部分作用效果相同。戴维南等效电路中的电阻在数值上等于原有源二端网络_____后的_____电阻，戴维南等效电路中的电压源在数值上等于原有源二端网络的_____电压。

6. 为了减少方程数目，在电路分析方法中引入了_____电流法、_____电压法，电路分析方法中的_____定理只适用于线性电路的分析。

7. 当复杂电路的支路数较多、节点数较少时，应用_____电压法可以适当减少方程数目。这种解题方法是以_____电压为未知量，直接应用_____定律和_____定律求解电路的方法。

8. 在多个电源共同作用的_____电路中，任一支路的响应均可看成是由各个激励单独作用下在该支路上所产生的响应的_____，称为叠加定理。

9. _____定律体现了线性电路元件上电压、电流的约束关系，与电路的连接方式无关；_____定律则是反映了电路的整体规律，其中_____定律体现了电路中任意节点上汇集的所有_____的约束关系，_____定律体现了电路中任意回路上所有电压的约束关系，具有普遍性。

10. 应用叠加定理将某些独立源置零，就是把电压源_____，把电流源_____。

11. 在如图3-19所示电路中，电流 $I_1$ = _____A。

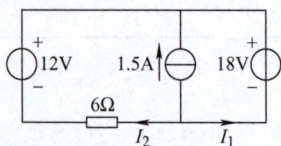

图3-19　填空题11电路

## 二、判断题

1. 线性电路中的功率也可以直接用叠加定理进行叠加。（　　）
2. 实用中的任何一个两孔电源插座对外都可视为一个有源二端网络。（　　）
3. 弥尔曼定理可适用于任意节点电路的求解。（　　）
4. 电路中任意两个节点之间连接的电路统称为支路。（　　）
5. 两个电路等效，即无论其内部还是外部都相同。（　　）
6. 叠加定理只适合于直流电路的分析。（　　）
7. 支路电流法和回路电流法都是为了减少方程数目而引入的电路分析法。（　　）
8. 回路电流法是只应用基尔霍夫电压定律对电路求解的方法。（　　）
9. 节点电压法是只应用基尔霍夫电压定律对电路求解的方法。（　　）
10. 应用节点电压法求解电路时，参考点可要可不要。（　　）
11. 回路电流法只要求出回路电流，电路最终求解的量就解出来了。（　　）
12. 回路电流是为了减少方程数目而人为假想的绕回路流动的电流。（　　）

13. 应用节点电压法求解电路，自动满足基尔霍夫电压定律。　　　　（　　）

### 三、单项选择题

1. 必须设立电路参考点后才能求解电路的方法是（　　）。

A. 支路电流法　　　　B. 回路电流法　　　　C. 节点电压法

2. 只适应于线性电路求解的方法是（　　）。

A. 叠加定理　　　　B. 戴维南定理　　　　C. 弥尔曼定理

3. 某有源二端网络开路电压为6V，短路电流为2A，则其内阻为（　　）。

A. 2Ω　　　　B. 3Ω　　　　C. 4Ω　　　　D. 6Ω

4. 用叠加定理计算复杂电路，就是把一个复杂电路化为（　　）电路进行计算。

A. 单电源　　　　B. 较大　　　　C. 较小　　　　D. $R$、$L$

5. 某电路有3个节点和7条支路，采用支路电流法求解各支路电流时，应列出电流方程和电压方程的个数分别为（　　）。

A. 3、4　　　　B. 4、3　　　　C. 2、5　　　　D. 4、7

6. 电路如图3-20所示，该网络的开路电压为（　　）。

A. 9V　　　　B. 18V　　　　C. 3V　　　　D. 6V

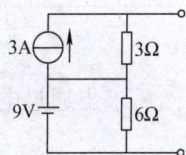

图3-20　选择题6电路

7. 某电路用支路电流法求解的方程组如下：$I_1 + I_2 = I_3$，$R_1 I_1 + R_3 I_3 - E_1 = 0$，$-R_2 I_2 + E_2 - R_3 I_3 = 0$，则该电路的支路数为（　　）。

A. 1　　　　B. 2　　　　C. 3　　　　D. 4

8. 节点电压法是以（　　）作为电路的独立变量，实质上是（　　）的体现。

A. 节点电压，KCL　　　　　　　　　　B. 节点电压，KVL

C. 支路电流，KCL　　　　　　　　　　D. 支路电流，KVL

9. 实验测得某有源二端网络的开路电压为10V，短路电流为5A，则当外接8Ω电阻时，其端电压为（　　）。

A. 10V　　　　B. 5V　　　　C. 8V　　　　D. 2V

10. 有源二端电阻网络外接电阻 $R_1$ 时，输出电流为0.5A，电压为3V；当外接电阻变为 $R_2$ 时，电流为1.5A，电压为1V，则其戴维南等效电路中，$U_S =$（　　），$R_S =$（　　）。

A. 2V，4Ω　　　　B. 2V，2Ω　　　　C. 4V，2Ω　　　　D. 4V，4Ω

### 四、计算题

1. 某浮充供电电路如图 3-21 所示。整流器直流输出电压 $U_{S1} = 250V$，等效内阻 $R_{S1} = 1\Omega$，浮充蓄电池组的电压值 $U_{S2} = 239V$，内阻 $R_{S2} = 0.5\Omega$，负载电阻 $R_L = 30\Omega$，用支路电流法求解各支路电流。

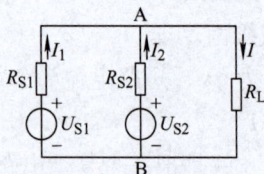

图 3-21　计算题 1 电路

2. 用戴维南定理求解图 3-22 所示电路中的电流 $I$。

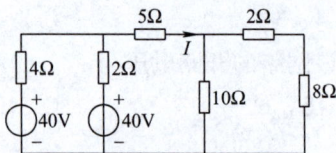

图 3-22　计算题 2 电路

3. 先将图 3-23 所示电路化简，然后求出通过电阻 $R$ 的电流 $I_3$。

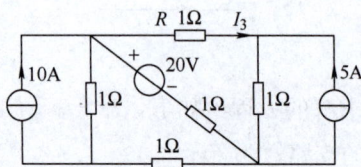

图 3-23　计算题 3 电路

4. 用节点电压法求解图 3-24 所示电路中 50kΩ 电阻中的电流 $I$。

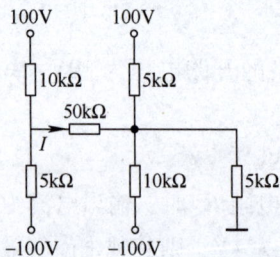

图 3-24　计算题 4 电路

5. 用叠加定理求解图 3-25 所示电路中的电流 $I$。

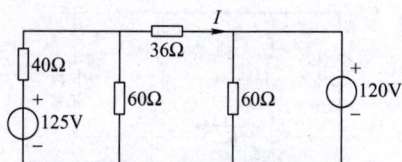

图 3-25　计算题 5 电路

6. 用节点电压法求图 3-26 所示电路中的电流 $I_2$。

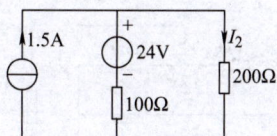

图 3-26　计算题 6 电路

7. 电路如图 3-27 所示，试用叠加定理求电路中的电流 $I$。

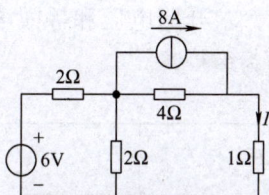

图 3-27　计算题 7 电路

8. 求解图 3-28 所示电路的戴维南等效电路。

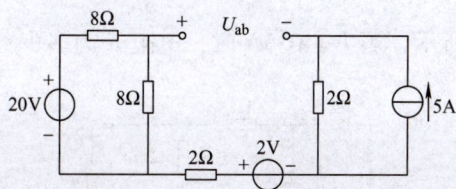

图 3-28　计算题 8 电路

9. 电路如图 3-29 所示，已知 $U_S = 3V$，$I_S = 2A$，求 $U_{AB}$ 和电流 $I$。

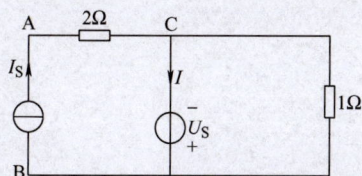

图 3-29　计算题 9 电路

10. 如图 3-30 所示电路，已知 $U=3V$，求 $R$。

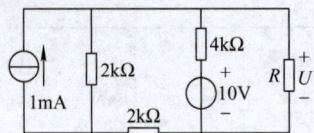

图 3-30　计算题 10 电路

11. 求图 3-31 所示电路中通过 14Ω 电阻的电流 $I$。

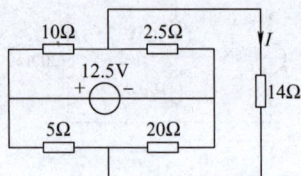

图 3-31　计算题 11 电路

12. 二端网络如图 3-32 所示，求开路电压和等效电阻。若在二端网络两端接一个 6Ω 电阻，则 6Ω 电阻两端的电压为多少？

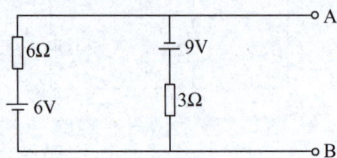

图 3-32　计算题 12 电路

13. 电路如图 3-33 所示，当 $I=0.5A$ 时，电阻 $R$ 为多少？

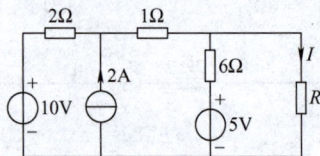

图 3-33　计算题 13 电路

# 项 目 4

# 荧光灯电路的安装与测试

# 4.1　项目分析

荧光灯电路如图 4-1 所示，图中，A 是荧光灯管，L 是镇流器，S 是辉光启动器，$C$ 是补偿电容，用以改善电路的功率因数（$\cos\varphi$ 值）。

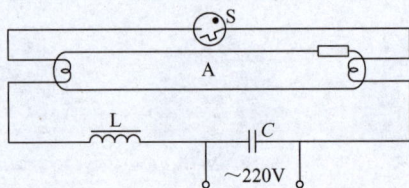

图 4-1　荧光灯电路

实际中的用电设备大多是感性负载，其等效电路可用 $RL$ 串联电路来表示，电路消耗的功率 $P = UI\cos\varphi$，当电源电压一定时，输送的功率 $P$ 就一定。功率因数越低，则电源供给负载的电流就越大，从而使输电线路上的线损增大，影响供电质量，同时还要多占电源容量，因此，提高功率因数有着非常重要的意义。

提高感性负载功率因数常用的方法是在电路的输入端并联电容。这是利用电容中超前电压的无功电流去补偿 $RL$ 支路中滞后电压的无功电流，从而减小总电流的无功分量，提高功率因数，实现减小电路总的无功功率，而 $RL$ 支路的电流、功率因数、有功功率并不发生变化。

## 4.1.1　荧光灯电路的组成

荧光灯电路由荧光灯管、镇流器、辉光启动器三部分组成。荧光灯管是一根细长的玻璃管，内壁均匀地涂有荧光粉，管内充有汞蒸气和稀薄的惰性气体，管子的两端装有灯丝，在灯丝上涂有受热后易发射电子的氧化物。镇流器是一个带有铁心的电感线圈。辉光启动器的内部结构如图 4-2 所示。

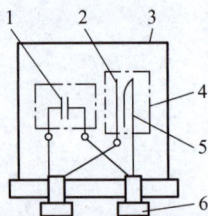

图 4-2　辉光启动器组成示意图

1—小容量的电容　2—固定触头　3—圆柱形外壳
4—辉光管　5—辉光管内部倒 U 形双金属片　6—插头

## 4.1.2　荧光灯电路的工作原理

当荧光灯电路接通电源后，220V 的电压不能使荧光灯点亮，全部加在了辉光启动器两端。220V 的电压使辉光启动器内两个电极辉光放电，放电产生的热量使倒 U 形双金属片受热形变后与固定触头接通。这时荧光灯的灯丝与辉光管内的电极、镇流器构成一个回路。灯丝因通过电流而发热，从而使氧化物发射电子。辉光管内两个电极接通的同时，电极之间的电压立刻为零，辉光放电终止。辉光放电终止后，双金属片因温度下降恢复原状，两电极脱离。在两电极脱离的瞬间，回路中的电流突然被切断而为零，因此在镇流器两端产生一个很高的感应电压，此感应电压和 220V 电压同时加在荧光灯两端，立即使管内惰性气体分子电离而产生弧光放电，管内温度逐渐升高，汞蒸气游离，并猛烈地撞击惰性气体分子而放电，同时辐射出不可见的紫外线，而紫外线激发灯管壁的荧光物质发出可见光，即我们常说的日光。

荧光灯一旦被点亮后，灯管两端电压在正常工作时通常只需 120V 左右，这个较低的电压不足以使辉光启动器辉光放电。因此，辉光启动器只在荧光灯点亮时起作用，荧光灯一旦被点亮，辉光启动器就会处于断开状态。荧光灯正常工作时，镇流器和灯管构成了电流的通路，由于镇流器与灯管串联并且感抗很大，所以电源电压大部分"降落"在镇流器上，可以限制和稳定电路的工作电流，即镇流器在荧光灯正常工作时起限流作用。

该项目涉及强电，教学过程中要引导学生牢记"安全无小事"的观念，重点强调学生的安全意识、规矩意识和大局意识，要重视国家各类标准规范的执行，要重视人身、生命、财产的安全保护。

通过本项目的学习，达到以下教学目标：

### 1. 能力目标

1）会装接荧光灯电路。

2）能正确使用交流电压表、交流电流表、万用表、功率表、单相调压器。

3）能判断交流电路中电压、电流的相量关系和有效值。

4）能对荧光灯电路进行并联电容的连接，能用并联电容的方法提高电路的功率因数。

### 2. 知识目标

1）掌握正弦量三要素及正弦量的相量分析法。

2）掌握常用电工工具的使用，导线的连接方法，电压表、电流表、功率表的使用，功率因数提高的方法。掌握串联谐振和并联谐振的特点和谐振条件。

**3. 素质目标**

通过荧光灯电路的安装与测量，加强学生的安全意识、规矩意识和大局意识，培养良好职业精神。

## 4.2　项目任务

1）按图4-3所示连接电路。

2）用万用表测量电路中各元器件的电压，分析各个电压之间的大小关系和相位关系。

3）测量电路的功率 $P$，电流 $I$，电压 $U$、$U_L$、$U_A$ 等参数，验证电压、电流的相量关系。电路并联电容，验证电路功率因数的提高方法，并判断电路的性质。

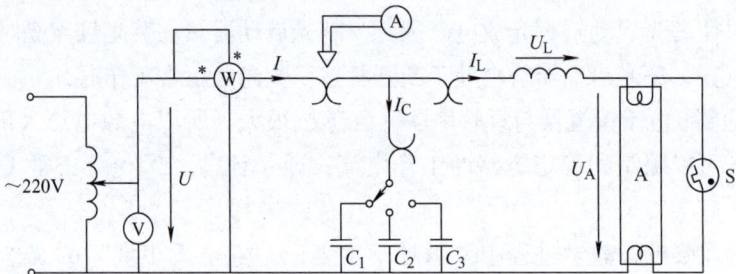

图4-3　荧光灯电路接线图

## 4.3　相关知识

### 4.3.1　正弦交流电路的基本概念

**1. 正弦交流电的产生**

在电力系统中，考虑到传输、分配和应用电能方面的便利性和经济性，大都采用交流电。工程上应用的交流电一般随时间按正弦规律变化，称为正弦交流电，简称交流电。

获得交流电的方法有很多种，但大多数交流电都是由交流发电机产生的。图4-4a所示为一种最简单的交流发电机，图中的 N 极和 S 极为两个静止磁极。磁极间放置一个可以绕转轴旋转的铁心，铁心上绕有线圈 abb′a′，线圈两端分别与两个铜质集电环相连。集电环经过电刷与外电路相连。当转轴带动铁心线圈转动时，在线圈中便会产生感应电动势，通过两个集电环和电刷与负载（灯泡）连接，在闭合回路中形成电流，灯泡就会发光。

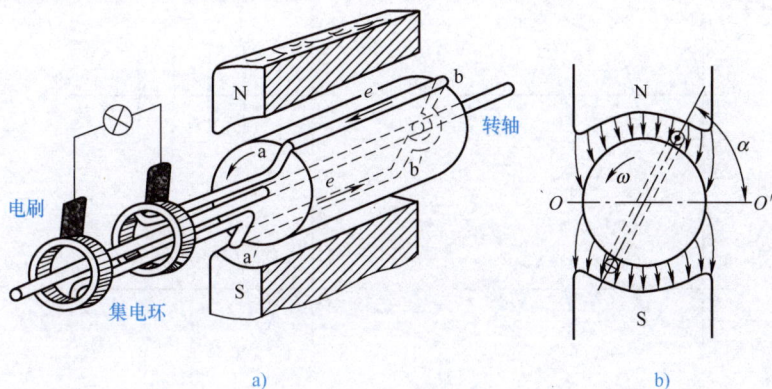

图 4-4 交流发电机原理

为了获得正弦交变电动势，适当设计磁极形状，使得气隙中的磁感应强度 $B$ 在 $OO'$ 平面（即磁极的分界面，称为中性面）处为零，在磁极中心处最大（$B = B_m$），沿着铁心的表面按正弦规律分布，如图 4-4b 所示。若用 $\alpha$ 表示气隙中某点和轴线构成的平面与中性面的夹角，则该点的磁感应强度为

$$B = B_m \sin\alpha$$

当铁心以角速度 $\omega$ 旋转时，线圈切割磁力线，产生感应电动势，其大小是

$$e = Blv \tag{4-1}$$

式中，$e$ 为线圈中的感应电动势（V）；$B$ 为磁感应强度（T，特斯拉，$1T = 1Wb/m^2$）；$l$ 为线圈的有效长度（m）；$v$ 为线圈切割磁力线的线速度（m/s）。

假定计时开始时线圈所在位置与中性面的夹角为 $\varphi_0$，经时间 $t$ 后，它们之间的夹角则变为 $\alpha = \omega t + \varphi_0$，对应线圈切割磁场的磁感应强度为

$$B = B_m \sin\alpha = B_m \sin(\omega t + \varphi_0)$$

将上式代入式（4-1）就可以得到线圈中感应电动势随时间变化的规律，即

$$e = Blv = B_m lv\sin(\omega t + \varphi_0) \quad 或 \quad e = E_m \sin(\omega t + \varphi_0) \tag{4-2}$$

式中，$E_m$ 为感应电动势的最大值，$E_m = B_m lv$。

当线圈 ab 边转到 N 极中心时，线圈中的感应电动势最大，为 $E_m$；线圈再转 180°，ab 边对准 S 极中心时，线圈中的感应电动势为负的最大值 $-E_m$。

## 2. 正弦交流电的三要素

大小和方向都随时间做周期性变化（或者按一定规律做周期性变化，并且在一个周期内平均值为零）的电动势、电压和电流统称为交流电。在交流电作用下的电路称

为交流电路。随时间按正弦规律变化的电流、电压、电动势等统称为正弦交流电量，或称为正弦交流电，有时又简称为交流电（通常记为 AC 或 ac）。图 4-5 所示为常见的交流电流。

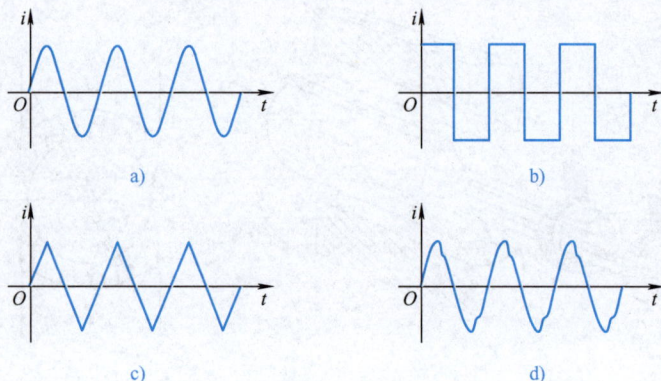

图 4-5　常见的交流电流

正弦交流电量的数值和方向随时间按正弦规律周而复始变化。在分析正弦交流电路时，首先要写出正弦交流电量的数学表达式，画出它们的波形图。为此，必须像直流电路那样，预先设定正弦交流电量的参考方向。图 4-6a 所示为一段电路上流过的正弦电流 $i$，其参考方向如箭头所示。正弦电流 $i$ 的波形图如图 4-6b 所示，当 $i$ 的实际方向与参考方向一致时，$i$ 为正值，对应波形图的正半周；当 $i$ 的实际方向与参考方向相反时，$i$ 为负值，对应波形图的负半周。同分析直流电路一样，在分析交流电路时，一般习惯将电压和电流选取为关联参考方向。在交流电的波形图中，横轴坐标既可以用时间 $t$（秒，s）表示，也可以用电角度 $\omega t$（弧度，rad）表示，与波形图相对应的正弦电流的数学表达式为

$$i = I_m \sin(\omega t + \varphi_i) \tag{4-3}$$

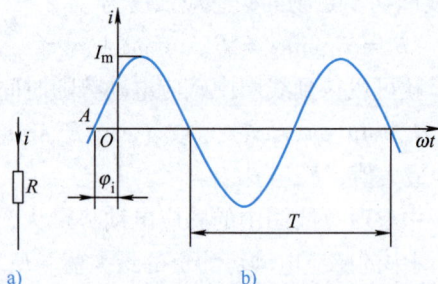

图 4-6　正弦电流的参考方向和波形图

式(4-3) 称为正弦电流的瞬时值表达式。正弦电量在任意瞬间的值称为瞬时值，用小写字母表示，如用 $i$、$u$ 和 $e$ 分别来表示正弦电流、正弦电压和正弦电动势的瞬时

值。利用瞬时值表达式可以计算出任意时刻正弦电量的数值。将瞬时值的正或负与假定的参考方向比较，就可以确定该时刻正弦电量的实际方向。

正弦量的特征表现在变化的快慢、大小以及初始值三个方面，而它们分别由角频率 $\omega$（或者频率 $f$、周期 $T$）、幅值 $I_m$（或者有效值 $I$）和初相位 $\varphi_i$ 来确定。从式（4-3）和图 4-6b 可以看到，如果将 $I_m$、$\omega$ 和 $\varphi_i$ 这三个量值代入已选定的 sin 函数式中，则这个正弦量就被唯一确定了，所以幅值 $I_m$、角频率 $\omega$ 和初相位 $\varphi_i$ 就称为确定一个正弦量的三要素。

（1）瞬时值、最大值、有效值　瞬时值：交流电在变化过程中任一时刻的值称为瞬时值。瞬时值是时间的函数，只有具体指出在哪一个时刻，才能求出确切的数值和方向，瞬时值规定用小写字母表示。例如电动势 $e$，其瞬时值为 $e = E_m\sin(\omega t + \varphi_e)$。

最大值：正弦交流电波形图上的最大幅值便是交流电的最大值或幅值。它表示在一个周期内，正弦交流电能达到的最大瞬时值。最大值规定用大写字母加下标 m 来表示，例如 $I_m$、$E_m$ 和 $U_m$ 等。

有效值：交变电流的有效值是指在热效应方面和它相当的直流电的数值。即在相同的电阻中，分别通入直流电流和交流电流，在经过一个交流电的周期（$T$）时间内，如果它们在该电阻上产生的热量 $Q$ 相等，则称该直流电流的数值为交流电流的有效值。有效值规定用大写字母表示，例如 $E$、$I$ 和 $U$。交流电流的有效值 $I$ 等于电流 $i(t)$ 的二次方在一个周期内的平均值的二次方根值，即方均根值。该结论适用于任何波形的、周期性的电压和电流。正弦交流电的最大值和有效值之间存在如下数量关系：

$$I = \frac{I_m}{\sqrt{2}} \approx 0.707 I_m \quad \text{或} \quad I_m = \sqrt{2} I \approx 1.414 I \tag{4-4}$$

$$U = \frac{U_m}{\sqrt{2}} \quad \text{或} \quad U_m = \sqrt{2} U \tag{4-5}$$

所以，正弦交流电流的最大值是有效值的 $\sqrt{2}$ 倍，其他的正弦交流电量也有同样的关系。在实际应用中，通常所说的交流电的电压或电流的数值均指的是有效值。交流电压表、交流电流表测量指示的电压、电流读数都是有效值，用电器铭牌上的额定值是有效值。只有在分析电气设备（或者电路元件）的绝缘耐压能力时，才用到最大值。

（2）周期、频率、角频率　当发电机转子转一周时，转子绕组中的正弦交变电动势随之变化一周。把正弦交流电变化一周所需要的时间称为周期，即周期是指正弦电量变化一周所需要的时间，用大写字母 $T$ 表示，单位为 s（秒），如图 4-7a 所示。由于正弦电量变化一周相当于正弦函数变化 $2\pi\text{rad}$，所以频率是指正弦电量单位时间内重复变化的次数，用小写字母 $f$ 表示，单位为 Hz（赫兹）。根据上述定义可知，频率和周期互为倒数，即

$$f = \frac{1}{T} \tag{4-6}$$

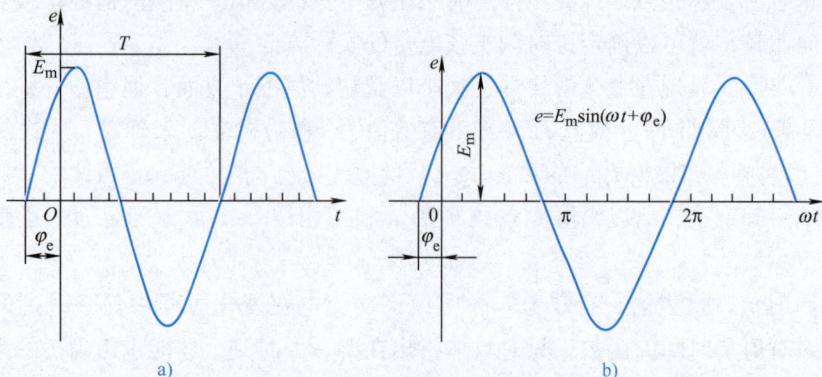

a)　　　　　　　　　　　b)

图4-7　正弦交变电动势的波形及参数

频率的单位是 Hz（赫兹），$1\text{Hz}=1\text{s}^{-1}$（1/秒）。

正弦量的变化规律用角度描述是很方便的，如图 4-7b 所示的正弦电动势，每一时刻的值都与一个角度相对应。这个角度不表示任何空间角度，只是用来描述正弦交流电的变化规律，所以把这种角度称为电角度。

把交流电每秒钟经过的电角度称为角频率，用 $\omega$ 表示。角频率与频率、周期之间显然有如下的关系：

$$\omega=\frac{2\pi}{T}=2\pi f \tag{4-7}$$

式中，角频率 $\omega$ 又称为电角速度，表示在单位时间内正弦电量变化的弧度数，它是反映正弦电量变化快慢的量，其单位是 rad/s（弧度/秒）。

周期、频率和角频率都是反映正弦电量变化快慢的物理量。从式（4-7）可以看出，三个量中只要知道一个，就可以求出其他两个物理量。

【例4-1】　我国电力系统的工业标准频率（称为工频）为 50Hz，求其周期和角频率。

解：周期　$T=\dfrac{1}{f}=\dfrac{1}{50\text{Hz}}=0.02\text{s}=20\text{ms}$

角频率　$\omega=2\pi f\approx2\times3.14\times50\text{rad/s}=314\text{rad/s}$

（3）相位、相位差　正弦交变电动势 $e=E_\text{m}\sin(\omega t+\varphi_\text{e})$，它的瞬时值随着电角度 $\omega t+\varphi_\text{e}$ 的变化而变化。

把正弦电量在任意瞬间的电角度称为相位角，简称相位，它反映了正弦电量随时间变化的进程，决定正弦电量在每瞬间的状态，当 $t=0$ 时，相位角为 $\varphi_0$，称为初相位或初相角，简称初相。显然，初相位与所选的计时起点有关。正弦电量在任意瞬间的相位都与初相位有关。

把两个同频率的正弦交流电的相位之差称为相位差。相位差表示两正弦量到达最大值的先后差距，用字母 $\varphi$ 表示。假设两个同频率的正弦电动势 $e_A = E_{m1}\sin(\omega t + \varphi_1)$，$e_B = E_{m2}\sin(\omega t + \varphi_2)$，则它们之间的相位差为

$$\varphi = (\omega t + \varphi_2) - (\omega t + \varphi_1) = \varphi_2 - \varphi_1 \qquad (4\text{-}8)$$

可见，两个同频率的正弦交流电的相位差等于初相位之差。相位差反映了两个同频率正弦信号在时间上的先后差异。

如果以 $e_A$ 的初相位作为参考点，并且 $\varphi_1 = 0$，则 $e_B$ 与 $e_A$ 之间的相位差就等于 $e_B$ 的初相位，如图4-8所示。

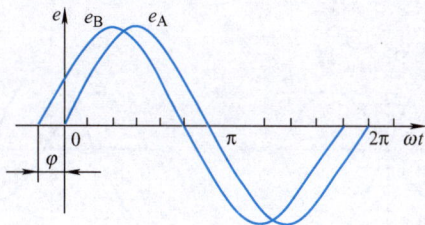

图4-8  不同初相位的正弦交流电与相位差

**注意**：相位差只对同频率正弦交流电量有意义。求不同频率的正弦交流电量之间的相位差没有意义，因为不同频率的正弦交流电量之间的相位差会随着 $t$ 的变化而变化。

以两个同频率的正弦交流电流 $i_1 = I_{m1}\sin(\omega t + \varphi_1)$，$i_2 = I_{m2}\sin(\omega t + \varphi_2)$ 为例，$i_1$ 和 $i_2$ 与相位差之间的关系如下：

1）若 $\varphi = \varphi_1 - \varphi_2 > 0$，则称 $i_1$ 超前于 $i_2$，如图4-9a 所示。

2）若 $\varphi = \varphi_1 - \varphi_2 < 0$，则称 $i_1$ 滞后于 $i_2$，如图4-9b 所示。

3）若 $\varphi = \varphi_1 - \varphi_2 = 0$，则称 $i_1$ 和 $i_2$ 同相位，如图4-9c 所示。

4）若 $\varphi = \varphi_1 - \varphi_2 = \pm\pi$，则称 $i_1$ 和 $i_2$ 反相位，如图4-9d 所示。

5）若 $\varphi = \varphi_1 - \varphi_2 = \pm\dfrac{\pi}{2}$，则称 $i_1$ 和 $i_2$ 正交，如图4-9e 所示。

综上所述，正弦交流电的最大值、角频率和初相位称为正弦交流电的三要素。三要素描述了正弦交流电量的大小、变化快慢和起始状态。当三要素确定后，就可以唯一地确定一个正弦交流电量了。

通过以上的讨论可知，两个同频率的正弦量的计时起点（$t = 0$）不同时，它们的相位和初相位不同，但它们的相位差不变，即两个同频率的正弦量的相位差与计时起点无关。

**【例4-2】** 两个同频率的正弦电压和电流分别为

$$u = 8\sin(\omega t + 80°)\,\text{V}$$

$$i = 6\cos(\omega t + 20°)\,\text{A}$$

求它们之间的相位差，并说明哪个超前。

**解**：求相位差要求两个正弦量的函数形式应一致，故应将电流 $i$ 改写成用正弦函数

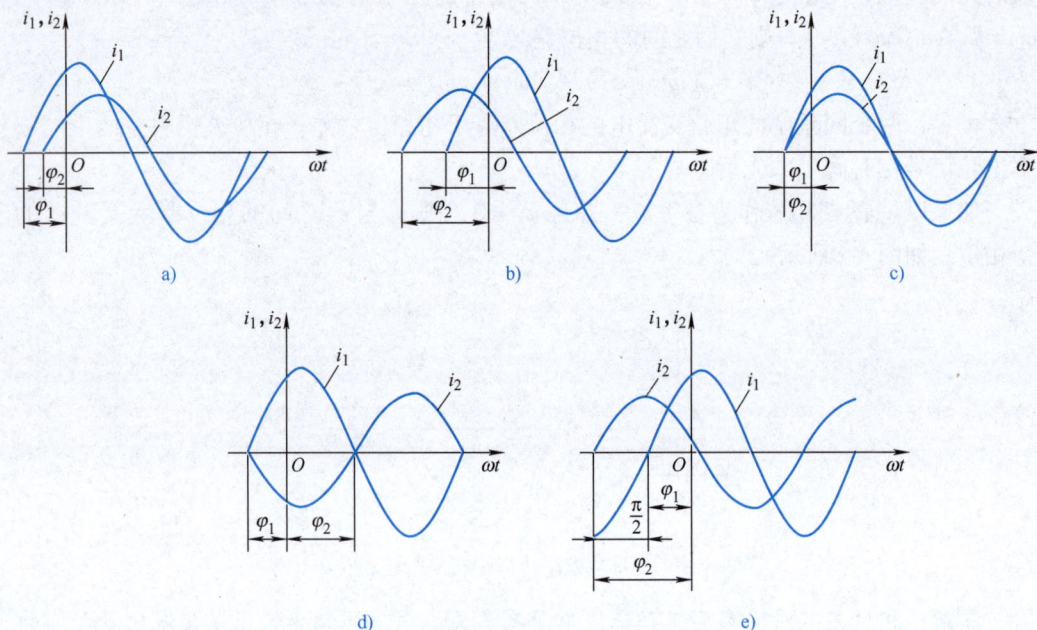

图4-9　两个同频率的正弦交流电流的相位关系

表示的形式（本书正弦量的标准形式选用 sin 式）：

$$i = 6\sin(\omega t + 20° + 90°) = 6\sin(\omega t + 110°)\,\text{A}$$

相位差为

$$\varphi = \varphi_u - \varphi_i = 80° - 110° = -30°$$

所以，电流超前电压30°，或者说电压滞后电流30°。

### 4.3.2　单一参数的正弦交流电路

在交流电路中，电流、电压大小和方向的变化引起了许多在直流电路中不会发生的特殊现象。当电流和电压随时间不断变化时，电路周围的电场和磁场也随时间在变化，这些变化的电场和磁场反过来又影响电路中的电流和电压，这个物理过程称为电磁感应现象，因此当交流电路中存在电容和电感时，研究交流电路比研究直流电路复杂得多。分析直流电路时只涉及电阻，但在交流电路中，电感元件和电容元件各有其特殊的作用。

#### 1. 电阻元件的正弦交流电路

（1）电压与电流关系　在交流电路中，通过电阻元件的电流和它两端的电压在任意瞬间都遵循欧姆定律。在图 4-10a 所示的只含有电阻元件 $R$ 的交流电路中，电压、电流的参考方向如图所示。

假设在电阻元件两端加上正弦交流电压，则

a) 时域模型　　　　b) 电压、电流波形图

c) 瞬时功率的波形图

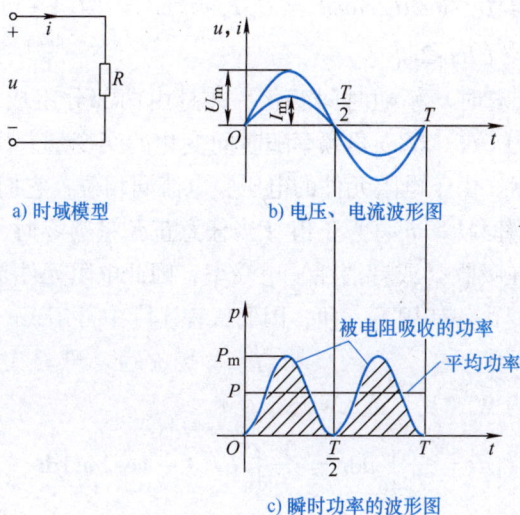

图 4-10　正弦交流电路中电阻元件上的电压、电流和功率关系

$$u = U_{m}\sin\omega t = \sqrt{2}\,U\sin\omega t$$

按图 4-10a 所示电压、电流的参考方向，电路的电流为

$$i = \frac{u}{R} = \frac{U_{m}}{R}\sin\omega t = \frac{\sqrt{2}\,U}{R}\sin\omega t = I_{m}\sin\omega t \tag{4-9}$$

式(4-9) 说明，电阻元件中电流和其两端的电压是同频率的正弦量，并且有如下的<u>电压、电流关系</u>：

$$I = \frac{U}{R} \qquad I_{m} = \frac{U_{m}}{R}$$

<u>电压与电流同相位</u>，即 $\varphi_{u} = \varphi_{i}$，相位差 $\varphi = \varphi_{u} - \varphi_{i} = 0$，电压、电流波形图如图 4-10b 所示。

【例 4-3】　把一个 $100\Omega$ 的电阻元件接入频率为 50Hz、电压有效值为 220V 的正弦交流电源上，则电流是多少？若保持电压值不变，而电源频率改变为 5000Hz，这时电流将为多少？

解：因为电阻与频率无关，所以在电压有效值保持不变的情况下，两种情况下的电流有效值相等，即

$$I = \frac{U}{R} = \frac{220\text{V}}{100\Omega} = 2.2\text{A}$$

（2）<u>功率</u>　在交流电路中，通过电阻元件的电流及其两端的电压都是交变的，电阻吸收的功率也必然随时间而变化。把电阻在任一瞬间所吸收的功率称为瞬时功率，用小写字母 $p$ 表示，设 $u$、$i$ 为关联参考方向，则瞬时功率等于同一时刻电压和电流瞬时值的乘积，即

$$p = ui = U_m \sin\omega t I_m \sin\omega t = U_m I_m \sin^2\omega t = UI(1 - \cos 2\omega t)$$

$$= UI - UI\cos 2\omega t \tag{4-10}$$

式（4-10）表明，瞬时功率随时间变化，并且由两部分组成：第一部分是恒定值 $UI$；第二部分是幅值为 $UI$、以 $2\omega$ 角频率随时间变化的交变量 $-UI\cos 2\omega t$。瞬时功率的波形图如图 4-10c 所示。由于电阻元件的电压、电流同相位，它们的瞬时值总是同时为正或同时为负，所以瞬时功率 $p$ 总是正值（当任意正弦量为零时，$p=0$）。就是说，电阻元件在每一瞬间都在吸收（或者消耗）电功率，因此电阻元件是耗能元件。

瞬时功率随时间变化，使用不方便，因而工程实际中常用瞬时功率在一个周期内的平均值来表示电路元件的功率，称为平均功率，用大写字母 $P$ 表示。平均功率又称为有功功率，它的单位为 W（瓦）或 kW（千瓦）。

$$P = \frac{1}{T}\int_0^T p\,\mathrm{d}t = \frac{1}{T}\int_0^T UI(1 - \cos 2\omega t)\,\mathrm{d}t$$

$$= UI = I^2R = \frac{U^2}{R} \tag{4-11}$$

式（4-11）与直流电路的功率计算公式在形式上完全相同，但式中 $U$、$I$ 是电压、电流的有效值。

因为平均功率代表了电路实际消耗的功率，所以平均功率也称有功功率，习惯上直接称功率。例如"220V、100W"的灯泡，就是指这只灯泡接到 220V 电压上时，它所消耗的平均功率为 100W。

【例 4-4】 有一个"220V、100W"的白炽灯，其两端电压为 $u = 311\sin(314t + 30°)$V。求：（1）通过白炽灯电流的瞬时值表达式；（2）每天使用 5h，每度电（1kW·h）收费 0.5 元，问每月（按 30 天计算）应付多少电费？

解：（1）电流有效值 $I = \dfrac{P}{U} = \dfrac{100\mathrm{W}}{220\mathrm{V}} \approx 0.45\mathrm{A}$

电阻元件电压和电流同相位　$\varphi_i = \varphi_u = 30°$

电流的瞬时值　$i = \sqrt{2}I\sin(\omega t + \varphi_i) = 0.45\sqrt{2}\sin(314t + 30°)$A

（2）每月消耗的电能　$W = Pt = 100\mathrm{W} \times 5\mathrm{h} \times 30 = 15000\mathrm{W} \cdot \mathrm{h} = 15\mathrm{kW} \cdot \mathrm{h}$

则每月应付电费为 $15 \times 0.5$ 元 $= 7.5$ 元

### 2. 电感元件的正弦交流电路

（1）自感系数和电磁感应　电感元件简称为电感。如果电感元件的伏安特性曲线在直角坐标平面上是一条通过坐标原点的直线，则称该电感为线性电感。对于线性电感，其特性方程为 $N\Phi = Li$（$N$ 为线圈的有效匝数，$\Phi$ 为线圈中的有效磁通，$i$ 为通过线圈的电流，$L$ 为线圈的自感系数）。实际的电感线圈如图 4-11 所示。

根据电磁感应定律，电感元件上电压、电流有如下微分关系：

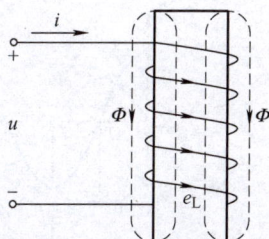

图 4-11　电感线圈

$$u = L\frac{\mathrm{d}i}{\mathrm{d}t} \qquad (4-12)$$

式(4-12) 中的 $L$ 称为自感系数，简称自感或电感，其定义为通过电感线圈的磁通链 $\psi$ 与产生该磁通链的电流 $i$ 的比值，即

$$L = \frac{\psi}{i} \qquad (4-13)$$

电感的单位为亨利，简称亨，用字母 H 表示。工程实际中也常用 mH（毫亨）和 μH（微亨）作为单位，$1H = 10^3 mH = 10^6 μH$。

（2）电压与电流关系　只含有电感元件 $L$ 的交流电路如图 4-12a 所示。

设通过电感元件的正弦交流电流为

$$i = I_m \sin\omega t = \sqrt{2}I\sin\omega t$$

则电感元件的端电压为

$$u_L = L\frac{\mathrm{d}i}{\mathrm{d}t} = L\frac{\mathrm{d}I_m\sin\omega t}{\mathrm{d}t} \qquad (4-14)$$
$$= I_m\omega L\cos\omega t = U_m\sin(\omega t + 90°)$$

式(4-14) 表明，电感元件中电流与其两端的电压是同频率的正弦量。

1）数值关系。电压和电流之间的最大值、有效值关系为

$$U_m = \omega L I_m \quad 或 \quad I_m = \frac{U_m}{\omega L} \qquad (4-15)$$

$$U = \omega L I \quad 或 \quad I = \frac{U}{\omega L} \qquad (4-16)$$

令

$$X_L = \omega L = 2\pi f L \qquad (4-17)$$

则

$$I_m = \frac{U_m}{X_L} \quad 或 \quad I = \frac{U}{X_L} \qquad (4-18)$$

式(4-18) 也被称为电感元件的欧姆定律，类似于电阻元件，式中 $X_L = \omega L$，是电感的电抗，简称为感抗，单位为 Ω（欧姆）。感抗是表示电感对电流阻碍作用大小的一

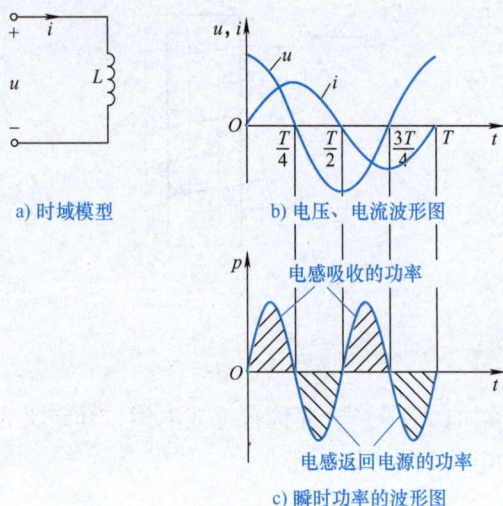

a) 时域模型    b) 电压、电流波形图

c) 瞬时功率的波形图

图 4-12　正弦交流电路中电感元件上的电压、电流和功率关系

个物理量，它与 $\omega L$ 成正比。

显然，对于一定的电感 $L$，频率越高，它呈现的感抗越大；频率越低，它呈现的感抗越小。就是说，对于一定的电感 $L$，它对高频电流呈现的"阻力"大，对低频电流呈现的"阻力"小。直流情况下，频率 $f=0$，故 $X_L=0$，电感 $L$ 相当于短路。所以电感元件具有"通直流、阻交流"或"通低频、阻高频"的特性。在电路中，电感元件通常用来进行信号耦合、滤波以制作高频扼流圈等。

应注意的是，对于电感元件而言，其电压和电流的瞬时值之间并不存在欧姆定律的形式，即不存在比例关系，感抗也不能代表电压、电流瞬时值之间的关系。此电感元件的欧姆定律也只适用于描述电压与电流的有效值或最大值之间的关系。

2）相位关系。由式（4-14）可知，电感的电压和电流出现了相位差，并且电感电压超前电流 90°，或者电感电流滞后电压 90°，即 $\varphi_u = \varphi_i + 90°$。电压、电流波形图如图 4-12b 所示（波形图中 $\varphi_i = 0°$，$\varphi_u = 90°$）。

（3）功率　在电压、电流取关联参考方向下，电感元件吸收的瞬时功率为

$$p = ui = U_m \sin(\omega t + 90°)I_m \sin\omega t = U_m I_m \cos\omega t \sin\omega t = UI\sin2\omega t$$

瞬时功率的波形图如图 4-12c 所示。

电感元件瞬时功率的平均值，即为平均功率：

$$P = \frac{1}{T}\int_0^T p\mathrm{d}t = \frac{1}{T}\int_0^T UI\sin2\omega t\mathrm{d}t = 0$$

从瞬时功率的数学表达式或波形图都可以看出，瞬时功率也是随时间变化的正弦函数，其幅值为 $UI$，并以 $2\omega$ 角频率随时间变化。在一个周期内，瞬时功率的平均值为零，说明电感元件不消耗能量，但电感元件存在着与电源之间的能量交换，从瞬时功率

的波形图可以看出，在第一个和第三个 1/4 周期内，$u$ 和 $i$ 同时为正值或负值，瞬时功率 $p$ 大于零，这一过程实际是电感将电能转换为磁场能存储起来，从电源吸取能量；在第二个和第四个 1/4 周期内，$u$ 和 $i$ 一个为正值，另一个则为负值，故瞬时功率小于零，这一过程实际是电感将磁场能转换为电能释放出来。电感不断地与电源交换能量，在一个周期内吸收和释放的能量相等，因此平均值为零，说明电感元件不消耗能量，是一个储能元件。

电感元件的平均功率为零，但存在着与电源之间的能量交换，电源要供给它电流，所以电感元件对电源来说仍然是一种负载，因此它要占用电源设备的容量。不同电感元件与电源进行能量交换的规模是不同的，为了衡量这种能量交换的规模，定义瞬时功率的最大值（即能量交换的最大幅值）为电感元件的无功功率。电感的无功功率用大写字母 $Q_L$ 表示，即

$$Q_L = UI = X_L I^2 = \frac{U^2}{X_L} \tag{4-19}$$

式中，$Q_L$ 的单位为 var（乏尔，简称乏）或 kvar（千乏），$1\,\mathrm{kvar} = 10^3\,\mathrm{var}$。

【例 4-5】 一个 0.8H 的电感元件接到电压为 $u(t) = 220\sqrt{2}\sin(314t - 120°)\,\mathrm{V}$ 的电源上，（1）求电感中的电流和无功功率；（2）若电源频率改为 150Hz，电压有效值不变，电感电流和无功功率各为多少？

**解**：（1）电压有效值为 $U = 220\mathrm{V}$

电感的感抗为 $\qquad X_L = \omega L = 314 \times 0.8\,\Omega \approx 251\,\Omega$

电感的电流有效值为

$$I = \frac{U}{X_L} = \frac{220\mathrm{V}}{251\,\Omega} \approx 0.876\mathrm{A}$$

电流滞后电压 90°，即

$$\varphi_i = \varphi_u - 90° = -120° - 90° = -210°$$

因 $\varphi_i$ 不超过 $\pm 180°$，故 $\varphi_i = -210° + 360° = 150°$

电感的电流瞬时电流为

$$i(t) = 0.876\sqrt{2}\sin(314t + 150°)\,\mathrm{A}$$

无功功率为

$$Q_L = UI = 220 \times 0.876\,\mathrm{var} \approx 192.7\,\mathrm{var}$$

（2）电源频率改变为原来的 3 倍，因此，有

电感的感抗 $\qquad X_L = 3\omega L = 753\,\Omega$

电流 $\qquad I = \frac{1}{3} \times 0.876\mathrm{A} = 0.292\mathrm{A}$

频率变化而初相位不变，即 $\varphi_i = 150°$

电源频率改为 150Hz，电流瞬时值为

$$i(t) = 0.292\sqrt{2}\sin(942t + 150°)\,\text{A}$$

无功功率为

$$Q_L \approx 64.2\text{var}$$

### 3. 电容元件的正弦交流电路

（1）电容元件　电容元件简称为电容。如果电容元件的伏安特性曲线在直角坐标平面上是一条通过坐标原点的直线，则称该电容为线性电容。对于线性电容，其特性方程为 $q = Cu$，即

$$i = \frac{\mathrm{d}q}{\mathrm{d}t} = C\frac{\mathrm{d}u}{\mathrm{d}t} \tag{4-20}$$

式中，$C$ 为电容量，其定义为电容上存储的电荷量与电容两端电压的比值，即

$$C = \frac{q}{u} \tag{4-21}$$

电容的单位为法拉，简称法，用字母 F 表示。在工程实际中，由于 F 的单位太大，所以，常用的单位为 μF（微法）和 pF（皮法），单位换算关系如下：

$$1\text{F} = 10^6\,\mu\text{F} \qquad 1\mu\text{F} = 10^6\,\text{pF}$$

（2）电压与电流关系　图 4-13a 所示是只含有电容元件 $C$ 的交流电路。假设施加于电容元件上的正弦交流电压为

$$u = U_m\sin\omega t = \sqrt{2}\,U\sin\omega t$$

则流过电容元件的电流为

$$i = C\frac{\mathrm{d}u}{\mathrm{d}t} = \omega C\,U_m\cos\omega t = I_m\sin(\omega t + 90°) \tag{4-22}$$

式(4-22) 表明，电容元件两端的电压和电流是同频率的正弦量。

1）数值关系。电压和电流之间的最大值、有效值关系为

$$I_m = \omega C\,U_m \quad \text{或} \quad U_m = \frac{I_m}{\omega C} \tag{4-23}$$

$$I = \omega C U \quad \text{或} \quad U = \frac{I}{\omega C} \tag{4-24}$$

令

$$X_C = \frac{1}{\omega C} = \frac{1}{2\pi f C} \tag{4-25}$$

则

$$I_m = \frac{U_m}{X_C} \quad \text{或} \quad I = \frac{U}{X_C} \tag{4-26}$$

式(4-26) 称为电容元件的欧姆定律，$X_C$ 称为电容的电抗，简称容抗，单位为欧姆（Ω）。容抗是表示电容对电流阻碍作用大小的一个物理量，它与 $\omega C$ 成反比。

从式(4-25) 可以看出，对于一定的电容 $C$，频率越高，它呈现的容抗越小；频率越低，它呈现的容抗越大。也就是说，对于一定的电容 $C$，它对低频电流呈现的"阻

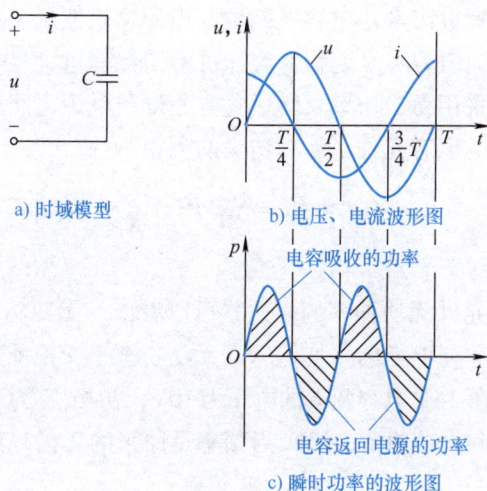

a) 时域模型        b) 电压、电流波形图

c) 瞬时功率的波形图

图 4-13 正弦交流电路中电容元件上的电压、电流和功率关系

力"大，对高频电流呈现的"阻力"小。在直流情况下，频率 $f = 0$，故 $X_C = \infty$，电容 $C$ 相当于开路。所以，电容元件具有"隔直流、通交流"或"阻低频、通高频"的特性。因此，电容在电子电路中通常被用于信号耦合、隔直流、旁路和滤波等。

应注意的是，对于电容元件而言，电压和电流的瞬时值之间并不具有欧姆定律的形式，即不存在比例关系，容抗也不能用电压、电流瞬时值的比值来表示。因此，电容元件的欧姆定律只适用于描述电容上电压与电流的有效值或最大值之间的关系。

2) 相位关系。由式（4-22）可知，电容电压和电流出现了相位差，并且电压滞后电流 90°，或者说电容电流超前电压 90°，即 $\varphi_u = \varphi_i - 90°$。电压、电流波形图如图 4-13b 所示。

（3）功率 在电压、电流取关联参考方向下，电容元件吸收的瞬时功率为

$$p = ui = U_m \sin\omega t I_m \sin(\omega t + 90°) = U_m I_m \sin\omega t \cos\omega t = UI\sin 2\omega t$$

瞬时功率的波形图如图 4-13c 所示。

电容元件瞬时功率的平均值（平均功率）为

$$P = \frac{1}{T}\int_0^T p\,\mathrm{d}t = \frac{1}{T}\int_0^T UI\sin 2\omega t\,\mathrm{d}t = 0$$

从瞬时功率的数学表达式或波形图都可以看出，瞬时功率是随时间变化的正弦函数，其幅值为 $UI$，并以 $2\omega$ 角频率随时间变化。在一个周期内，瞬时功率的平均值为零，说明电容元件不消耗能量。电容元件也存在着与电源之间的能量交换，其能量转换过程完全类似于电感元件，只不过是电容元件存储的是电场能而已。从波形图可以看出，在第一和第三个 1/4 周期内，$u$ 和 $i$ 同时为正值或负值，瞬时功率 $p$ 大于零，这一过程实际是电容将电能转换为电场能存储起来，从电源吸取能量；在第二和第四个 1/4 周期内，$u$ 和 $i$ 一个为正值，另一个则为负值，故瞬时功率小于零，这一过程实际是电

容将电场能转换为电能释放出来。电容不断地与电源交换能量，在一个周期内吸收和释放的能量相等，因此平均值为零，说明电容元件不消耗能量，是一个储能元件。

与电感元件一样，采用无功功率来衡量电容元件与电源之间能量交换的规模，它仍等于瞬时功率的最大值。电容元件上无功功率的大小为

$$Q_C = UI = X_C I^2 = \frac{U^2}{X_C}$$

式中，$Q_C$ 的单位为 var（乏）或 kvar（千乏）。

从电容元件与电感元件无功功率的表达式可以看出，无功功率与有功功率在形式上是相似的，有功功率是消耗电能的平均值，而无功功率是交换能量的最大值。

**【例4-6】** 已知加在 $2\mu F$ 电容两端的电压为 10V，初相位为 $60°$，角频率为 $10^6$rad/s。（1）求流过电容的电流和无功功率；（2）当频率是原来的2倍，其他参数不变时，求电容中的电流。

**解：**（1）选电压、电流为关联参考方向。

电容的电压有效值为 $\qquad U = 10V$

容抗为 $\qquad X_C = \frac{1}{\omega C} = \frac{1}{10^6 \times 2 \times 10^{-6}}\Omega = 0.5\Omega$

电流有效值为 $\qquad I = \frac{U}{X_C} = \frac{10V}{0.5\Omega} = 20A$

电流初相位为 $\qquad \varphi_i = \varphi_u + 90° = 60° + 90° = 150°$

电流瞬时值表达式为 $\qquad i = 20\sqrt{2}\sin(10^6 t + 150°)A$

无功功率为 $\qquad Q_C = UI = 10 \times 20var = 200var$

（2）当频率为原来的2倍时，容抗为原来的 1/2，即 $X_C = 0.25\Omega$。

电流瞬时表达式为 $\qquad i = 40\sqrt{2}\sin(2 \times 10^6 t + 150°)A$

### 4.3.3　复数及其运算

在交流电路中，如果直接按正弦量的数学表达式或波形图分析、计算正弦交流电路，一般是很麻烦的，而用相量法分析线性正弦稳态电路将会方便得多。在正弦交流电路中，所有响应都是与激励同频率的正弦量，分析时可以不考虑频率，问题就集中在有效值和初相位这两个要素上了。而一个复数可以同时表达一个正弦量的有效值和初相位，这样就可以把正弦量的分析、计算转换成复数的运算，使问题简单化。因此，首先对复数的有关知识做一介绍。

#### 1. 复数及其表示方法

复数在复平面上是一个点，如图4-14中的复数 $A$，它在复平面上实轴的投影是 $a_1$，在虚轴的投影是 $a_2$，有向线段 $a$ 是复数 $A$ 的模，模与正向实轴之间的夹角 $\varphi$ 是复数 $A$

的辐角。

一个复数有多种表示方法，这里主要介绍电学中常用的几种。

（1）**复数 $A$ 的代数形式**　复数 $A$ 的代数形式为

$$A = a_1 + ja_2 \tag{4-27}$$

式中，$a_1$ 为复数 $A$ 在复平面中实轴上的投影，是代数形式表示的复数 $A$ 的实部，以 1 为单位；$a_2$ 为复数 $A$ 在复平面中虚轴上的投影，是代数形式表示的复数 $A$ 的虚部，以 j 为单位。

代数形式的复数表示法显然是以它的实部和虚部的代数和的形式来表现的。

（2）**复数的指数形式**　如图 4-14 所示，复数的模与它的实部和虚部数值之间的关系为

$$a = \sqrt{a_1^2 + a_2^2}$$

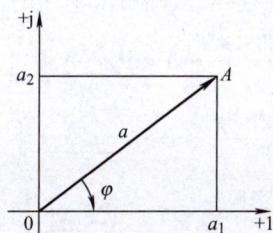

图 4-14　复数的表示

复数的辐角与它的实部及虚部数值之间也具有一定的关系，即

$$\varphi = \arctan \frac{a_2}{a_1}$$

这样，又可把复数 $A$ 用指数形式表示为

$$A = a\,e^{j\varphi} \tag{4-28}$$

因为
$$a_1 = a\cos\varphi \quad a_2 = a\sin\varphi$$

所以指数形式的复数 $A$ 和代数形式表示的复数 $A$ 之间的**换算关系**式为

$$A = a\,e^{j\varphi} = a\cos\varphi + ja\sin\varphi = a_1 + ja_2$$

（3）**复数的极坐标形式**　复数的极坐标形式实际上是指数形式的简化形式，写为

$$A = a\,\angle\,\varphi \tag{4-29}$$

显然，极坐标形式也是由复数的模值及辐角来表示的一种方法。极坐标形式的复数 $A$ 和代数形式表示的复数 $A$ 之间的**换算关系**式为

$$A = a\,\angle\,\varphi = a\cos\varphi + ja\sin\varphi = a_1 + ja_2$$

在正弦量相量运算中，最常用的是代数式和极坐标式。

## 2. 复数的运算法则

两个复数相加/减以代数形式表示时，计算起来比较简便；两个复数相乘/除时，用

极坐标形式来表示，计算起来方便。

**【例4-7】** 有复数 $A = -3 + j4$ 和复数 $B = 6 - j8$，求 $A + B$、$A - B$、$A \times B$、$A \div B$。

**解：**

$$A + B = -3 + j4 + (6 - j8) = -3 + 6 + j(4-8) = 3 - j4$$

$$A - B = -3 + j4 - (6 - j8) = -3 - 6 + j(4+8) = -9 + j12$$

$$A \times B = (-3 + j4) \times (6 - j8) \approx 5 \underline{/126.9°} \times 10 \underline{/-53.1°} = 50 \underline{/73.8°}$$

$$A \div B = (-3 + j4) \div (6 - j8) \approx 5 \underline{/126.9°} \div 10 \underline{/-53.1°} = 0.5 \underline{/180°} = -0.5$$

可见，两个复数相加/减时应遵循的运算法则是

$$A \pm B = (a_1 \pm b_1) + j(a_2 \pm b_2)$$

两个复数相乘/除时应遵循的运算法则是

$$A \times B = a \times b \underline{/\varphi_a + \varphi_b}$$

$$A \div B = a \div b \underline{/\varphi_a - \varphi_b}$$

复数运算中，应根据复数所在象限正确写出辐角的值，如

$$A = 3 + j4 \xrightarrow{\text{第一象限}} A = 5 \underline{/53.1°} \left(\arctan \frac{4}{3}\right)$$

$$A = 3 - j4 \xrightarrow{\text{第四象限}} A = 5 \underline{/-53.1°} \left(-\arctan \frac{4}{3}\right)$$

$$A = -3 + j4 \xrightarrow{\text{第二象限}} A = 5 \underline{/126.9°} \left(180° - \arctan \frac{4}{3}\right)$$

$$A = -3 - j4 \xrightarrow{\text{第三象限}} A = 5 \underline{/-126.9°} \left(\arctan \frac{4}{3} - 180°\right)$$

根据欧拉公式，$+j = 1 \underline{/90°}$，$-j = 1 \underline{/-90°}$，所以 $+j$ 可以看成是一个模为1、辐角为 $+90°$ 的复数，$-j$ 可以看成是一个模为1、辐角为 $-90°$ 的复数。因此，若复数 $A$ 乘以 $+j$ 或 $-j$，则有

$$jA = a \underline{/\varphi + 90°}$$

$$-jA = a \underline{/\varphi - 90°}$$

因此，任意一个复数乘以 $j$，其模值不变，辐角增加 $90°$，相当于在复平面上把该复数矢量逆时针旋转 $90°$；任意一个复数乘以 $-j$，其模值不变，辐角减少 $90°$（或增加 $-90°$），相当于在复平面上把该复数矢量顺时针旋转 $90°$，如图4-15所示。所以，虚数单位 $j$ 也被称为旋转 $90°$ 的旋转因子。

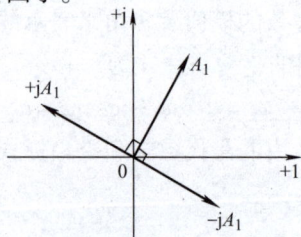

图4-15　旋转因子 j 的作用

## 4.3.4 正弦量的相量和复阻抗

### 1. 正弦量的相量表示

一个正弦量是由它的振幅（或有效值）、频率和初相位三要素决定的。由单一参数的正弦交流电路分析可知，在线性电路中，若激励是正弦量，则电路中各支路的电压和电流的稳态响应将是同频率的正弦量。如果电路有多个激励且都是同频率的正弦量，则根据线性电路的叠加性质，电路全部稳态响应都将是同频率正弦量，组成的电路称为正弦稳态电路。此时若要确定这些电压和电流，只要确定它们的振幅（或有效值）和初相位两个量就可以了。因此，正弦量可以用复数进行表示，即复数的模对应正弦量的有效值（或最大值），复数的辐角对应正弦量的初相位。

为了与一般复数相区别，我们把表示正弦量的复数称为相量，相量的"头顶"上一般加符号"·"。当相量的模等于正弦量的最大值时，称其为最大值相量，以符号 $\dot{E}_{\mathrm{m}}$、$\dot{U}_{\mathrm{m}}$、$\dot{I}_{\mathrm{m}}$ 表示；当相量的模等于正弦量的有效值时，称其为有效值相量，以符号 $\dot{E}$、$\dot{U}$、$\dot{I}$ 表示。例如，正弦量 $i = 14.1\sin(\omega t + 36.9°)\,\mathrm{A}$，其最大值相量为 $\dot{I}_{\mathrm{m}} = 14.1\ \underline{/36.9°}$ A，有效值相量为 $\dot{I} = 10\ \underline{/36.9°}$ A。

按照各个正弦量的大小和相位关系用初始位置的有向线段画出的若干个相量的图形，称为相量图。在相量图上能直观地看出各个正弦量的大小和相互间的相位关系。

**【例4-8】** 已知两支路并联的正弦交流电路中，支路电流分别为 $i_1 = 8\sin(314t + 60°)\,\mathrm{A}$，$i_2 = 6\sin(314t - 30°)\,\mathrm{A}$，试求总电流 $i$，并画出电流相量图。

**解：** 首先将各支路电流用最大值相量表示为

$$\dot{I}_{1\mathrm{m}} = 8\ \underline{/\ 60°}\ \mathrm{A} = (8\cos 60° + \mathrm{j}8\sin 60°)\,\mathrm{A} \approx (4 + \mathrm{j}6.93)\,\mathrm{A}$$

$$\dot{I}_{2\mathrm{m}} = 6\ \underline{/\ -30°}\ \mathrm{A} = (6\cos -30° + \mathrm{j}6\sin -30°)\,\mathrm{A} \approx (5.2 - \mathrm{j}3)\,\mathrm{A}$$

则利用复数的加法运算法则可得

$$\dot{I}_{\mathrm{m}} = \dot{I}_{1\mathrm{m}} + \dot{I}_{2\mathrm{m}} = [4 + 5.2 + \mathrm{j}(6.93 - 3)]\,\mathrm{A} = (9.2 + \mathrm{j}3.93)\,\mathrm{A} \approx 10\ \underline{/23.1°}\ \mathrm{A}$$

根据相量与正弦量之间的对应关系，即可写出

$$i = 10\sin(314t + 23.1°)\,\mathrm{A}$$

电流相量图如图4-16所示。

### 2. 复阻抗

在单一参数的正弦交流电路学习中，讲到电阻元件的电阻用 $R$ 表示，电感元件的感抗用 $X_{\mathrm{L}}$ 表示，电容元件的容抗用 $X_{\mathrm{C}}$ 表示。当运用相量法分析和计算正弦交流电路

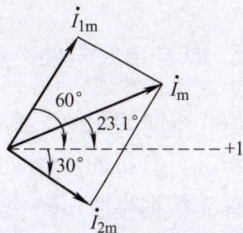

图4-16 例4-8 相量图

时，电压、电流均用复数形式的相量表示，此时电路元件上的电阻、电抗（感抗和容抗合称为电抗）也应表示为复数形式，用复数形式表示的电阻和电抗，简称为复阻抗。

对单一电阻元件的正弦交流电路而言，对应的复阻抗可表示为 $Z = R$，由于 $R$ 是一个实数，所以在只有耗能元件的正弦交流电路中，复阻抗仅有实部而没有虚部；单一电感元件的正弦交流电路，对应的复阻抗 $Z = jX_L$，单一电容元件的正弦交流电路，对应的复阻抗 $Z = -jX_C$，这说明在仅有储能元件作用的正弦交流电路中，电路的复阻抗只有虚部而没有实部。显然在既有耗能元件又有储能元件的正弦交流电路中，复阻抗必定是既有实部又有虚部。

例如，$RL$ 串联电路的复阻抗表示为

$$Z = R + jX_L$$

$RC$ 串联电路的复阻抗表示为

$$Z = R - jX_C$$

$RLC$ 串联电路的复阻抗表示为

$$Z = R + j(X_L - X_C)$$

在单一参数的正弦交流电路中，电压、电流用相量表示，电阻、感抗、容抗用复阻抗表示，表达电压、电流关系的欧姆定理为

$$\dot{U}_R = R\dot{I}$$

$$\dot{U}_L = jX_L\dot{I}$$

$$\dot{U}_C = -jX_C\dot{I}$$

### 4.3.5 相量分析法

所谓相量分析法，就是对一个需要分析、计算的正弦交流电路，用它的相量模型来代替，即正弦交流电路中的所有电压、电流均用相量来表示，电路中的电阻、电抗均用对应的复阻抗形式表示。然后应用直流电路中介绍的各种电路分析方法对这个相量模型进行分析和计算，所不同的是，直流电路中的计算公式和电路定律都相应转换为对应的复数形式。

#### 1. *RLC* 串联电路的相量模型分析

$RLC$ 串联的正弦交流电路如图 4-17a 所示，对应的相量模型如图 4-17b 所示。对相量模型进行分析的步骤如下：

首先根据串联电路中各元件通过的电流相同这一特点，以电流为参考相量。由单一元件上电压、电流的关系式，转换成复数形式后可得

$$\dot{U}_R = \dot{I}R$$

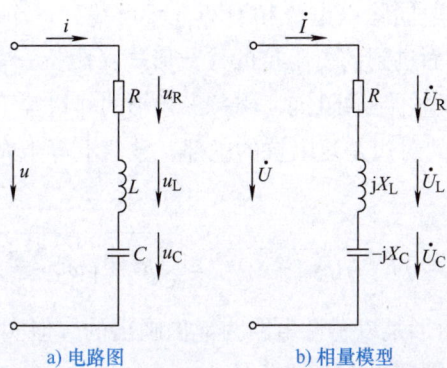

a) 电路图　　　　　b) 相量模型

图 4-17　$RLC$ 串联电路的电路图与相量模型

$$\dot{U}_{\text{L}} = jX_{\text{L}}\dot{I}$$

$$\dot{U}_{\text{C}} = - j X_{\text{C}}\dot{I}$$

电路的总电压相量

$$\dot{U} = \dot{U}_{\text{R}} + \dot{U}_{\text{L}} + \dot{U}_{\text{C}} = \dot{I}R + j \dot{I} X_{\text{L}} - j \dot{I} X_{\text{C}} = \dot{I}[R + j(X_{\text{L}} - X_{\text{C}})] = \dot{I}Z$$

式中的复阻抗

$$Z = R + j(X_{\text{L}} - X_{\text{C}}) = \sqrt{R^2 + (X_{\text{L}} - X_{\text{C}})^2} \Big/ \arctan \frac{X_{\text{L}} - X_{\text{C}}}{R} = |Z| \angle \varphi \qquad (4\text{-}30)$$

复阻抗的模 $|Z| = \sqrt{R^2 + (X_{\text{L}} - X_{\text{C}})^2}$ 等于 $RLC$ 串联电路对正弦交流电流呈现的电阻与电抗的总作用，称为正弦交流电路的阻抗；复阻抗的辐角在数值上等于 $RLC$ 串联电路的端电压与电流的相位差角。

$RLC$ 串联电路的相量图如图 4-18 所示。由图可看出，$\dot{U}$、$\dot{U}_{\text{R}}$ 和 $\dot{U}_{\text{X}}(\dot{U}_{\text{X}} = \dot{U}_{\text{L}} + \dot{U}_{\text{C}})$ 构成了一个电压三角形，这个三角形不但反映了各个电压相量之间的相位关系，同时各电压模值的大小又反映出了各电压相量之间的数量关系，因此，电压三角形是一个相量三角形。

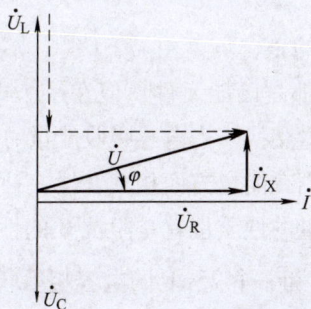

图 4-18　$RLC$ 串联电路的相量图

让电压三角形的各条边同除以电流相量 $\dot{I}$，就可得到一个阻抗三角形，如图 4-19 所示。阻抗三角形符合上面讲到的复阻抗的代数形式：阻抗三角形的斜边是复阻抗的模 $|Z|$，数值上等于 $RLC$ 串联电路的阻抗，阻抗三角形的邻边等于复阻抗的实部，即电路中的电阻 $R$，阻抗三角形的对边是复阻抗的虚部，数值上等于 $RLC$ 串联电路的电抗，三者之间的数量关系为

$$|Z| = \sqrt{R^2 + (X_L - X_C)^2} = \sqrt{R^2 + \left(\omega L - \frac{1}{\omega C}\right)^2} \tag{4-31}$$

图 4-19 所示阻抗三角形是以感性电路为前提画出的，但实际上随着 $\omega$、$L$、$C$ 取值的不同，$RLC$ 串联电路分别有以下三种情况：

当 $\omega L > \dfrac{1}{\omega C}$ 时，电路电抗 $X>0$，电路总电压超前电流一个 $\varphi$ 角，电路呈感性，阻抗三角形为正三角形，如图 4-19 所示。

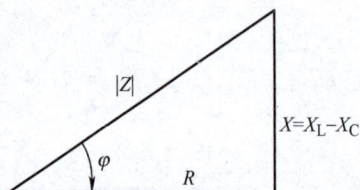

图 4-19　阻抗三角形

当 $\omega L < \dfrac{1}{\omega C}$ 时，电路电抗 $X<0$，电路总电压滞后电流一个 $\varphi$ 角，电路呈容性，阻抗三角形为倒三角形。

当 $\omega L = \dfrac{1}{\omega C}$ 时，电路电抗 $X=0$，电路总电压与电流同相，电路呈纯阻性，阻抗三角形的斜边等于邻边。在含有 $L$ 和 $C$ 的电路中，出现电压、电流同相位的现象是 $RLC$ 串联电路的一种特殊情况，称为串联谐振，有关详细内容将在 4.4 节拓展知识中进一步介绍。

由上述讨论可知，电抗 $X$ 的正、负是由 $\omega$、$L$、$C$ 来决定的，其中感抗和容抗的作用是相互抵消的。虽然 $L$ 和 $C$ 都是储能元件，但在一个电路中并不是同时吸收或释放能量的，它们相互之间进行能量交换。当电感吸收能量时，电容释放能量；而当电感释放能量时，电容吸收能量，它们在能量方面相互补偿，补偿后多余的能量再与外部电路进行能量交换，而多余部分能量的性质也就是阻抗 $Z$ 的性质。

【例 4-9】　电阻 $R=40\Omega$，和一个 $25\mu F$ 的电容相串联后接到 $u = 100\sqrt{2}\sin500t\text{V}$ 的电源上。试求电路中的电流 $\dot{I}$，并画出相量图。

**解：**

$$\dot{U} = 100 \underline{/0°} \text{ V} \quad Z = R - jX_C = \left(40 - j\frac{10^6}{500 \times 25}\right)\Omega \approx 89.4 \underline{/-63.4°} \Omega$$

$$\dot{I} = \frac{\dot{U}}{Z} = \frac{100 \underline{/0°}}{89.4 \underline{/-63.4°}}\text{A} \approx 1.12 \underline{/63.4°} \text{ A}$$

画出电压、电流相量示意图，如图 4-20 所示。

【**例 4-10**】 在电阻、电感和电容元件串联电路中，如图 4-21a 所示，已知 $R = 3\Omega$，$L = 12.74\text{mH}$，$C = 398\mu\text{F}$，电源电压 $U = 220\text{V}$，$f = 50\text{Hz}$，选定电源电压为参考正弦量。（1）求电路中的电

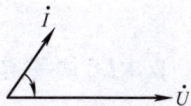

图 4-20 相量图

流相量 $\dot{I}$ 及电压相量 $\dot{U}_R$、$\dot{U}_L$、$\dot{U}_C$；（2）画出电流及各电压的相量图；（3）写出 $i$、$u_R$、$u_L$、$u_C$ 的解析式。

**解：**（1）

$$\omega = 2\pi f \approx 2 \times 3.14 \times 50\text{rad/s} = 314\text{rad/s}$$

$$X_L = \omega L = 314 \times 12.74 \times 10^{-3}\Omega \approx 4\Omega$$

$$X_C = \frac{1}{\omega C} = \frac{1}{314 \times 398 \times 10^{-6}}\Omega \approx 8\Omega$$

$$Z = R + j(X_L - X_C) = [3 + j(4-8)]\Omega = (3-j4)\Omega \approx 5 \underline{/-53.1°} \Omega$$

$$\dot{U} = U\underline{/0°} = 220\underline{/0°} \text{ V}$$

设备电压和电流的参考方向均一致，故有

$$\dot{I} = \frac{\dot{U}}{Z} = \frac{220\underline{/0°}}{5\underline{/-53.1°}}\text{A} = 44\underline{/53.1°} \text{ A}$$

$$\dot{U}_R = R\dot{I} = 3 \times 44\underline{/53.1°} \text{ V} = 132\underline{/53.1°} \text{ V}$$

$$\dot{U}_L = jX_L\dot{I} = j4 \times 44\underline{/53.1°} \text{ V} = 4\underline{/90°} \times 44\underline{/53.1°} \text{ V} = 176\underline{/143.1°} \text{ V}$$

$$\dot{U}_C = -jX_C\dot{I} = -j8 \times 44\underline{/53.1°} \text{ V} = 8\underline{/-90°} \times 44\underline{/53.1°} \text{ V} = 352\underline{/-36.9°} \text{ V}$$

（2）电压、电流的相量图如图 4-21b 所示。

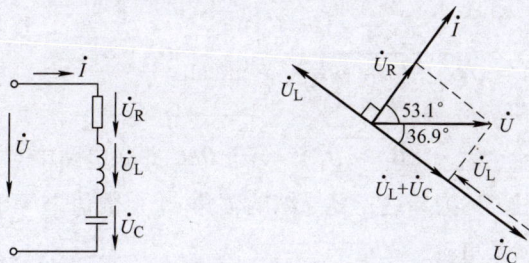

a) 例4-10电路      b) 相量图

图 4-21 例 4-10 电路和相量图

（3）根据电压、电流的相量式，写出对应的解析式为

$$i = 44\sqrt{2}\sin(314t + 53.1°)\,A$$
$$u_R = 132\sqrt{2}\sin(314t + 53.1°)\,V$$
$$u_L = 176\sqrt{2}\sin(314t + 143.1°)\,V$$
$$u_C = 352\sqrt{2}\sin(314t - 36.9°)\,V$$

**2. RLC 并联电路的相量模型分析**

RLC 并联的正弦交流电路如图 4-22a 所示，对应的相量模型如图 4-22b 所示。对相量模型进行分析的步骤如下：

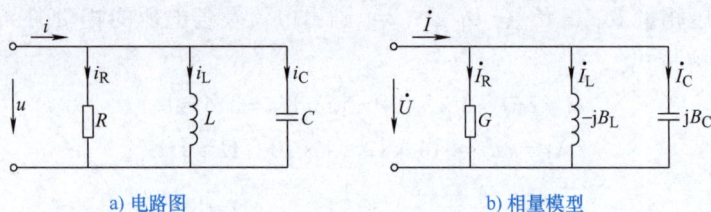

a) 电路图      b) 相量模型

图 4-22 RLC 并联电路的电路图与相量模型

首先根据并联电路中各元件上端电压相同这一特点，以电压相量为参考相量。再由单一元件上电压、电流的关系式，转换成复数形式后可得

$$\dot{I} = \dot{U}G \quad \dot{I}_L = -j\dot{U}B_L \quad \dot{I}_C = j\dot{U}B_C$$

式中，$G$ 为电导，$G = \dfrac{1}{R}$；$-jB_L$ 为复感纳，$-jB_L = \dfrac{1}{jX_L} = -j\dfrac{1}{\omega L}$；$jB_C$ 为复容纳，$jB_C = \dfrac{1}{-jX_C} = j\omega C$。

电路中的总电流相量

$$\dot{I} = \dot{I}_R + \dot{I}_L + \dot{I}_C = \dot{U}G + (-j\dot{U}B_L) + j\dot{U}B_C = \dot{U}[G + j(B_C - B_L)] = \dot{U}Y$$

式中的复导纳为

$$Y = G + j(B_C - B_L) = \sqrt{G^2 + (B_C - B_L)^2}\left/\arctan\dfrac{B_C - B_L}{G}\right. = |Y|\angle\varphi'$$

复导纳的模 $|Y| = \sqrt{G^2 + (B_C - B_L)^2}$ 等于 RLC 并联电路中对正弦交流电流所呈现的总电导与电纳的作用，称为导纳；复导纳的辐角 $\varphi'$ 在数值上等于 RLC 并联电路中总电流超前端电压的相位差角。

RLC 并联电路的相量图如图 4-23 所示。由图可看出，$\dot{I}$、$\dot{I}_R$ 和 $\dot{I}_X(\dot{I}_X = \dot{I}_L + \dot{I}_C)$ 构成了一个电流三角形，这个三角形不但反映了各电流相量之间的相位关系，同时各电流模值的大小也反映出了各电流相量之间的数量关系，因此，电流三角形也是一个相量三

角形。

让电流三角形的各条边同除以电压相量$\dot{U}$，就可得到一个导纳三角形，如图 4-24 所示。导纳三角形符合上面讲到的复导纳的代数形式：导纳三角形的斜边是复导纳的模 $|Y|$，数值上等于 $RLC$ 并联电路的导纳；导纳三角形的邻边等于复导纳的实部，即电路中的电导 $G$；导纳三角形的对边是复导纳的虚部，数值上等于 $RLC$ 并联电路的电纳。三者之间的数量关系为

$$|Y| = \sqrt{G^2 + (B_C - B_L)^2} = \sqrt{G^2 + \left(\omega C - \frac{1}{\omega L}\right)^2} \qquad (4\text{-}32)$$

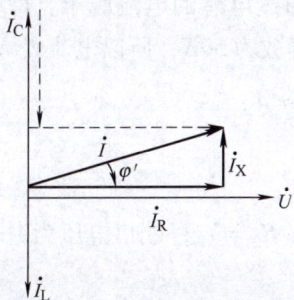

图 4-23　$RLC$ 并联电路的相量图　　　　　图 4-24　导纳三角形

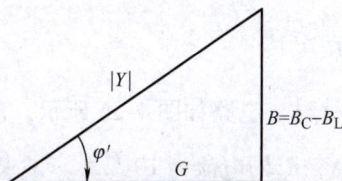

图 4-24 所示的导纳三角形是以容性电路为前提画出的，但实际上随着 $\omega$、$L$、$C$ 取值的不同，$RLC$ 并联电路也分别有以下三种情况：

当 $\omega C > \dfrac{1}{\omega L}$ 时，电路电纳 $B > 0$，电路总电流超前电压一个 $\varphi'$ 角，电路呈容性，导纳三角形为正三角形，如图 4-24 所示。

当 $\omega C < \dfrac{1}{\omega L}$ 时，电路电纳 $B < 0$，电路总电流滞后电压一个 $\varphi'$ 角，电路呈感性，导纳三角形为倒三角形。

当 $\omega C = \dfrac{1}{\omega L}$ 时，电路电纳 $B = 0$，电路总电流与端电压同相，电路呈纯电阻性，导纳三角形的斜边等于邻边。在含有 $L$ 和 $C$ 的电路中出现电压、电流同相位的现象是 $RLC$ 并联电路的一种特殊情况，称为并联谐振，有关详细内容将在 4.4 节拓展知识中进一步介绍。

由上述讨论可知，电纳 $B$ 的正、负是由 $\omega$、$L$、$C$ 来决定的，其中感纳为负，容纳为正，两者之间的作用是相互抵消的。

【例 4-11】　已知图 4-25 所示正弦电流电路中电流表的读数分别为 $A_1$ 显示 5A，$A_2$ 显示 20A，$A_3$ 显示 25A。（1）求电流表 A 的读数；（2）如果维持电流表 $A_1$ 的读数不变，而把电源的频率提高一倍，求电流表 A 的读数。

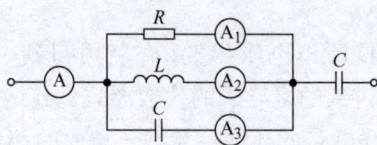

图 4-25    例 4-11 电路图

**解**：（1）电流表 A 的读数为电路中总电流，即

$$I = \sqrt{5^2 + (20 - 25)^2}\,\mathrm{A} \approx 7.07\mathrm{A}$$

（2）频率提高一倍时，感抗增大一倍而使得通过电感的电流减半，即 $A_2$ 读数为 10A；容抗则减半而使通过电容的电流加倍，即 $A_3$ 读数为 50A，所以电流表 A 的读数

$$I = \sqrt{5^2 + (10 - 50)^2}\,\mathrm{A} \approx 40.3\mathrm{A}$$

### 3. 应用电路

【**例 4-12**】    电路如图 4-26 所示，已知 $R_1 = 5\Omega$，$R_2 = X_L$，端口电压为 100V，$X_C$ 的电流为 10A，$R_2$ 的电流为 $10\sqrt{2}\,\mathrm{A}$。试求 $X_C$、$R_2$、$X_L$。

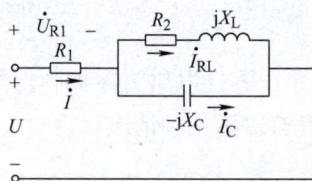

图 4-26    例 4-12 电路

**解**：设并联支路端电压为参考相量，则

$$\dot{I}_{RL} = 10\sqrt{2}\,\underline{/-45°}\,\mathrm{A}, \qquad \dot{I}_C = \mathrm{j}10\mathrm{A}$$

$$\dot{I} = \dot{I}_{RL} + \dot{I}_C = (10 - \mathrm{j}10 + \mathrm{j}10)\mathrm{A} = 10\,\underline{/0°}\,\mathrm{A}$$

$$\dot{U}_{R1} = \dot{I}R_1 = 10\,\underline{/0°} \times 5\mathrm{V} = 50\,\underline{/0°}\,\mathrm{V}$$

因为并联支路端电压初相位为零，所以总电压初相位也为零，即 $U_{并} = 100\mathrm{V} - 50\mathrm{V} = 50\mathrm{V}$，因此

$$X_C = \frac{50\mathrm{V}}{10\mathrm{A}} = 5\Omega, \qquad Z_{RL} = \frac{50\,\underline{/0°}}{14.14\,\underline{/-45°}}\,\Omega \approx 3.54\,\underline{/45°}\,\Omega = (2.5 + \mathrm{j}2.5)\Omega$$

即

$$R_2 = 2.5\Omega, \qquad X_L = 2.5\Omega$$

【**例 4-13**】    电路如图 4-27 所示，已知 $R_1 = 100\Omega$，$L_1 = 1\mathrm{H}$，$R_2 = 200\Omega$，$L_2 = 1\mathrm{H}$，

电流 $I_2 = 0A$，电压 $U_S = 100\sqrt{2}\,V$，$\omega = 100 rad/s$，求其他各支路电流。

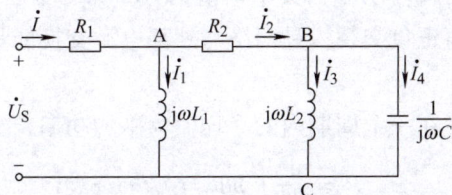

图 4-27　例 4-13 电路图

**解：** 电流 $I_2 = 0A$，说明电路中 A、B 两点等电位，电源电压激发的电流沿 $R_1$、$j\omega L_1$ 流动，即

$$\dot{I} = \frac{\dot{U}_S}{R_1 + j\omega L_1} \approx \frac{141.4 \underline{/0^\circ}}{100 + j100 \times 1}A = 1 \underline{/-45^\circ}\,A$$

$$\dot{I}_1 = \dot{I} = 1 \underline{/-45^\circ}\,A$$

$$\dot{U}_{BC} = \dot{U}_{AC} = \dot{I}_1 j\omega L_1 = 1 \underline{/-45^\circ} \times j100 \times 1V = 100 \underline{/45^\circ}\,V$$

$$\dot{I}_3 = \frac{\dot{U}_{BC}}{j\omega L_2} = \frac{100 \underline{/45^\circ}}{j100 \times 1}A = 1 \underline{/-45^\circ}\,A$$

$$\dot{I}_4 = -\dot{I}_3 = 1 \underline{/-45^\circ + 180^\circ}\,A = 1 \underline{/135^\circ}\,A$$

## 4.3.6　交流电路的功率及提高功率因数的方法

### 1. 正弦交流电路中的功率

对于一个无源二端网络，设端口电压和电流分别为

$$u = \sqrt{2}U\sin(\omega t + \varphi_u)$$

$$i = \sqrt{2}I\sin(\omega t + \varphi_i)$$

电路吸收的瞬时功率为

$$
\begin{aligned}
p = ui &= \sqrt{2}U\sin(\omega t + \varphi_u) \times \sqrt{2}I\sin(\omega t + \varphi_i)\\
&= UI\cos(\varphi_u - \varphi_i) - UI\cos(2\omega t + \varphi_u + \varphi_i)\\
&= UI\cos\varphi - UI\cos(2\omega t + 2\varphi_u - \varphi)\\
&= UI\cos\varphi - UI\cos\varphi\cos(2\omega t + 2\varphi_u) - UI\sin\varphi\sin(2\omega t + 2\varphi_u)\\
&= UI\cos\varphi\{1 - \cos[2(\omega t + \varphi_u)]\} - UI\sin\varphi\sin[2(\omega t + \varphi_u)]
\end{aligned}
$$

式中，$\varphi = \varphi_u - \varphi_i$ 为电压和电流之间的相位差，且 $\varphi \leqslant \dfrac{\pi}{2}$。

上式说明瞬时功率有两个分量，第一项与电阻元件的瞬时功率相似，始终大于或等于零，是网络吸收能量的瞬时功率，其平均值为 $UI\cos\varphi$。第二项与电感元件或电容元件的瞬时功率相似，其值正负交替，是网络与外部电源交换能量的瞬时功率，它的最大值为 $UI\sin\varphi$。

如前所述，瞬时功率在一个周期内的平均值为平均功率，又称有功功率，即

$$P = \frac{1}{T}\int_0^T p\mathrm{d}t = UI\cos\varphi \tag{4-33}$$

有功功率代表电路实际消耗的功率，它不仅与电压和电流有效值的乘积有关，并且与它们之间的相位差有关。

为了衡量电路交换能量的规模，工程中还引用无功功率的概念，用大写字母 $Q$ 表示，即

$$Q = UI\sin\varphi \tag{4-34}$$

无功功率反映了网络与外部电源进行能量交换的最大速率，"无功"意味着"交换而不消耗"，不能理解为"无用"。$Q$ 值是一个代数量，对于感性网络，电压超前电流，$\varphi$ 值为正，网络吸收或释放的无功功率为正值，称为感性无功功率；对于容性网络，电压滞后电流，$\varphi$ 值为负，网络无功功率为负值，称为容性无功功率。

许多电力设备的容量是由它们的额定电压和额定电流的乘积决定的，为此引用了视在功率的概念，用大写字母 $S$ 表示，在数值上，视在功率等于电压有效值与电流有效值的乘积，即

$$S = UI \tag{4-35}$$

上述分析表明，单相正弦交流电路中的有功功率 $P$、无功功率 $Q$ 和视在功率 $S$ 之间存在如下关系：

$$S = UI = \sqrt{P^2 + Q^2}, \quad \varphi = \arctan\frac{Q}{P} \tag{4-36}$$

$$P = UI\cos\varphi = S\cos\varphi, \quad Q = UI\sin\varphi = S\sin\varphi$$

由此可把这三种功率组成一个与阻抗三角形相似的直角三角形，称为功率三角形，如图4-28所示。

有功功率、无功功率和视在功率都具有功率的量纲，为了加以区别，有功功率的单位用 W（瓦特），无功功率的单位用 var（乏），视在功率的单位用 V·A（伏安）。

由功率三角形的讨论可看出，只有耗能元件电阻 $R$ 上才消耗有功功率，显然同相的电压和电流构成有功功率 $P$。储能元

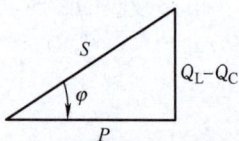

图4-28　功率三角形

件 $L$ 和 $C$ 上的电压和电流均为正交关系，而正交关系的电压和电流是不消耗有功功率的，它们只产生无功功率 $Q$，且 $Q = Q_L - Q_C$，电感元件上的无功功率取正，电容上的无功功率取负，显然，两者之间的无功功率是可以相互补偿的。

### 2. 复功率

虽然正弦电流电路的瞬时功率不能用相量法讨论，但是有功功率、无功功率和视在功率三者之间的关系可以通过"复功率"来表述。

若二端网络的端口电压相量为 $\dot{U}$，电流相量 $\dot{I}$ 的共轭复数为 $\dot{I}^*$，定义复功率 $\overline{S}$ 为

$$\overline{S} = \dot{U}\dot{I}^* = UI \underline{/\varphi_u - \varphi_i} = UI \underline{/\varphi} = UI\cos\varphi + jUI\sin\varphi = P + jQ \qquad (4\text{-}37)$$

复功率是一个辅助计算功率的复数，它的模是正弦交流电路中的视在功率。它的辐角等于正弦交流电路中总电压与电流之间的相位差角，复功率的实部是有功功率，虚部是无功功率，它将正弦稳态电路的三个功率和功率因数统一为一个公式。只要计算出电路中的电压相量和电流相量，各种功率就可以很方便地计算出来。复功率的单位仍用 V·A。

对于电阻元件，$\varphi = 0$，吸收的复功率为

$$\overline{S} = UI \underline{/0°} = UI = I_R^2 R = \frac{U_R^2}{R}$$

即电阻元件只吸收有功功率 $P$，无功功率 $Q$ 为零。

对于电感元件，$\varphi = \dfrac{\pi}{2}$，吸收的复功率为

$$\overline{S} = UI \underline{/90°} = jUI = j I^2 X_L$$

对于电容元件，$\varphi = -\dfrac{\pi}{2}$，吸收的复功率为

$$\overline{S} = UI \underline{/-90°} = -jUI = -j I^2 X_C$$

显然，电压、电流具有正交相位关系的储能元件上不吸收有功功率，只吸收无功功率 $Q$。

复功率还可以写成另一种形式，即

$$\overline{S} = \dot{U}\dot{I}^* = \dot{I}Z\dot{I}^* = I^2 Z$$

可以证明，整个电路中复功率守恒，而有功功率和无功功率也分别守恒，即总的有功功率等于各部分有功功率之和，总的无功功率等于各部分无功功率之和，但是正弦交流电路中的视在功率不守恒。

【例 4-14】 $RL$ 串联电路接到 220V 的直流电源时功率为 1.2kW，接在 220V、50Hz 的电源时功率为 0.6kW，试求它的 $R$、$L$ 值。

**解：** $RL$ 直流下相当于纯电阻，所以 $R = 220^2 \div 1200\,\Omega \approx 40.3\,\Omega$。工频下有

$$I = \sqrt{\frac{P}{R}} = \sqrt{\frac{600}{40.3}}\,\text{A} \approx 3.86\text{A}, \quad U_L = \sqrt{220^2 - (3.86 \times 40.3)^2}\,\text{V} \approx 156\text{V}$$

$$L = \frac{U_L}{I\omega} = \frac{156}{3.86 \times 314}\,\text{H} \approx 0.129\text{mH}$$

【例4-15】 已知一无源端口 $\dot{U} = 48\angle 70° \text{ V}$，$\dot{I} = 8\angle 100° \text{ A}$，试求复阻抗、阻抗角、复功率、视在功率、有功功率、无功功率和功率因数。

解：$Z = 48\angle 70° \div 8\angle 100° \ \Omega = \dfrac{48}{8}\angle 70° - 100° \ \Omega = 6\angle -30° \ \Omega$

复功率 $\overline{S} = 48 \times 8\angle 70° - 100° \text{ V·A} = 384\angle -30° \text{ V·A} \approx (333 - j192)\text{V·A}$

$S = 384\text{V·A}$；$\varphi = -30°$（电路呈容性）；$P = 333\text{W}$；$Q = 192\text{var}$；$\cos\varphi = \cos(-30°) \approx 0.866$

### 3. 提高功率因数的意义和方法

（1）功率因数的定义　功率因数定义为有功功率与视在功率的比值，用 $\lambda$ 表示，即

$$\lambda = \cos\varphi = \frac{P}{S} \tag{4-38}$$

（2）提高功率因数的意义

1）减少电能在输电线路中的损耗，提高输电效率。电能在传输中的损耗取决于输电线路中电流的大小，输电线路上的电流 $I = \dfrac{P}{U\cos\varphi}$。线路的损耗为 $P = I^2 R$，当负载的有功功率 $P$ 和电源电压 $U$ 一定时，$\cos\varphi$ 越小，则线路中的电流越大，消耗在输电线路上的损耗也越大，因此提高功率因数，就能减少线路的损耗。

2）可充分利用电源设备的功率容量。电源设备的功率容量（例如发电机、变压器）是按照其额定电压和额定电流设计的，其中一部分作为有功功率提供给用电设备消耗，另一部分作为无功功率与用电设备中的储能元件进行能量交换。

例如，一台容量 200000kV·A 的发电机，若电路的功率因数 $\cos\varphi = 1$，则发电机输出 200000kW 的有功功率。当电路的功率因数 $\cos\varphi = 0.85$ 时，有 $P = UI \times 0.85 = 170000\text{kW}$，有功功率就减少了 30000kW，电源的潜力没有得到充分发挥。可见提高功率因数，就可以提高电源设备的利用率。

（3）提高功率因数的方法　提高功率因数最简便的方法是在感性负载两端并联电容。下面介绍并联电容补偿容性无功功率的原理和方法。

图 4-29a 所示电路是由感性负载 $R$、$L$ 串联组成的电路。设负载两端电压相量为 $\dot{U}$，开关 S 打开时，电路为一串联电路，总电流为 $I_1$，此时电压与电流的相量图如图 4-29b 所示，电路的有功功率和无功功率分别为

$$P = UI_1\cos\varphi_1 \tag{4-39}$$

$$Q_1 = P\tan\varphi_1 \tag{4-40}$$

开关 S 合上后，电容并入电路，由于电源电压与感性负载支路的参数没有改变，所

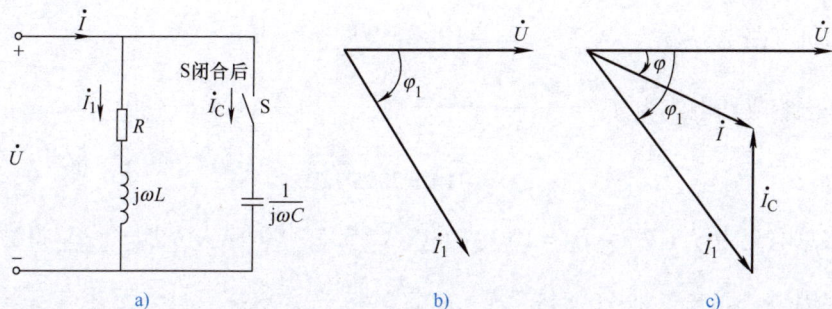

图 4-29　提高功率因数电路

以感性负载支路上的电流 $I_1$ 与电路的有功功率 $P$ 均未改变，而电路的总电流发生了变化。总电流与各支路电流的相量关系为

$$\dot{I} = \dot{I}_1 + \dot{I}_C$$

其相量图如图 4-29c 所示，由相量图可知 $\varphi_1 > \varphi$，即功率因数 $\cos\varphi_1 < \cos\varphi$，说明并联电容后功率因数提高了，同时输电线路的总电流减少了。并联电容后，电路的有功功率与无功功率分别为

$$P = UI\cos\varphi \tag{4-41}$$
$$Q_2 = P\tan\varphi \tag{4-42}$$

由于 $\tan\varphi_1 > \tan\varphi$，故 $Q_1 > Q_2$，说明并联电容后，电源发出的无功功率减少了，减少的部分由并联的电容补偿，故有

$$Q_C = Q_1 - Q_2 = P\tan\varphi_1 - P\tan\varphi \tag{4-43}$$

对于电容支路，又有

$$Q_C = \frac{U^2}{X_C} = \omega C\, U^2$$

联立以上各式求解得到并联电容的容量为

$$C = \frac{P}{\omega U^2}(\tan\varphi_1 - \tan\varphi) \tag{4-44}$$

【例 4-16】　一台功率为 1.1kW 的感应电动机，接在 220V、50Hz 的电路中，电动机需要的电流为 10A。（1）求电动机的功率因数；（2）若在电动机两端并联一个 79.5μF 的电容，电路的功率因数为多少？

**解：**（1）$\cos\varphi = \dfrac{P}{UI} = \dfrac{1.1 \times 1000}{220 \times 10} = 0.5$，　$\varphi_1 = 60°$

（2）设未并联电容前电路中的电流为 $I_1$，并联电容后，电动机中的电流不变，仍为 $I_1$，但电路中的总电流发生了变化，由 $I_1$ 变成 $I$，电流相量关系为

$$\dot{I} = \dot{I}_1 + \dot{I}_C$$

设总电压相量为 　　　　　　　$\dot{U} = 220\ \underline{/\,0°}\ \text{V}$

电动机支路电流为 $\dot{I}_1 = 10 \angle -60°$ A

并联电容支路电流为 $\dot{I}_C = \dfrac{\dot{U}}{-jX_C} = \dfrac{220\angle 0°}{\dfrac{1\angle -90°}{314 \times 79.5 \times 10^{-6}}}$ A $\approx 5.5 \angle 90°$ A

电路总电流为 $\dot{I} = \dot{I}_1 + \dot{I}_C = 10\angle -60°$ A $+ 5.5\angle 90°$ A $\approx 5.91 \angle -32.3°$ A

功率因数 $\cos(32.3°) \approx 0.845$ 或 $\cos\varphi = \dfrac{P}{IU} = \dfrac{1.1 \times 10^3}{5.91 \times 220} \approx 0.845$

**【例4-17】** 一个感性负载接到220V、50Hz的电源上，吸收功率为10kW，功率因数为0.6。若要使电路功率因数提高到0.9，求在负载两端并联的电容值。

**解：** 以电压为参考相量，将并联电容前的电流 $I_1$ 分解成 $X$ 方向和 $Y$ 方向，即 $I_1\cos\varphi_1$ 和 $I_1\sin\varphi_1$，并联后的电流 $I$ 分解成 $I\cos\varphi$ 和 $I\sin\varphi$，并联电容支路电流超前电压 $90°$。所需的电容电流为

$$I_C = I_1\sin\varphi_1 - I\sin\varphi$$

电流 $I$ 和 $I_1$ 在 $X$ 轴分量相等

$$I_1\cos\varphi_1 = I\cos\varphi$$

即

$$P = UI_1\cos\varphi_1 = UI\cos\varphi$$

所以

$$I_C = \omega CU = \frac{P}{U\cos\varphi_1}\sin\varphi_1 - \frac{P}{U\cos\varphi}\sin\varphi = \frac{P}{U}(\tan\varphi_1 - \tan\varphi)$$

得

$$C = \frac{P}{\omega U^2}(\tan\varphi_1 - \tan\varphi)$$

$$\cos\varphi_1 = 0.6, \quad \varphi_1 \approx 53.1° \quad \cos\varphi = 0.9, \quad \varphi \approx 25.8°$$

$$C = \frac{10000}{314 \times 220^2}(\tan 53.1° - \tan 25.8°)\text{F} \approx 558\mu\text{F}$$

### 4.3.7 DS1000D 系列示波器的使用

#### 1. 面板介绍

DS1000D 系列示波器面板如图4-30所示。

（1）**按钮说明** 垂直系统 [CH1、CH2、MATH、REF、LA（仅 DS1000D 系列）、OFF、SCALE]、水平系统（MENU、SCALE）、触发系统（LEVEL、MENU、50%、FORCE）、采样系统（Acquire）、显示系统（Display）、存储和调出（Storage）、辅助系统（Utility）、自动测量（Measure）、光标测量（Cursor）、执行按键（AUTO、RUN/STOP）。

（2）**显示界面说明** 显示界面如图4-31所示。

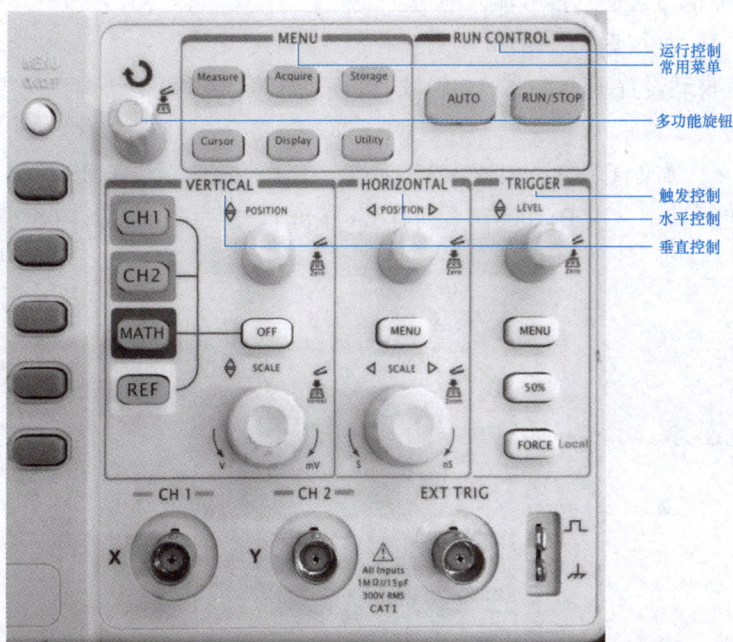

图 4-30　DS1000D 系列示波器面板图

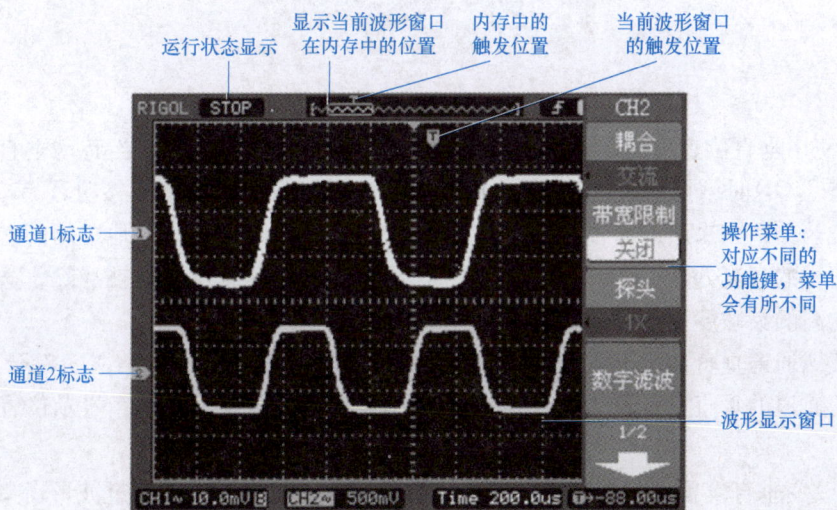

图 4-31　显示界面图（模拟通电）

（3）波形显示的自动设置　DS1000E、DS1000D 系列数字示波器具有自动设置的功能，根据输入的信号，可自动调整电压倍率、时基以及触发方式，使波形显示达到最佳状态。应用自动设置时要求被测信号的频率大于或等于 50Hz，占空比大于 1%。

波形显示的自动设置：

1）将被测信号连接到信号输入通道。

2）按下 AUTO 按键。

示波器将自动设置垂直、水平和触发控制。如有需要，可手动调整这些控制使波形显示达到最佳。

（4）初步了解垂直系统　如图 4-32 所示，在垂直控制区（VERTICAL）有一系列的按键、旋钮（其中，仅 DS1000D 系列有 LA 按键）。通过下面的练习逐步熟悉垂直系统的使用。

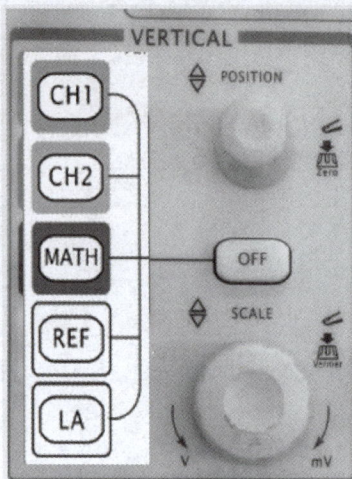

图 4-32　垂直系统

1）使用垂直位置旋钮⊕POSITION 控制信号的垂直显示位置。当转动垂直位置旋钮⊕POSITION 时，指示通道地（GROUND）的标志跟随波形而上下移动。

测量技巧：如果通道耦合方式为 DC，可以通过观察波形与信号地之间的差距来快速测量信号的直流分量；如果耦合方式为 AC，信号里面的直流分量被滤除，这种方式方便用更高的灵敏度显示信号的交流分量。

双模拟通道垂直显示位置恢复到零点快捷键：旋动垂直位置旋钮⊕POSITION 不但可以改变通道的垂直显示位置，还可以通过按下该旋钮设置通道垂直显示位置恢复到零点。

2）改变垂直设置，并观察由此导致的状态信息的变化（可以通过波形窗口下方的状态栏显示的信息，确定任何垂直档位的变化）。转动垂直量程旋钮⊕SCALE 改变"Volt/div（伏/格）"垂直档位，可以发现状态栏对应通道的档位显示发生了相应的变化。按下 CH1、CH2、MATH、REF、LA（仅 DS1000D 系列）等按键，屏幕显示对应通道的操作菜单、标志、波形和档位状态信息。按下 OFF 按键可关闭当前选择的通道。

Coarse/Fine（粗调/微调）快捷键：可通过按下垂直量程旋钮⊕SCALE 设置输入通道的粗调/微调状态，调节该旋钮可粗调/微调垂直档位。

（5）**初步了解水平系统** 如图 4-33 所示，在水平控制区（HORIZONTAL）有一个按键、两个旋钮。通过下面的练习逐步熟悉水平系统的设置。

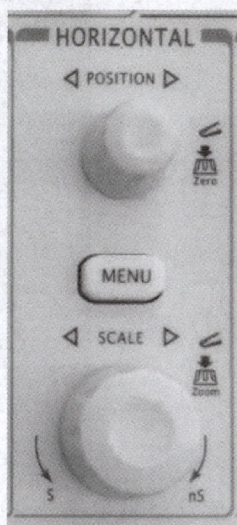

图 4-33　水平系统

1）使用水平量程旋钮⊗**SCALE**改变水平档位设置，并观察由此导致的状态信息变化。转动水平量程旋钮⊗**SCALE**改变"s/div（秒/格）"水平档位，可以发现状态栏对应通道的档位显示发生了相应的变化。水平扫描速度为 2ns ~ 50s，以 1 – 2 – 5 的形式步进。

Delayed（延迟扫描）快捷键：水平量程旋钮⊗**SCALE**不但可以通过转动调整"s/div（秒/格）"，还可以按下此旋钮切换到延迟扫描状态。

2）使用水平位置旋钮⊗**POSITION**调整信号在波形窗口的水平位置。当转动水平位置旋钮⊗**POSITION**调节触发位移时，可以观察到波形随旋钮转动而水平移动。

触发点位移恢复到水平零点快捷键：水平位置旋钮⊗**POSITION**不但可以通过转动调整信号在波形窗口的水平位置，还可以按下该键使触发位移（或延迟扫描位移）恢复到水平零点处。

3）按 MENU 按键，显示 TIME 菜单。在此菜单下，可以开启/关闭延迟扫描或切换 Y – T、X – Y 和 ROLL 模式，还可以将水平触发位移复位。

（6）**初步了解触发系统** 如图 4-34a 所示，触发控制区（TRIGGER）有一个旋钮、三个按键。通过下面的练习逐步熟悉触发系统的设置。

1）使用触发电平旋钮⊗**LEVEL**改变触发电平设置。转动触发电平旋钮⊗**LEVEL**，可以发现屏幕上出现一条橘红色的触发线以及触发标志，随旋钮转动而上下移动。停止转动该旋钮，此触发线和触发标志会在约 5s 后消失。在移动触发线的同时，可以观察到屏幕上触发电平的数值发生了变化。

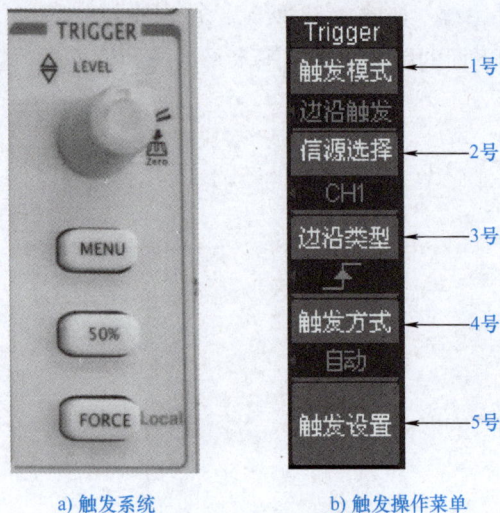

a) 触发系统　　　　　b) 触发操作菜单

图4-34　触发系统及触发操作菜单

触发电平恢复到零点快捷键：旋动触发电平旋钮 ⊕LEVEL不但可以改变触发电平值，还可以通过按下该旋钮设置触发电平恢复到零点。

2）使用 MENU 调出触发操作菜单如图4-34b 所示，改变触发的设置，观察由此造成的状态变化：

① 按1号菜单操作按键，选择"边沿触发"。

② 按2号菜单操作按键，选择"信源选择"为 CH1。

③ 按3号菜单操作按键，设置"边沿类型"为 ⬈ 。

④ 按4号菜单操作按键，设置"触发方式"为自动。

⑤ 按5号菜单操作按键，进入"触发设置"二级菜单，对触发的耦合方式、触发灵敏度和触发释抑时间进行设置。

**注意**：改变前三项的设置会导致屏幕右上角状态栏的变化。

3）按50%按键，设定触发电平在触发信号幅值的垂直中点。

4）按 FORCE 按键：强制产生一个触发信号，主要应用于触发方式中的"普通"和"单次"模式。

【例4-18】 测量简单信号：观测电路中的一个未知信号，迅速显示和测量信号的频率和峰峰值。

**解**：（1）欲迅速显示该信号，请按如下步骤操作：

1）将探头菜单衰减系数设定为 $10 \times$，并将探头上的开关设定为 $10 \times$。

2）将通道1的探头连接到电路被测点。

3）按下 AUTO（自动设置）按键。

示波器将自动设置使波形显示达到最佳状态。在此基础上，可以进一步调节垂直、水平档位，直至波形的显示符合要求为止。

（2）进行自动测量 示波器可对大多数显示信号进行自动测量。欲测量信号频率和峰峰值，请按如下步骤操作：

1）测量峰峰值。按下 Measure 按键以显示自动测量菜单，如图 4-35 所示。按下 1号菜单操作键以选择信源 CH1。按下 2 号菜单操作键选择测量类型：电压测量。在电压测量弹出菜单中选择测量参数：峰峰值。此时，可以在屏幕左下角发现峰峰值的显示。

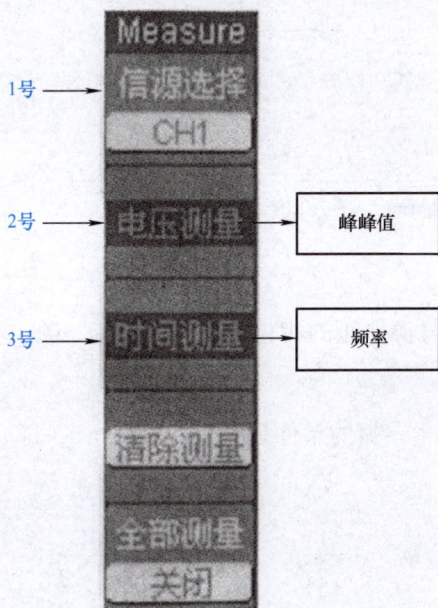

图 4-35　自动测量菜单

2）测量频率。按下 3 号菜单操作键选择测量类型：时间测量。在时间测量弹出菜单中选择测量参数：频率。此时，可以在屏幕下方发现频率的显示。注意：测量结果在屏幕上的显示会因为被测信号的变化而改变。

## 4.4　拓展知识

### 4.4.1　串联谐振

#### 1. RLC 串联电路的基本关系

在图 4-36 所示 RLC 串联电路中，当角频率为 $\omega$ 的信号源正弦电压 $\dot{U}_\text{S} = U \angle 0°$ 时，电路的复阻抗为

$$Z = R + \text{j}(X_\text{L} - X_\text{C}) = R + \text{j}X = |Z| \underline{/\varphi} \tag{4-45}$$

式中，$X = X_\text{L} - X_\text{C} = \omega L - \dfrac{1}{\omega C}$；$|Z| = \sqrt{R^2 + X^2}$；$\varphi = \arctan \dfrac{X}{R}$。

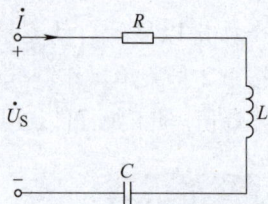

图 4-36　RLC 串联谐振电路

回路中的电流为

$$\dot{I} = \frac{\dot{U}_\text{S}}{Z} = \frac{U_\text{S} \underline{/0°}}{|Z| \underline{/\varphi}} = \frac{U_\text{S}}{|Z|} \underline{/-\varphi} = I \underline{/-\varphi} \tag{4-46}$$

**2. 串联谐振的条件**

当回路中的电流与信号源电压的相位相同时，有 $\varphi = 0$，这时复阻抗中的电抗 $X = 0$，称此时电路发生了串联谐振。

一个 RLC 串联电路发生谐振的条件是 $X = X_\text{L} - X_\text{C} = 0$，即 $\omega_0 L = \dfrac{1}{\omega_0 C}$。

由串联谐振的条件可得

$$\omega_0 = \frac{1}{\sqrt{LC}} \quad 或 \quad f_0 = \frac{1}{2\pi \sqrt{LC}} \tag{4-47}$$

式中，$f_0$ 为 RLC 串联电路的固有谐振频率，它只与电路的参数有关，与信号源无关。

由式(4-47) 得到使电路发生谐振的方法：

1）调整信号源的频率，使之等于电路的固有频率。

2）信号源的频率不变时，可以改变电路中 $L$ 或 $C$ 的大小，使电路的固有谐振频率等于信号源的频率。

**3. 串联谐振电路的基本特性**

1）串联谐振时，电路的复阻抗最小，且呈电阻特性。由上面的分析可知，串联谐振时，电抗 $X = 0$，$|Z| = \sqrt{R^2 + X^2} = R$，电路呈纯电阻性，且阻抗最小。

当 $f < f_0$ 时，$\omega L < \dfrac{1}{\omega C}$，电路呈电容特性。

当 $f > f_0$ 时，$\omega L > \dfrac{1}{\omega C}$，电路呈电感特性。

2）串联谐振时，回路中的电流最大，且与外加电压相位相同。因为谐振时，复阻抗的模最小，在输入不变的情况下，电路中的电流最大；又因为谐振时的复阻抗为纯电阻，所以电路中的电流与电压同相。

3）串联谐振时，电感的感抗等于电容的容抗，且等于电路的特性阻抗，即

$$\begin{cases} \omega_0 L = \dfrac{1}{\omega_0 C} = \rho \\ \rho = \sqrt{\dfrac{L}{C}} \end{cases}$$
（4-48）

特性阻抗是衡量电路特性的一个重要参数。

4）串联谐振时，电感两端的电压和电容两端的电压大小相等、相位相反，其数值为输入电压的 $Q$ 倍。

谐振时，电感和电容两端的电压相等，即

$$U_{C0} = U_{L0} = I_0 X_L = \frac{U_S}{R} X_L = \frac{\omega_0 L}{R} U_S = \frac{\rho}{R} U_S = Q U_S \quad （其中 Q = \frac{\rho}{R}） \quad (4-49)$$

式中，$Q$ 为串联谐振回路的品质因数，是谐振电路的一个重要参数，$Q = \dfrac{\omega_0 L}{R}$。

$Q$ 值的大小可达几十甚至几百，一般为 50～200。电路在谐振状态下时，感抗或容抗比电阻要大得多，电抗元件上的电压通常是外加电压的几十倍甚至几百倍，因此，串联谐振也称为电压谐振。

【例4-19】 已知 $RLC$ 串联电路中的 $L = 0.1\mathrm{mH}$，$C = 1000\mathrm{pF}$，$R = 10\Omega$，电源电压 $U_S = 0.1\mathrm{mV}$，若电路发生谐振，求电路的 $f_0$、$\rho$、$Q$、$U_{C0}$ 和 $I_0$。

**解：** $f_0 = \dfrac{1}{2\pi \sqrt{LC}} = \dfrac{1}{2\pi \sqrt{0.1 \times 10^{-3} \times 1000 \times 10^{-12}}}\mathrm{Hz} = \dfrac{1}{2\pi \sqrt{10^{-13}}}\mathrm{Hz} \approx 500\mathrm{kHz}$

$\rho = \sqrt{\dfrac{L}{C}} = \sqrt{\dfrac{0.1 \times 10^{-3}}{1000 \times 10^{-12}}}\Omega \approx 316\Omega$

$Q = \dfrac{\rho}{R} = \dfrac{316}{10} = 31.6$

$U_{C0} = Q U_S = 31.6 \times 0.1\mathrm{mV} = 3.16\mathrm{mV}$

$I_0 = \dfrac{U_S}{R} = \dfrac{0.1 \times 10^{-3}\mathrm{V}}{10\Omega} = 10\mu\mathrm{A}$

**4. 串联谐振电路的频率特性**

当一个 $RLC$ 串联电路外加信号源的电压幅度不变而频率发生变化时，串联电路的电抗值将随信号源的频率发生变化，从而导致电路中的电流以及各元件的电压均发生变化，这种电路参数随信号源频率变化的关系，称为频率特性。

（1）回路阻抗与频率之间的特性曲线 图 4-37 中给出了阻抗随频率变化的关系曲线。根据感抗和容抗与频率的关系可知，感抗与频率成正比，可用一条直线来表示；容

抗与频率成反比且为负值，因此用一条负的反比曲线来表示；电阻不随频率变化，所以用一条虚直线表示。

在描述回路阻抗与频率的关系时，通常用阻抗的模表示，阻抗的模随频率变化的关系为

$$|Z| = \sqrt{R^2 + \left(\omega L - \frac{1}{\omega C}\right)^2}$$

由图 4-37 可以看出，当 $\omega = \omega_0$ 时，$|Z| = R$，此时阻抗最小且为纯电阻，随着 $\omega$ 偏离 $\omega_0$ 越远，根号内第二项 $\left(\omega L - \frac{1}{\omega C}\right)^2$ 越来越大，形成图中抛物线所示的阻抗频率特性曲线。

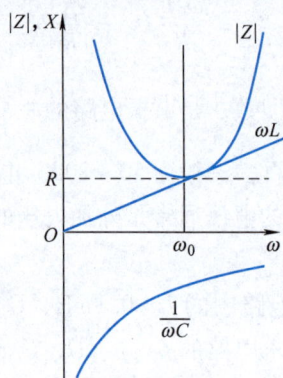

图 4-37　阻抗频率特性曲线

（2）回路电流与频率的关系曲线　由式（4-46）可知，串联谐振回路中电流的大小为

$$I = \frac{U_S}{|Z|} = \frac{U_S}{\sqrt{R^2 + \left(\omega L - \frac{1}{\omega C}\right)^2}} = \frac{U_S}{R\sqrt{1 + \left[\frac{\omega_0 L}{R}\left(\frac{\omega}{\omega_0} - \frac{\omega_0}{\omega}\right)\right]^2}}$$

当 $\omega = \omega_0$ 时，电路发生谐振，电路中的电流最大，$I = I_0 = \dfrac{U_S}{R}$。为了便于比较不同参数的 $RLC$ 串联电路的特性，通常用 $\dfrac{I}{I_0}$ 表示电流的频率特性，则

$$\frac{I}{I_0} = \frac{1}{\sqrt{1 + Q^2\left(\frac{\omega}{\omega_0} - \frac{\omega_0}{\omega}\right)^2}} = \frac{1}{\sqrt{1 + Q^2\left(\frac{f}{f_0} - \frac{f_0}{f}\right)^2}} \tag{4-50}$$

式（4-50）表示的谐振特性曲线（对称 $I - \omega$ 曲线）如图 4-38 所示。从谐振特性曲线可以看出，$I - \omega$ 曲线是将 $|Z| - \omega$ 曲线倒过来，最大值出现在 $\omega_0$ 处。$\omega$ 偏离 $\omega_0$ 越

远，$|Z|$ 越大，$I$ 也就越小。若电路中的 $Q$ 值不同，在偏离谐振频率相同数值时，电流的大小也不同。$Q$ 值越大，曲线越尖锐，衰减得越快。所以 $Q$ 值大时，电路对非谐振频率下的电流具有较强的抑制能力。

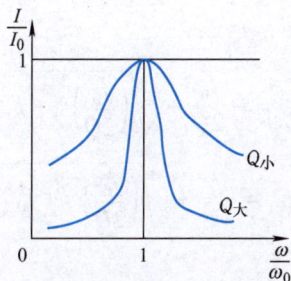

图 4-38　谐振特性曲线

（3）回路电流相位与频率的关系曲线　输入电压的初相位为 0 时，回路电流的初相位值等于阻抗相位的负值，即

$$\varphi_i = -\tan^{-1}\frac{\omega L - \dfrac{1}{\omega C}}{R} = -\tan^{-1}\frac{1}{R}\omega_0 L\left(\frac{\omega}{\omega_0} - \frac{\omega_0}{\omega}\right) = -\tan^{-1}Q\left(\frac{\omega}{\omega_0} - \frac{\omega_0}{\omega}\right) \quad (4\text{-}51)$$

回路电流的相频特性曲线如图 4-39 所示。

（4）通频带　在无线电技术中，要求电路具有较好的选择性，这常常就要求采用较高 $Q$ 值的谐振电路。但是实际的信号都具有一定的频率范围，如电话线路中传输的声音信号，频率范围一般为 3.4kHz，音乐的频率是 30Hz ~ 15kHz，这说明实际的信号都占有一定的频带宽度。为了不失真地传输信号，保证信号中的各个频率分量都能顺利地通过电路，通常规定当电流衰减到最大值的 $\dfrac{1}{\sqrt{2}}$ 时，$\dfrac{I}{I_0} \geqslant \dfrac{1}{\sqrt{2}}$ 所对应的频率范围称为谐振电路的通频带 $B$，如图 4-40 所示，$B = f_2 - f_1$，其中，$f_2$、$f_1$ 分别称为通频带的上、下边界频率。

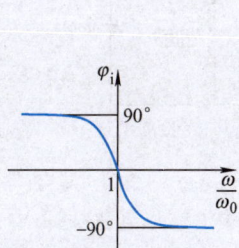

图 4-39　回路电流的相频特性曲线

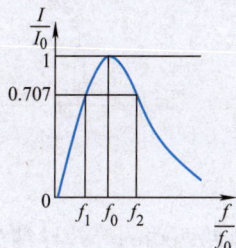

图 4-40　串联谐振电路的通频带

通频带与品质因数 $Q$ 的关系可以通过式（4-50）求得

$$\frac{I}{I_0} = \frac{1}{\sqrt{1 + Q^2 \left( \frac{f}{f_0} - \frac{f_0}{f} \right)^2}} = \frac{1}{\sqrt{2}}$$

由上式解得（去掉无意义的负频率）

$$f_1 = -\frac{f_0}{2Q} + \sqrt{\left( \frac{f_0}{2Q} \right)^2 + f_0{}^2}$$

$$f_2 = \frac{f_0}{2Q} + \sqrt{\left( \frac{f_0}{2Q} \right)^2 + f_0{}^2}$$

则通频带的宽度为

$$B = f_2 - f_1 = \frac{f_0}{Q}$$

由以上分析可知，Q 值越高，谐振曲线越尖锐，电路的选择性越好，但电路的通频带也就越窄；反之，$Q$ 值越低，谐振曲线越平滑，选择性越差，但电路的通频带越宽。因此电路的选择性和通频带之间存在着矛盾，要减小信号的失真，要求在通频带范围内的谐振曲线平滑，电路的 $Q$ 值就要低一些；从抑制干扰信号的观点出发，又要求电路的谐振曲线尖锐一些，而希望电路的 $Q$ 值尽量高。在实际应用中，要根据具体情况选择适当的 $Q$ 值。

## 4.4.2　并联谐振

一个电感和一个电容首尾相连形成一个闭环，就构成了一个最简单的并联谐振电路。由于电感内的电阻通常不能忽略，所以电感支路由纯电感和电阻串联组成，而电容的损耗（漏电流）极小，其电阻可以忽略不计，近似认为是纯电容，如图 4-41a 所示。

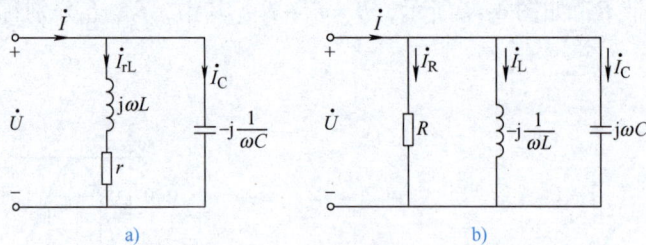

图 4-41　并联谐振电路

电路两端的等效导纳为

$$Y = \frac{1}{r + j\omega L} + j\omega C = \frac{r}{r^2 + (\omega L)^2} + j\left[ \omega C - \frac{\omega L}{r^2 + (\omega L)^2} \right] = G + jB \qquad (4\text{-}52)$$

### 1. 并联谐振电路的谐振条件

当并联电路输入电流的频率恰好使电纳 $B=0$ 时，导纳 $Y=G$，电路中的响应电压与输入电流同相，称此时电路的状态为并联谐振状态。

在实际的电路中，线圈中的电阻都是很小的，一般都满足 $r \ll \omega_0 L$ 的条件。因此根据并联谐振电路产生谐振的条件，令电路中的电纳 $B=0$，可得

$$\omega_0 C - \frac{\omega_0 L}{r^2 + (\omega_0 L)^2} \approx \omega_0 C - \frac{1}{\omega_0 L} = 0$$

$$\omega_0 = \frac{1}{\sqrt{LC}} \quad \text{或} \quad f_0 = \frac{1}{2\pi\sqrt{LC}} \tag{4-53}$$

此结果表明，同样大小的 $L$、$C$ 组成的串联、并联谐振电路，它们的谐振频率是近似相等的。一般可以利用式（4-53）计算并联谐振频率。

图 4-41b 所示电路为理想元件组成的并联谐振电路，图 4-41a 和图 4-41b 中两个电阻之间的关系为

$$R = \frac{r^2 + (\omega_0 L)^2}{r} \approx \frac{(\omega_0 L)^2}{r} = \frac{\frac{1}{LC} L^2}{r} = \frac{L}{rC} \tag{4-54}$$

或

$$r = \frac{L}{RC} \tag{4-55}$$

电路的空载品质因数为

$$Q = \frac{\omega_0 L}{r} = \frac{1}{r\omega_0 C} = \frac{R}{\omega_0 L} = R\sqrt{\frac{C}{L}} \tag{4-56}$$

### 2. 并联谐振电路的基本特性

并联谐振电路的基本特性如下：

1）电路发生并联谐振时，导纳最小（阻抗最大），且呈电阻特性。

在并联谐振时，由于 $B=0$，所以 $Y=G$ 最小，电路呈电阻性。电路的阻抗 $Z = \frac{1}{Y} = \frac{1}{G}$ 最大，由式（4-52）可得电路的谐振阻抗为

$$Z = \frac{r^2 + (\omega_0 L)^2}{r} \approx \frac{(\omega_0 L)^2}{r} = Q\omega_0 L = \frac{L}{rC} = Q^2 r = R \tag{4-57}$$

当 $f < f_0$ 时，$\omega L < \frac{1}{\omega C}$，电路呈电感特性。

当 $f > f_0$ 时，$\omega L > \frac{1}{\omega C}$，电路呈电容特性。

2）电流源供电的电路发生并联谐振时，电路两端的电压最大，端电压与外加电流

同相。

电路处于谐振状态时，电路的 $Y = G$，导纳的模最小，所以 $\dot{U} = \dfrac{\dot{I}}{Y} = \dfrac{\dot{I}}{G}$ 最大；又因谐振状态时 $B = 0$，$Y$ 为纯电阻特性，所以端电压与外加电流同相。

3）并联谐振时，电感支路的电流与电容支路的电流大小相等、相位相反，且为输入电流的 $Q$ 倍。

由图 4-41b 可得，并联谐振时各电抗支路上的电流为

$$\dot{I}_C = j B_C \dot{U} = j \omega_0 C \dot{U} = j \omega_0 C \dot{I} R = jQ\dot{I}$$

同理

$$\dot{I}_L = -j B_L \dot{U} = \frac{\dot{U}}{j \omega_0 L} = -j \frac{R}{\omega_0} \dot{I} = -jQ\dot{I}$$

由此可得，当电路参数和输入电流不变时，$\dot{I}_C$ 和 $\dot{I}_L$ 大小相等、相位相反，外加电流全部流过电阻 $R$。

如果利用电压源向并联谐振回路供电，则在谐振状态下电压源流入电路的电流最小。电力网利用并联电容的方法增大功率因数以提高发电设备的利用率，就是依据此原理。

### 3. 并联电路的频率特性

并联电路的等效阻抗为

$$Z = \frac{1}{Y} = \frac{1}{G + j\left(\omega C - \frac{1}{\omega L}\right)} = \frac{1}{G + j\left(\frac{\omega}{\omega_0} \omega_0 C - \frac{\omega_0}{\omega} \times \frac{1}{\omega_0 L}\right)}$$

由于 $\omega_0 C = \dfrac{1}{\omega_0 L}$，谐振时的阻抗 $Z_0 = \dfrac{1}{G}$，所以

$$\frac{Z}{Z_0} = \frac{1}{1 + j\frac{\omega_0 C}{G}\left(\frac{\omega}{\omega_0} - \frac{\omega_0}{\omega}\right)} = \frac{1}{1 + jQ\left(\frac{\omega}{\omega_0} - \frac{\omega_0}{\omega}\right)}$$

当复阻抗用模值表示时，有

$$\frac{|Z|}{Z_0} = \frac{1}{\sqrt{1 + Q^2\left(\frac{\omega}{\omega_0} - \frac{\omega_0}{\omega}\right)^2}} = \frac{1}{\sqrt{1 + Q^2\left(\frac{f}{f_0} - \frac{f_0}{f}\right)^2}} \tag{4-58}$$

与串联谐振电路相比，$RLC$ 并联谐振电路的阻抗频率特性与串联谐振电路的电流频率特性是相似的，所以可以参照图 4-38 所示的特性曲线。但要注意，当 $\omega < \omega_0$ 时，并联谐振电路呈感性；当 $\omega > \omega_0$ 时，并联谐振电路呈容性。并联谐振电路两端的电压为

$$\dot{U} = \frac{\dot{I}}{Y} = \frac{\dot{I}}{G + j\left(\omega C - \frac{1}{\omega L}\right)} = \frac{\dot{I}}{G\left[1 + jQ\left(\frac{\omega}{\omega_0} - \frac{\omega_0}{\omega}\right)\right]} = \frac{U_0}{1 + jQ\left(\frac{\omega}{\omega_0} - \frac{\omega_0}{\omega}\right)}$$

所以并联谐振电路两端的电压有效值与谐振时的电压有效值之比为

$$\frac{U}{U_0} = \frac{1}{\sqrt{1 + Q^2 \left( \frac{\omega}{\omega_0} - \frac{\omega_0}{\omega} \right)^2}} = \frac{1}{\sqrt{1 + Q^2 \left( \frac{f}{f_0} - \frac{f_0}{f} \right)^2}} \qquad (4\text{-}59)$$

它的辐角为

$$\varphi_u = -\arctan Q \left( \frac{\omega}{\omega_0} - \frac{\omega_0}{\omega} \right) = -\arctan Q \left( \frac{f}{f_0} - \frac{f_0}{f} \right) \qquad (4\text{-}60)$$

式(4-59)和式(4-60)就是并联谐振电路的电压幅频特性曲线和相频特性曲线的表示式,特性曲线的形状与图 4-38 和图 4-39 相同,这里不再画出。

当激励的电流源有一定内阻时,将降低并联谐振电路的并联等效电阻,降低 $Q$ 值,使电路的选择性变差,所以并联谐振电路适宜配合高内阻信号源工作。

### 4.4.3 正弦交流电路的最大功率传输

在正弦稳态电路中的某些场合,需要负载从信号源获取最大的功率,这时电路的参数和负载之间有什么关系呢?在图 4-42 所示电路中,$\dot{U}_S$ 和 $Z_S = R_S + jX_S$ 分别为等效电源的电压相量和内阻抗,负载阻抗 $Z_L = R_L + jX_L$,这时流过负载的电流为

$$\dot{I} = \frac{\dot{U}_S}{Z_S + Z_L} = \frac{\dot{U}_S}{(R_S + R_L) + j(X_S + X_L)}$$

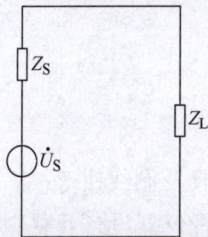

图 4-42　最大功率传输原理电路

电流的有效值为

$$I = \frac{U_S}{\sqrt{(R_S + R_L)^2 + (X_S + X_L)^2}}$$

负载从电源获取的有功功率为

$$P_L = I^2 R_L = \frac{U_S^2 R_L}{(R_S + R_L)^2 + (X_S + X_L)^2}$$

当 $R_L$ 不变时,若 $X_S + X_L = 0$,则 $P_L$ 有极大值,这时

$$P_{Lm} = \frac{U_S^2 R_L}{(R_S + R_L)^2}$$

如果要得到负载获取的最大功率，可令 $\dfrac{\mathrm{d}P}{\mathrm{d}R_L} = 0$，则

$$\frac{\mathrm{d}P}{\mathrm{d}R_L} = \frac{U_S^2\left[(R_S + R_L)^2 - R_L \cdot 2(R_S + R_L)\right]}{(R_S + R_L)^4} = 0$$

解得 $\qquad\qquad\qquad\qquad R_S - R_L = 0$

所以负载获取最大功率的条件是

$$\begin{cases} X_L = -X_S \\ R_L = R_S \end{cases} \quad \text{或} \quad Z_L = Z_S^* \qquad (4\text{-}61)$$

负载获取的最大功率为

$$P_{Lm} = \frac{U_S^2}{4R_S} \qquad\qquad\qquad (4\text{-}62)$$

当负载为纯电阻时，用同样的方法，可以得到负载获得最大功率的条件为

$$R_L = \sqrt{R_S^2 + X_S^2} = |Z_S|$$

负载获取的最大功率为

$$P_{max} = \frac{U_S |Z_S|}{(R_S + |Z_S|)^2 + X_S^2}$$

# 4.5　项目实施

## 4.5.1　项目实施条件

场地：电工技能实训室。

工具：电烙铁、剪刀、螺钉旋具及剥线钳等。

仪器设备及材料：按表4-1配置仪器设备及材料。

表4-1　仪器设备及材料

| 序　号 | 名　　称 | 型号与规格 | 数　量 | 备　注 |
|---|---|---|---|---|
| 1 | 单相调压器 | 0～450V | 1个 | |
| 2 | 交流数字电压表 | 0～500V | 1块 | |
| 3 | 交流数字电流表 | 0～5A | 1块 | |
| 4 | 单相功率表 | | 1块 | （TKDG-06） |
| 5 | 万用表 | | 1块 | |
| 6 | 镇流器、辉光启动器 | 与30W灯管配用 | 各1个 | TKDG-04 |
| 7 | 荧光灯灯管 | 30W | 1个 | 实验台屏幕内部 |
| 8 | 电容 | 1μF、2.2μF、4.7μF/500V | 各1个 | TKDG-05 |
| 9 | 连接导线 | | 若干 | |

## 4.5.2 电路安装与测试

### 1. 荧光灯电路接线与测量

按图 4-43 所示荧光灯电路接线。经指导教师检查后接通实验台电源，调节单相调压器的输出，使其输出电压缓慢增大，直到荧光灯刚启辉点亮为止，记下三表的指示值。然后将电压调至 220V，测量功率 $P$，电流 $I$，电压 $U$、$U_L$、$U_A$ 等值，记录于表 4-2 中，验证电压、电流相量关系。

表 4-2 测量数据

| | $P/W$ | $\cos\varphi$ | $I/A$ | $U/V$ | $U_L/V$ | $U_A/V$ |
|---|---|---|---|---|---|---|
| 启辉值 | | | | | | |
| 正常工作值 | | | | | | |
| 维持最小值 | | | | | | |

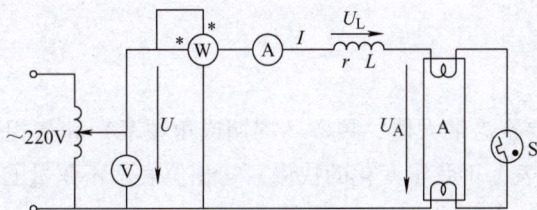

图 4-43 荧光灯电路

### 2. 并联电路——电路功率因数的改善

按图 4-44 所示电路搭建实验电路。经指导教师检查后，接通实验台电源，将单相调压器的输出调至 220V，记录功率表、电压表读数。通过电流表测得三条支路的电流，改变电容值，进行五次重复测量并记录于表 4-3 中。

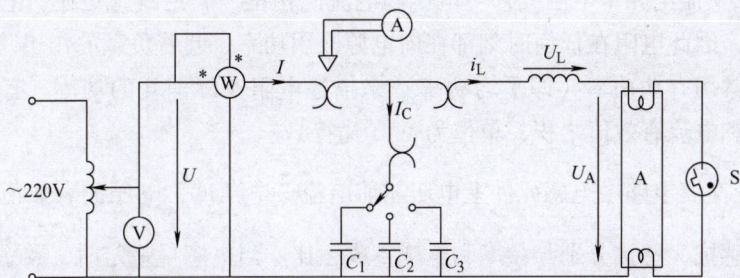

图 4-44 提高功率因数电路

表 4-3　测量数据

| 电容值/μF | 测量数值 | | | | | | 计算值 | |
|---|---|---|---|---|---|---|---|---|
| | $P/W$ | $\cos\varphi$ | $U/V$ | $I/A$ | $I_L/A$ | $I_C/A$ | $I'/A$ | $\cos\varphi$ |
| 0 | | | | | | | | |
| 1 | | | | | | | | |
| 2.2 | | | | | | | | |
| 4.7 | | | | | | | | |
| 4.7+2.2 | | | | | | | | |

### 4.5.3　实训报告

实训报告格式见附录 A。

## 4.6　项目总结与考核

### 4.6.1　项目总结

1）正弦量的三要素为最大值、频率（周期或角频率）和初相位。最大值表示正弦量变化的幅度，频率表示正弦量变化的快慢，初相位表示正弦量的初始状态，有了三要素即可以写出正弦量的表达式。

2）两个同频率正弦量的相位差等于它们的初相位之差，分别用超前、滞后、同相、反相、正交等术语来描述两个同频率正弦量之间的相位关系，即它们达到最大值（或零值）的先后顺序。不同频率正弦量的相位差没有意义。

3）正弦量的最大值等于它有效值的 $\sqrt{2}$ 倍。工程上所说的电气设备的额定电压、额定电流，均指有效值，交流电压表和交流电流表的面板也是按有效值刻度的。

4）正弦交流电路中电阻元件上电压和电流同相位，满足欧姆定律。电路中的瞬时功率恒为正，因此电阻在任何时刻都在向电源取用功率，起着负载的作用，它是一个耗能元件。通常用有功功率（即平均功率）来描述电阻实际消耗的功率。有功功率的大小等于电压和电流有效值之积，单位为 W（瓦特）。

5）正弦交流电路中电感元件上电压超前电流 $\dfrac{\pi}{2}$ 电角度，电压的有效值与电流的有效值之比为感抗，感抗分别与频率和电感量成正比。当电感量一定时，频率越高，感抗越大。直流电路频率为零，感抗也为零，电感相当于短路。电感在电路中不消耗有功功率，它和电源之间进行能量交换，因此电感是一个储能元件。

6）正弦交流电路中电容元件上电流超前电压$\frac{\pi}{2}$电角度，电压的有效值与电流的有效值之比为容抗，容抗分别与频率和电容量成反比。当电容量一定时，频率越低，容抗越大。直流电路频率为零，容抗等于无穷大，电容相当于开路。而对高频电路，容抗很小，电容相当于短路。因此电容具有隔离直流、耦合交流的作用。电容在电路中不消耗有功功率，它和电源之间进行能量交换，因此电容也是一个储能元件。

7）储能元件与电源之间能量交换的规模是用无功功率来表征的，为了区别于有功功率，无功功率的单位用 var（乏）。

8）复数有三种表示方法，即代数形式、指数形式和极坐标形式。复数的加/减运算一般用代数形式较为方便，复数的乘/除运算一般用极坐标形式（或指数形式）较为方便。

9）用相量表示同频率正弦量的大小（即有效值）和初相位后，正弦量的运算可以转化为相量的运算，即复数的运算，使正弦稳态电路的分析计算简单化。

10）电路定理的相量形式为

$$\sum \dot{I} = 0, \qquad \sum \dot{U} = 0$$

$$\dot{U} = R\dot{I}, \qquad \dot{I} = G\dot{U}$$

11）电路的复阻抗和复导纳分别为

$$Z = \frac{\dot{U}}{\dot{I}} = \frac{U}{I} \underline{/\varphi_u - \varphi_i} = |Z| \underline{/\varphi_Z} = R + jX$$

$$Y = \frac{\dot{I}}{\dot{U}} = \frac{I}{U} \underline{/\varphi_i - \varphi_u} = |Y| \underline{/\varphi_Y} = G + jB$$

12）相量图可以用来辅助电路的分析、计算，在相量图上，除了按比例反映各相量的模（有效值）以外，最重要的是根据各相量的相位相对地确定各相量在图上的位置（方位）。

13）有功功率 $P$ 是电路实际消耗的功率，无功功率 $Q$ 是电路与电源进行能量交换的规模，视在功率 $S$ 是电源实际向电路输出的功率，三者的关系可用复功率来表示，即

$$\overline{S} = P + jQ = S \underline{/\varphi}$$

14）功率因数 $\cos\varphi$ 是电力工程中的一个重要指标，其大小是由电路参数和电源频率所决定的。若要提高感性负载电路的功率因数，可以在负载两端并联适当电容来实现。

15）谐振现象是同时含有电感 $L$ 和电容 $C$ 的正弦交流电路中的一种特殊现象。当电路满足一定条件时，电路的端电压和总电流同相，电路呈现纯电阻特性。通过调节电源频率或改变电抗元件的参数，可使电路达到谐振。

16）串联谐振的特点：电路的阻抗最小，电流最大，在电感和电容元件两端出现

过电压现象。串联谐振发生的条件是 $\omega_0 L = \dfrac{1}{\omega_0 C}$ ，谐振频率 $f_0 = \dfrac{1}{2\pi\sqrt{LC}}$ 。

17）串联谐振电路的品质因数等于谐振时线圈的感抗和电阻的比值，即 $Q = \dfrac{\omega_0 L}{R}$ 。品质因数越高，电路的选择性越好，但不能无限制地增大品质因数，否则通频带会变窄，致使接收的信号产生失真。

18）并联谐振的特点：电路呈现高阻抗特性，即 $Z = R = \dfrac{L}{rC}$ ，因此电流最小，在电感和电容支路上出现过电流现象。并联谐振频率与串联谐振的频率相似，即 $f_0 \approx \dfrac{1}{2\pi\sqrt{LC}}$ 。

19）并联谐振电路的品质因数等于谐振时线圈的电阻与感抗的比值，即 $Q = \dfrac{R}{\omega_0 L}$ 。同样，品质因数越高，电路的选择性就越好。如在电路两端再并上一只电阻，那么品质因数就会降低，这可以用图4-41b中三个理想元件的并联电路来分析和计算。

20）正弦交流电路中负载获得最大功率的条件是 $X_L = -X_S$ 、$R_L = R_S$ 或 $Z_L = Z_S^*$ 。

## 4.6.2　项目考核

项目考核的原则是"过程考核与综合考核相结合，理论考核与实践考核相结合"，具体考核内容参考表4-4。

表4-4　项目4考核表

| 考核项目 | 考核内容及要求 | 分　值 | 得　分 |
|---|---|---|---|
| 电路制作 | 1）能正确连接电路<br>2）能正确连接功率表、电压表、电流表 | 30 | |
| 参数测量 | 1）能正确测量出功率、电压、电流<br>2）能正确进行功率补偿<br>3）能正确测得启动电流和维持电流 | 40 | |
| 实训报告编写 | 1）语言表达准确，逻辑性强<br>2）格式标准，内容充实、完整<br>3）有详细的数据记录 | 20 | |
| 综合职业素养 | 1）学习、工作积极主动，遵时守纪<br>2）团结协作精神好<br>3）踏实勤奋，严谨求实 | 10 | |
| 总分 | | 100 | |

# 习　题

## 一、填空题

1. 反映正弦交流电振荡幅度的量是它的_____；反映正弦量随时间变化快慢程度的量是它的_____；确定正弦量计时开始位置的量是它的_____。

2. 正弦量的_____值等于与其_____相同的直流电的数值。实际应用的交流电压表和交电流表的交流指示值，都是指交流电的_____值。工程上所说的交流电压、交流电流的数值，通常也都是指交流电的_____值，此值与正弦交流电最大值之间的数量关系是_____。

3. 已知正弦量 $i = 10\sqrt{2}\sin(\omega t - 60°)$ A，则它的有效值相量的模等于_____A，它的有效值相量的辐角等于_____。

4. 电感元件上的电压、电流相位存在 90° 关系，且电压_____电流 90°；电容元件上的电压、电流相位也存在_____关系。

5. _____三角形是相量图，因此可定性地反映各电压相量之间的_____关系及相位关系，_____三角形和_____三角形不是相量图，因此它们只能定性地反映各量之间的_____关系。

6. 正弦交流电路中，电阻元件上的阻抗 $|Z| = $_____，与频率_____；电感元件上的阻抗 $|Z| = $_____，与频率_____；电容元件上的阻抗 $|Z| = $_____，与频率_____。

7. 相量分析法，就是把正弦交流电路用相量模型来表示，其中正弦量用_____代替，$RLC$ 电路参数用对应的_____表示，则直流电阻性电路中所有的公式定律均适用于对相量模型的分析，只是计算形式以_____运算代替了代数运算。

8. _____的电压和电流构成的是有功功率，用 $P$ 表示，单位为_____；电感、电容的电压和电流构成无功功率，用 $Q$ 表示，单位为_____。

9. 复功率的实部是_____功率，单位是_____；复功率的虚部是_____功率，单位是_____；复功率的模对应正弦交流电路的_____功率，单位是_____。

10. 复功率的模值对应正弦交流电路的_____功率，其辐角对应正弦交流电路中电压与电流的_____；复功率的实部对应正弦交流电路的_____功率，虚部对应正弦交流电路的_____功率。

11. $RLC$ 串联电路中，电路复阻抗虚部大于零时，电路呈_____特性；复阻抗虚部小于零时，电路呈_____特性；电路复阻抗的虚部等于零时，电路呈_____特

性，此时电路中的总电压和电流相量在相位上呈_____关系，称电路发生串联____
____。

12. RLC 串联电路出现_____与_____同相位的现象称电路发生了串联谐振。串联谐振时，电路的_____最小，且等于电路中的_____，电路中的_____最大，动态元件 L 和 C 两端的电压是电路端电压的_____倍。

13. 电路发生并联谐振时，电路中的_____最大，且呈_____特性，电路中的_____最小，且与_____同相位，动态元件 L 和 C 两支路的电流是输入总电流的_____倍。

14. 在含有 L、C 的电路中，出现总电压、电流同相位，这种现象称为_____。这种现象若发生在串联电路中，则电路中阻抗_____。

15. 品质因数越_____，电路的_____性越好，但不能无限制地增大品质因数，否则将造成_____变窄，致使接收信号产生失真。

16. 正弦交流电路中，负载上获得最大功率的条件是_____，最大功率为 $P_{max} = $ _____。

17. 能量转换中过程不可逆的功率称_____功功率，能量转换过程中可逆的功率称_____功功率。能量转换过程不可逆的功率意味着不但_____，而且还有_____；能量转换过程可逆的功率则意味着只_____不_____。

## 二、判断题

1. 电感元件在直流电路中相当于短路。 (    )
2. 在 RLC 并联的正弦交流电路中，总电流有效值总是大于各元件上的电流有效值。
   (    )
3. 正弦量的三要素是指它的最大值、角频率和相位。 (    )
4. 无论是直流还是交流电路，负载上获得最大功率的条件都是 $R_L = R_0$。 (    )
5. 无功功率的概念可以理解为这部分功率在电路中不起任何作用。 (    )
6. 正弦量可以用相量来表示，因此相量等于正弦量。 (    )
7. 串联电路的总电压超前电流时，电路一定呈感性。 (    )
8. 视在功率在数值上等于电路中有功功率和无功功率之和。 (    )
9. $u_1 = 220\sqrt{2}\sin 314t \text{V}$ 超前 $u_2 = 311\sin(628t - 45°)\text{V}$ 45°电角度。 (    )
10. 单一电感、电容元件的正弦交流电路中，消耗的有功功率为零。 (    )
11. 为确保中性线（零线）在运行中安全可靠不断开，中性线上不允许接熔丝和开关。 (    )
12. 几个电容元件相串联，其电容量一定增大。 (    )
13. 提高功率因数，可使负载中的电流减小，因此电源利用率提高。 (    )
14. 工程实际应用中，感性电路多于容性电路。 (    )

15. 电阻、电感相并联，$I_R = 3A$，$I_L = 4A$，则总电流等于5A。 （　　）

16. 电阻元件上只消耗有功功率，不产生无功功率。 （　　）

17. 几个复阻抗相加时，它们的和增大；几个复阻抗相减时，其差减小。 （　　）

18. 只要在感性设备两端并联一电容，即可提高电路的功率因数。 （　　）

19. *RLC* 多参数串联电路由感性变为容性的过程中，必然经过谐振点。 （　　）

20. 实际电感线圈上电压、电流之间存在着相位关系，产生有功功率和无功功率。

（　　）

21. 由电压、电流瞬时值关系式来看，电容元件和电感元件都属于动态元件。

（　　）

22. 耐压值为220V 的电容可以放心地用在180V 的正弦交流电路中。 （　　）

23. *RLC* 串联电路的复阻抗可用三角形表示其实部、虚部及模三者之间的数量

关系。 （　　）

24. 一个多参数串联的正弦交流电路，其电路阻抗的大小与电路频率成正比。

（　　）

25. 线路上功率因数越低，输电线的功率损耗越大，为降低损耗，必须提高功率

因数。 （　　）

26. 电压和电流都是既有大小又有方向的电量，因此它们都是矢量。 （　　）

27. 感性电路的功率因数往往要比容性电路的功率因数高。 （　　）

28. 线性无源二端网络的等效复阻抗 $Z$ 与等效复导纳 $Y$ 互为倒数。 （　　）

29. 串联谐振电路不仅广泛应用于电子技术中，也广泛应用于电力系统中。（　　）

30. 串联谐振时，在 $L$ 和 $C$ 两端将出现过电压现象，因此也把串联谐振称为电压

谐振。 （　　）

31. 灯泡与可变电阻并联接到电压源上，当可变电阻减小时，灯泡的分流也减小，

所以灯泡变暗。 （　　）

32. 谐振电路的品质因数越大，电路选择性越好，因此实用中 $Q$ 值越大越好。

（　　）

33. 避免感性设备的空载，减少感性设备的轻载，可自然提高功率因数。 （　　）

34. 并联谐振在 $L$ 和 $C$ 支路上出现过电流现象，因此常把并联谐振称为电流谐振。

（　　）

### 三、单项选择题

1. 交流电的三要素是指最大值、频率和（　　）。

A. 相位　　　　　　B. 角度　　　　　　C. 初相位　　　　　　D. 电压

2. 已知 $C_1 = 6\mu F$，$C_2 = 4\mu F$，两电容并联，则等效电容为（　　）。

A. $2.4\mu F$　　　　　B. $3\mu F$　　　　　C. $8\mu F$　　　　　D. $10\mu F$

3. 白炽灯上写着额定电压为220V，是指（　　）。

A. 有效值　　　　　B. 瞬时值　　　　　C. 最大值　　　　　D. 平均值

4. 已知 $i_1 = 10\sin(314t + 90°)$ A，$i_2 = 10\sin(628t + 30°)$ A，则（　　）。

A. $i_1$ 超前 $i_2$ 60°　　　B. $i_1$ 滞后 $i_2$ 60°　　　C. 相位差无法判断

5. 已知工频电压有效值和初始值均为380V，则该电压的瞬时值表达式为（　　）。

A. $u = 380\sin314t$ V

B. $u = 537\sin(314t + 45°)$ V

C. $u = 380\sin(314t + 90°)$ V

6. 某单相交流电路中，A、B 两点电压大约为8V，为了确认电压值，应选用万用表的（　　）档。

A. DC 10V　　　　　B. AC 10V　　　　　C. DC 50V　　　　　D. AC 50V

7. 电容元件的正弦交流电路中，电压有效值不变，当频率增大时，电路中电流将（　　）。

A. 增大　　　　　B. 减小　　　　　C. 不变

8. 实验室中的交流电压表和交流电流表，其读出值是交流电的（　　）。

A. 最大值　　　　　B. 有效值　　　　　C. 瞬时值

9. $u = -100\sin(6\pi t + 10°)$ V 与 $i = 5\cos(6\pi t - 15°)$ A 的相位差是（　　）。

A. 25°　　　　　B. 95°　　　　　C. 115°

10. 标有额定值为"220V、100W"和"220V、25W"的白炽灯两盏，将其串联后接入220V 工频交流电源上，其亮度情况是（　　）。

A. 100W 的灯泡较亮

B. 25W 的灯泡较亮

C. 两只灯泡一样亮

11. 当电阻 $R$ 上的 $u$、$i$ 参考方向为非关联时，欧姆定律的表达式应为（　　）。

A. $u = Ri$　　　B. $u = -Ri$　　　C. $u = R|i|$　　　D. $|u| = Ri$

12. 在正弦交流电路中，电感元件瞬时值的伏安关系可表达为（　　）。

A. $u = iX_L$　　　　　B. $u = j\omega L$　　　　　C. $u = L\dfrac{di}{dt}$

13. 一个电热器，接在10V 的直流电源上，产生的功率为 $P$。把它改接在正弦交流电源上，使其产生的功率为 $\dfrac{P}{2}$，则正弦交流电源电压的最大值为（　　）。

A. 7.07V　　　　　B. 5V　　　　　C. 10V

14. 已知电路复阻抗 $Z = (3 - j4)$ Ω，则该电路一定呈（　　）。

A. 感性　　　　　B. 容性　　　　　C. 阻性

15. $R$、$L$ 串联的正弦交流电路中，复阻抗为（　　）。

A. $Z = R + jL$　　　　　B. $Z = R + jX_L$　　　C. $Z = R + \omega L$

16. 下列说法中，（　　）是正确的。

A. 串联谐振时阻抗最小

B. 并联谐振时阻抗最小

C. 电路谐振时阻抗最小

17. 在电阻元件的正弦交流电路中，伏安关系表示错误的是（　　）。

A. $u = iR$　　　　　　B. $U = IR$　　　　　C. $\dot{U} = \dot{I}R$

18. $RLC$ 并联电路在 $f_0$ 时发生谐振，当频率增加到 $2f_0$ 时，电路特性呈（　　）。

A. 阻性　　　　　　B. 容性　　　　　　C. 感性

19. 电感、电容相串联的正弦交流电路，消耗的有功功率为（　　）。

A. $UI$　　　　　　B. $I^2X$　　　　　C. 0

20. 在 $RL$ 串联电路中，$R = 30\Omega$，$X_L = 40\Omega$，在其输入端加上 50V 频率为 50Hz 的交流电，那么流过该电路的电流为（　　）。

A. 1.7A　　　　　B. 5A　　　　　C. 0.71A　　　　　D. 1A

21. 每只荧光灯的功率因数为 0.5，当 $N$ 只荧光灯相并联时，总的功率因数（　　）；若再与 $M$ 只白炽灯并联，则总功率因数（　　）。

A. 大于 0.5　　　　　B. 小于 0.5　　　　　C. 等于 0.5

22. 某正弦电压的有效值为 380V，频率为 50Hz，$t = 0$ 时的值 $u = 380$V，则该正弦电压的表达式为（　　）。

A. $u = 380\sin(314t + 90°)$ V　　　　　B. $u = 380\sin(314t)$ V

C. $u = 380\sqrt{2}\sin(314t + 45°)$ V　　　D. $u = 380\sin(314t - 45°)$ V

23. 在 $L = 1$mH 的电感两端加上电压 $u = 10\sqrt{2}\sin(1000t - 30°)$ V，则流过电感的电流 $I$ 为（　　）。

A. 10mA　　　　　　　　　　　B. $10\sqrt{2}$ A

C. 10A　　　　　　　　　　　D. $10\sqrt{2}\sin(1000t - 120°)$ A

24. 电感元件的正弦交流电路中，电压有效值不变，当频率增大时，电路中电流将（　　）。

A. 增大　　　　　　B. 减小　　　　　　C. 不变

25. 314μF 电容元件用在 100Hz 的正弦交流电路中，所呈现的容抗值为（　　）。

A. 0.197$\Omega$　　　　　B. 31.8$\Omega$　　　　　C. 5.1$\Omega$

26. 周期 $T = 1$s、频率 $f = 1$Hz 的正弦波是（　　）。

A. $4\cos314t$　　　　　B. $6\sin(5t + 17°)$　　　　　C. $4\cos2\pi t$

27. 关于提高功率因数的几种说法，正确的是（　　）。

A. 为了提高电源的利用率和降低电路上的功率损耗，必须提高电路的功率因数

B. 为了提高电源的利用率和降低电路上的功率损耗，必须提高用电器的功率因数

C. 为了提高电源的利用率和降低电路上的功率损耗，必须在用电器两端并联适当的电容

28. 某实验室有额定值"220V、100W"的白炽灯 12 盏，另有额定电压 220V、额定功率 2kW 的电炉 5 台，都在额定状态下工作，则在 2h 内消耗的总电能为（　　）。

    A. 22kW·h        B. 10.4kW·h        C. 22.4kW·h        D. 20.4kW·h

## 四、计算题

1. 在电压为 220V、频率为 50Hz 的交流电路中，接入一组白炽灯，其等效电阻是 11Ω。（1）求电灯组取用的电流有效值；（2）求电灯组取用的功率；（3）若电压初相位为 −30°，求出电流瞬时值。

2. 某线圈的电感量为 0.1H，电阻可忽略不计，接在 $u = 220\sqrt{2}\sin 314t$V 的交流电源上。试求电路中的电流及无功功率；若电源频率为 100Hz，电压有效值不变又如何？写出电流的瞬时值表达式。

3. 一个 0.8H 的电感元件接到电压为 $u = 220\sqrt{2}\sin(314t - 120°)$V 的电源上，求电感中的电流 $i$ 和无功功率。

4. $C = 140\mu$F 的电容接在电压为 220V、频率为 50Hz 的交流电路中。（1）绘出电路图；（2）求电流 $I$ 的有效值；（3）求无功功率。

5. 如图 4-45 所示正弦交流电路中，求：（1）电压表 V 的读数；（2）有功功率；（3）无功功率；（4）视在功率。

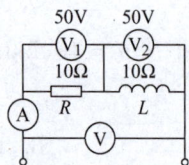

图 4-45　计算题 5 电路

6. 一个电阻 $R = 50\Omega$ 和一个 $100\mu$F 的电容相串联后接到 $u = 100\sqrt{2}\sin 500t$V 的电源上，试求电路中的复电流 $\dot{I}$，并画出电路相量图。

7. 在 $RLC$ 串联电路中，已知 $R = 20\Omega$，$L = 50$mH，$C = 40\mu$F，当该电路接入 220V、50Hz 的正弦电源时，求电路的复阻抗及电流。

8. 电路如图 4-46 所示，已知 $Z = (30 + j30)\Omega$，$jX_L = j10\Omega$，又知 $U_Z = 85$V，求电路端电压 $\dot{U}$。

9. 电路如图 4-47 所示，已知 $R = 1\Omega$，$C = 0.5$F，$i = 14.14\sin 2t$A，求电路的有功功率和无功功率。

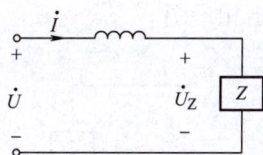

图 4-46　计算题 8 电路

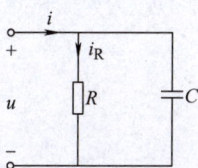

图 4-47　计算题 9 电路

10. 电路如图 4-48 所示，已知 $R = X_C = 10\Omega$，$U_{AB} = U_{BC}$，且电路中端电压 $\dot{U}$ 与总电流 $\dot{i}$ 同相，求复阻抗 $Z$。

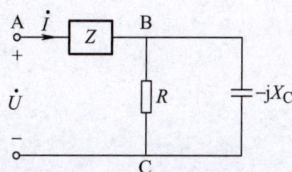

图 4-48　计算题 10 电路

11. 在 RLC 串联电路中，已知 $R = 30\Omega$，$X_L = 40\Omega$，电路端电压 120V，电流 2.4A。求：（1）电路的总阻抗和电容的容抗；（2）电路的有功功率 $P$ 和无功功率 $Q$。

12. 已知 RLC 串联电路中，电阻 $R = 10\Omega$，感抗 $X_L = 30\Omega$，容抗 $X_C = 20\Omega$，电路端电压为 220V，试求电路中的有功功率 $P$、无功功率 $Q$、视在功率 $S$ 及功率因数 $\cos\varphi$。

13. 电路如图 4-49 所示，电流表 $A_1$、$A_2$ 的读数均为 5A，分别求出电流表 A 的读数。

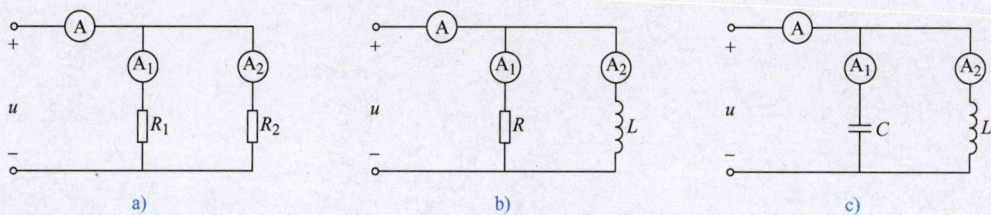

a)　　　　　　　　　　　b)　　　　　　　　　　　c)

图 4-49　计算题 13 电路

14. 已知电路如图 4-50 所示，电路端电压 $u = 150\sin(314t - 45°)$ V，电流 $i = 3\sin$

$(314t-15°)$A，求 $\dot{I}$ 和 $Z$，并画出相量图。

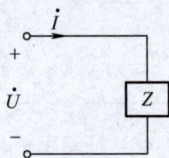

图 4-50　计算题 14 电路

# 项 目 5

# 变压器性能测试

## 5.1　项目分析

图 5-1 所示为测量变压器参数的电路。为了满足灯泡负载额定电压为220V 的要求，以变压器的低压（36V）绕组作为一次侧，220V 的高压绕组作为二次侧，即当作一台升压变压器使用。由各仪表读得变压器一次侧（AX，低压侧）的 $U_1$、$I_1$、$P_1$ 及二次侧（ax，高压侧）的 $U_2$、$I_2$，并用万用表 $R \times 1$ 档测出一次、二次绕组的电阻 $R_1$ 和 $R_2$，即可算得变压器的以下各项参数值：

电压比 $K_U = \dfrac{U_1}{U_2}$ 　　　　　电流比 $K_I = \dfrac{I_2}{I_1}$

一次阻抗 $Z_1 = \dfrac{U_1}{I_1}$ 　　　　　二次阻抗 $Z_2 = \dfrac{U_2}{I_2}$

阻抗比 $\dfrac{Z_1}{Z_2}$ 　　　　　负载功率 $P_2 = U_2 I_2 \cos\varphi_2$ （灯泡负载 $\cos\varphi_2 = 1$）

损耗功率 $P_o = P_1 - P_2$ 　　　　　功率因数 $\cos\varphi = \dfrac{P_1}{U_1 I_1}$

一次绕组铜耗 $P_{Cu1} = I_1^2 R_1$ 　　　　二次绕组铜耗 $P_{Cu2} = I_2^2 R_2$

铁耗 $P_{Fe} = P_o - (P_{Cu1} + P_{Cu2})$

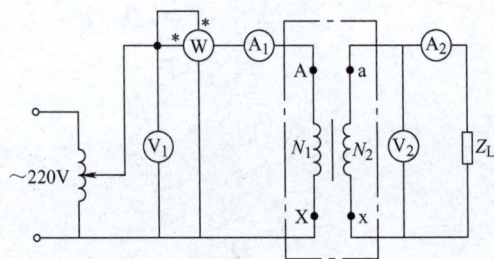

图 5-1　测量变压器参数的电路

通过本项目的学习，达到以下教学目标。

### 1. 能力目标

1）能说明变压器的基本结构，能列出变压器的主要参数。
2）能够根据要求正确使用变压器，能分析变压器的基本工作原理。
3）能绘制变压器的空载特性与外特性。通过测量，会计算变压器的各项参数。

### 2. 知识目标

理解变压器的铭牌数据，掌握变压器的主要参数，掌握变压器的基本结构及基本工作原理。

### 3. 素质目标

通过对互感的学习，引导学生用唯物辩证的方式看待和处理问题，形成科学的世界观和方法论，提高职业道德修养和精神境界。

## 5.2  项目任务

1）给定变压器及各种仪器、仪表，根据要求进行电路连接，分别测出各种参数。

2）变压器同名端的判别。

3）在保持一次电压（$U_1 = 36\text{V}$）不变时，逐次增加灯泡负载（每只灯为 15W），测定 $U_1$、$U_2$、$I_1$ 和 $I_2$，绘出变压器的外特性，即负载特性曲线 $U_2 = f(I_2)$。

## 5.3  相关知识

### 5.3.1  互感的概念

#### 1. 自感现象

自感现象是指某线圈中电流的变化在其自身产生感应电压的现象。自感现象是一种特殊的电磁感应现象，它是由线圈本身电流的变化而引起的。感应电压由法拉第电磁感应定律 $u = \dfrac{\mathrm{d}\psi}{\mathrm{d}t} = N\dfrac{\mathrm{d}\varPhi}{\mathrm{d}t} = L\dfrac{\mathrm{d}i}{\mathrm{d}t}$ 确定。

自感现象在各种电气设备和无线电技术中应用广泛。荧光灯的镇流器就是线圈自感现象的一种应用实例。

#### 2. 互感现象

互感现象是指在两个相耦合的线圈中，由于一个线圈中的电流发生变化而使另一个线圈产生感应电压的现象，如图 5-2 所示。变压器是一种常见的互感耦合元器件。

#### 3. 互感的相关参数

（1）自感系数  自感系数是表示线圈产生自感能力的物理量，常用 $L$ 来表示。它等于一个闭合电路所交链的全部磁通除以所通过的电流，即 $L = \dfrac{\psi}{i}$，自感系数简称自感

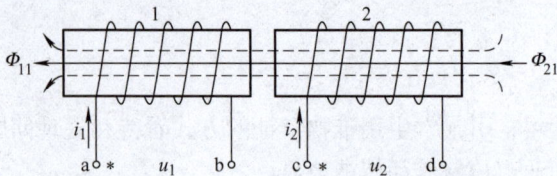

图 5-2　互感现象示意图

或电感，单位为 H（亨利）。自感系数的大小仅与线圈的几何形状、匝数和周围介质的性质有关，线圈面积越大、线圈越长、单位长度匝数越多，它的自感系数就越大。另外，有铁心的线圈的自感系数比没有铁心的大。

（2）**互感系数**　互感系数表示两线圈之间产生互感能力的物理量，简称**互感**，单位是 H（亨利）。

互感系数：穿越线圈 2 的互磁链与激发该互磁链的线圈 1 中的电流之比，称为线圈 1 对线圈 2 的互感系数 $M_{12}$；穿越线圈 1 的互磁链与激发该互磁链的线圈 2 中的电流之比，称为线圈 2 对线圈 1 的互感系数 $M_{21}$，即

$$M_{21} = \frac{\Psi_{21}}{i_1} = M_{12} = \frac{\Psi_{12}}{i_2} = M \tag{5-1}$$

（3）**互感电压**　如图 5-2 所示电路，当线圈 1 通过电流 $i_1$ 时，由于电磁感应作用，线圈 1 中要产生自感电压 $u_{11}$，同时还在线圈 2 中产生互感电压 $u_{21}$。同理，当线圈 2 通过电流 $i_2$ 时，由于电磁感应作用，线圈 2 中要产生自感电压 $u_{22}$，同时还在线圈 1 中产生互感电压 $u_{12}$。

线圈 2 中的互感电压　$u_{21} = M\dfrac{\mathrm{d}i_1}{\mathrm{d}t}$

线圈 1 中的互感电压　$u_{12} = M\dfrac{\mathrm{d}i_2}{\mathrm{d}t}$。

（4）**耦合系数**　两个线圈的耦合程度可由耦合系数 $k$ 来表示，即

$$k = \frac{M}{\sqrt{L_1 L_2}} \tag{5-2}$$

式中，$0 \leqslant k \leqslant 1$。当 $k = 1$ 时，称为全耦合；当 $k > 0.5$ 时，称为紧耦合；当 $k < 0.5$ 时，称为松耦合；当 $k = 0$ 时，称为无耦合。

（5）**同名端**　在同一磁通作用下，感应电动势极性相同的点（或瞬时极性相同的点）称为同名端，用 "﹡" 或 "·" 表示，反之为异名端。

**同名端的判定方法**如下：

**方法一：直流法**。电路如图 5-3 所示，在 S 合上的瞬间，电压表 V 的指针可能会发生两种偏转：

1）正偏转。电压表两端电压上正下负，1 与 2 为同名端。

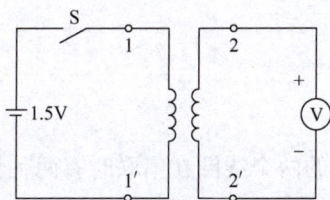

图 5-3　同名端的判定方法一

2）反偏转。电压表两端电压下正上负，1 与 2′为同名相。

方法二：交流法。用交流电压表测量图 5-4 所示电路中 $U_1$、$U_2$、$U_3$ 的值。

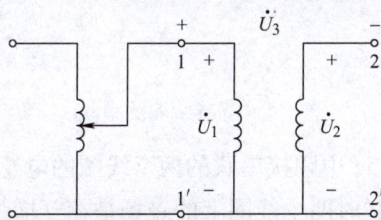

图 5-4　同名端的判定方法二

1）当 $U_3 = U_1 - U_2$ 时，1 与 2 为同名端，这是因为 $\dot{U}_3 = \dot{U}_1 - \dot{U}_2$。

2）当 $U_3 = U_1 + U_2$ 时，1 与 2′为同名端，这是因为 $\dot{U}_3 = \dot{U}_1 - \dot{U}_2$。

（6）互感电压和电流的关系　当 $i_1$、$i_2$ 按正弦量变化时，分别介绍下述两种情况下的互感电压。

1）当电流从同名端流入时，有

$$\begin{cases} u_1 = L_1 \dfrac{di_1}{dt} + M \dfrac{di_2}{dt} \\[2mm] u_2 = L_2 \dfrac{di_2}{dt} + M \dfrac{di_1}{dt} \end{cases}$$

2）当电流从异名端流入时，有

$$\begin{cases} u_1 = L_1 \dfrac{di_1}{dt} - M \dfrac{di_2}{dt} \\[2mm] u_2 = L_2 \dfrac{di_2}{dt} - M \dfrac{di_1}{dt} \end{cases}$$

用相量表示为

$$\begin{cases} u_1 \rightarrow \dot{U}_1 = j\omega L_1 \dot{I}_1 \pm j\omega M \dot{I}_2 \\[2mm] u_2 \rightarrow \dot{U}_2 = j\omega L_2 \dot{I}_2 \pm j\omega M \dot{I}_1 \end{cases}$$

式中，当电流从同名端流入时，取"＋"号；反之，取"－"号。

### 5.3.2 互感电路的分析

#### 1. 互感线圈的串联

如图 5-5 所示，产生互感的两个线圈在串联时有两种情况：一种是连接的两个端子为异名端，这种连接方法称为顺接串联；另一种是连接的两个端子为同名端，这种连接方法称为反接串联。

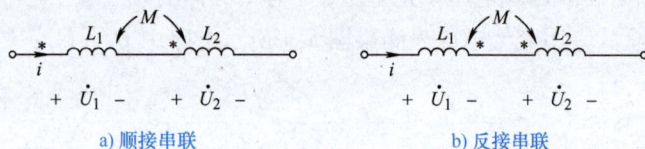

a) 顺接串联　　　　　　　b) 反接串联

图 5-5　互感线圈的串联

（1）顺接串联　设图 5-5a 中顺接串联的两个线圈的电感量分别为 $L_1$ 和 $L_2$，它们之间的互感为 $M$。由于顺接串联时两个线圈上的磁场是相互增强的，所以两线圈上的自感电压和互感电压极性相同，其总电压为

$$\dot{U} = \dot{U}_1 + \dot{U}_2 = (j\omega L_1 \dot{I} + j\omega M \dot{I}) + (j\omega L_2 \dot{I} + j\omega M \dot{I})$$

$$= j\omega(L_1 + L_2 + 2M)\dot{I}$$

$$= j\omega L_{顺}\dot{I}$$

即顺接串联时两个互感线圈的等效电感量为

$$L_{顺} = L_1 + L_2 + 2M \tag{5-3}$$

（2）反接串联　在反接串联时，由于电流从两个互感线圈的异名端流入，所以自感电压的极性与互感电压的极性相反，这时的总电压为

$$\dot{U} = \dot{U}_1 + \dot{U}_2 = (j\omega L_1 \dot{I} - j\omega M \dot{I}) + (j\omega L_2 \dot{I} - j\omega M \dot{I})$$

$$= j\omega(L_1 + L_2 - 2M)\dot{I}$$

$$= j\omega L_{反}\dot{I}$$

即反接串联时两个互感线圈的等效电感量为

$$L_{反} = L_1 + L_2 - 2M \tag{5-4}$$

由以上分析可知，两个互感线圈在顺接串联时的等效电感 $L_{顺}$ 大于无互感情况下两线圈的等效电感 $L = L_1 + L_2$，反接串联时的等效电感 $L_{反}$ 小于无互感情况下两线圈的等效电感 $L = L_1 + L_2$，这一结论可用来判断两个线圈的同名端。此外，还可以利用互感线圈的两种串联连接方式来测量互感系数，即

$$M = \frac{L_{顺} - L_{反}}{4}$$

## 2. 互感线圈的并联

如图 5-6 所示，产生互感的两个线圈直接并联时也有两种情况：一种是同名端在同一侧，另一种是同名端在异侧。

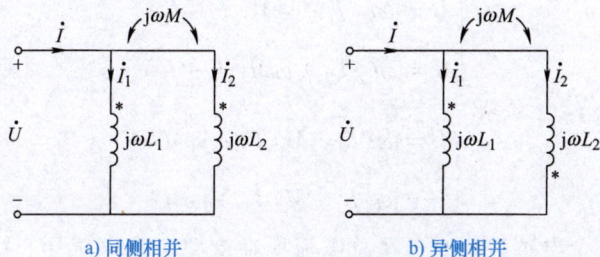

a) 同侧相并　　　　　　　　b) 异侧相并

图 5-6　互感线圈的并联

根据图 5-6a 所示电路中各量的参考方向，可列出电压方程组为

$$\begin{cases} \dot{U} = j\omega L_1 \dot{I}_1 + j\omega M \dot{I}_2 \\ \dot{U} = j\omega L_2 \dot{I}_2 + j\omega M \dot{I}_1 \end{cases}$$

图中各电流可由上述方程组解得，即

$$\begin{cases} \dot{I}_1 = \dfrac{\dot{U}(L_2 - M)}{j\omega L_1 L_2 - j\omega M^2} \\ \dot{I}_2 = \dfrac{\dot{U}(L_1 - M)}{j\omega L_1 L_2 - j\omega M^2} \end{cases}$$

则

$$\dot{I} = \dot{I}_1 + \dot{I}_2 = \frac{\dot{U}(L_2 - M)}{j\omega L_1 L_2 - j\omega M^2} + \frac{\dot{U}(L_1 - M)}{j\omega L_1 L_2 - j\omega M^2} = \frac{\dot{U}(L_1 + L_2 - 2M)}{j\omega(L_1 L_2 - M^2)}$$

电路的等效电抗为

$$Z = \frac{\dot{U}}{\dot{I}} = j\omega \frac{L_1 L_2 - M^2}{L_1 + L_2 - 2M}$$

因此，同侧相并时两个互感线圈的等效电感为

$$L_{同} = \frac{L_1 L_2 - M^2}{L_1 + L_2 - 2M} \tag{5-5}$$

同理，异侧相并时两个互感线圈的等效电感为

$$L_{反} = \frac{L_1 L_2 - M^2}{L_1 + L_2 + 2M} \tag{5-6}$$

## 3. 互感线圈的 T 形等效

当电感线圈只有一端连接，另一端接其他元件形成一个多端电路时，可以根据耦合

关系，写出各线圈两端的电压，但为了分析方便，通常将其转换为无感电路。下面以图5-6a 所示电路为例，说明其等效方法。

因为图中总电流 $\dot{I} = \dot{I}_1 + \dot{I}_2$，所以其电压方程组可改写为

$$\begin{cases} \dot{U} = j\omega L_1 \dot{I}_1 + j\omega M(\dot{I} - \dot{I}_1) \\ \dot{U} = j\omega L_2 \dot{I}_2 + j\omega M(\dot{I} - \dot{I}_2) \end{cases}$$

$$\begin{cases} \dot{U} = j\omega(L_1 - M)\dot{I}_1 + j\omega M\dot{I} \\ \dot{U} = j\omega(L_2 - M)\dot{I}_2 + j\omega M\dot{I} \end{cases}$$

当将 $M$ 作为一个电感对待时，在总电流所在支路上有电感 $M$，$L_1$、$L_2$ 所在支路上的电感分别为 $L_1 - M$ 和 $L_2 - M$，这时的电路线圈之间不再产生互感，其消除互感的 T 形等效电路如图 5-7a 所示。

当互感线圈异名端相连时，其等效电路如图 5-7b 所示。

上述去耦等效法适用于互感线圈至少有一端相连的情况，等效电路的参数只与同名端有关。

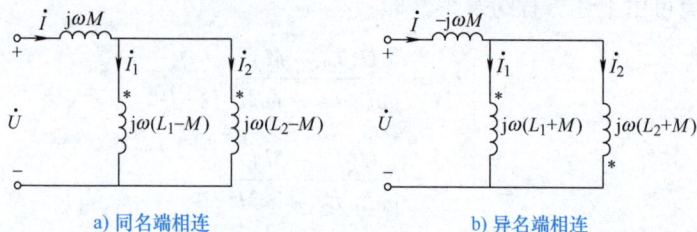

a) 同名端相连  b) 异名端相连

图 5-7  无互感的 T 形等效电路

## 5.3.3  理想变压器

变压器是一种变换交流电压的电气设备，在变电压的同时实现了电流变换（变流）和阻抗变换。变压器的种类繁多，但它们的基本构造和工作原理相似。空心变压器的线圈是绕在非铁磁材料上，如果将线圈绕制在铁磁材料上，就构成了铁心变压器。由于铁心的磁导率很高，可以使互感比空心变压器更大。在实际的工程计算中，为了简化计算，在误差允许的范围内，通常将铁心变压器作为一个无损耗的电压、电流转换器，这样理想化的电路器件称为理想变压器。一个理想变压器应满足三个条件：无损耗；耦合系数 $k = 1$；线圈的电感量和互感量为无穷大，且 $\sqrt{\dfrac{L_1}{L_2}} = n$ 为常数（$n$ 为两线圈的匝数比）。$n$ 是理想变压器的唯一参数。

### 1. 变压器的分类和基本结构

（1）变压器的分类　变压器一般按用途、每相绕组数目、相数、冷却方式和绝缘介质等划分类别。

1）按用途分，可分为电力变压器、仪用互感器、调压变压器、实验变压器、特殊变压器等。

2）按每相绕组数目分，可分为双绕组变压器、三绕组变压器、多绕组变压器、自耦变压器等。

3）按相数分，可分为单相变压器和三相变压器等。

4）按冷却方式和绝缘介质分，可分为以空气或环氧树脂为冷却介质的干式变压器、以 $SF_6$ 气体为介质的充气式变压器、油浸式（包括油浸自冷式、油浸风冷式、油浸强迫油循环式和强迫油循环导向风冷式）变压器等。

（2）变压器的基本结构　变压器的主要部件是铁心和绕组，它们构成了变压器的器身。除此之外，还有油箱、绝缘套管、分接开关、安全气道等部件。变压器的铁心既是磁路，也是套装绕组的骨架。为了减小铁心损耗，通常采用含硅量较高、厚度为 0.35mm、表面涂有绝缘漆的硅钢片叠装而成，如图5-8所示。

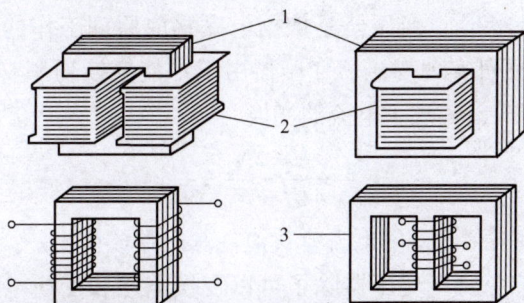

图5-8　变压器的铁心结构
1—铁心　2—绕组　3—三相铁心

### 2. 变压器的特性

（1）变压器的电压变换　电路如图5-9所示，当变压器一次绕组接电源 $u_1$，二次绕组开路时，变压器为空载运行。空载时，依据法拉第电磁感应定律可得

$$e_1 = -N_1 \frac{\mathrm{d}\Phi}{\mathrm{d}t}$$

$$e_2 = -N_2 \frac{\mathrm{d}\Phi}{\mathrm{d}t}$$

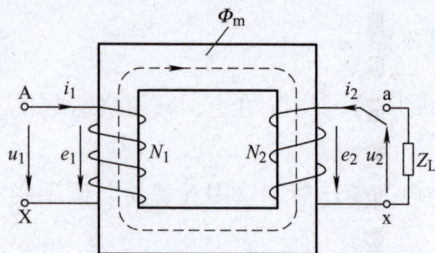

图5-9　变压器工作原理示意图

假设 $\Phi$ 是按正弦规律变化且最大值是 $\Phi_m$，代入方程可得

$$E_1 = \frac{\Phi_m \omega N_1}{\sqrt{2}} = \sqrt{2}\,\pi f_1 \Phi_m N_1 \approx 4.44 f_1 \Phi_m N_1$$

$$E_2 = \frac{\Phi_m \omega N_2}{\sqrt{2}} = \sqrt{2}\,\pi f_1 \Phi_m N_2 \approx 4.44 f_1 \Phi_m N_2$$

电压比 $n$ 为

$$\frac{U_1}{U_2} \approx \frac{E_1}{E_2} = \frac{N_1}{N_2} = n \qquad (5-7)$$

理想变压器一次侧与二次侧的电压有效值之比与匝数成正比。

（2）变压器的电流变换　　变压器是依据电磁感应原理工作的，当改变一、二次绕组的匝数 $N_1$、$N_2$ 时，便可实现变压。变压器由于不能变换功率（因 $S_N = U_{1N} I_{1N} = U_{2N} I_{2N}$），所以在变压的同时，实现了电流的变换，即

$$\frac{I_1}{I_2} = \frac{U_2}{U_1} = \frac{N_2}{N_1} = \frac{1}{n} \qquad (5-8)$$

理想变压器一次侧与二次侧的电流有效值与其匝数成反比。

（3）变压器的阻抗变换　　变压器除了可以变换电压和变换电流外，还可以进行阻抗变换。为了提高信号的输出功率和效率，常用变压器将负载阻抗变为适当的数值，这时，变压器起到变换负载阻抗以实现"匹配"的作用。

图5-10所示为变压器阻抗变换原理图。负载 $Z_L$ 接在变压器二次侧，将图中点画线框部分用一个阻抗 $Z_L'$ 来等效代替。通过设置合适的电压比 $n$，可把实际负载阻抗变换为所需数值，即

$$Z_L' = \frac{\dot{U}_1}{\dot{I}} = \frac{n\dot{U}_2}{\dfrac{\dot{I}_2}{n}} = n^2 \frac{\dot{U}_2}{\dot{I}_2} = n^2 Z_L \qquad (5-9)$$

### 3. 变压器的铭牌数据

变压器的铭牌主要标示变压器的额定值，额定值是变压器制造厂对变压器在指定工

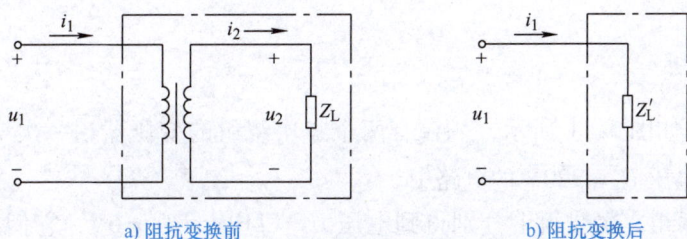

a) 阻抗变换前            b) 阻抗变换后

图 5-10    变压器阻抗变换原理图

作条件下运行时所规定的一些量值。在额定状态下运行时，可以保证变压器长期可靠地工作，并具有优良的性能。额定值也是产品设计和试验的依据。额定值通常标在变压器的铭牌上，又称为铭牌值。

（1）额定容量 $S_N$    变压器的额定容量是指额定状态下，在规定的使用年限（一般为 20 年）内所能连续输出的最大视在功率，单位为 V·A（伏安）或 kV·A（千伏安）等。对于三相变压器，$S_N$ 是三相容量之和。因变压器不能变换功率，所以，双绕组变压器的一、二次侧额定容量相等。

1）单相双绕组变压器的额定容量为

$$S_N = U_{1N}I_{1N} = U_{2N}I_{2N} \tag{5-10}$$

2）三相变压器的额定容量为

$$S_N = \sqrt{3}\,U_{1N}I_{1N} = \sqrt{3}\,U_{2N}I_{2N} \tag{5-11}$$

（2）额定电压 $U_N$    额定电压是指铭牌规定的各个绕组在空载、指定分接开关位置下的端电压，单位为 V 或 kV。对三相变压器，$U_N$ 指额定线电压。

（3）额定电流 $I_N$    额定电流是指变压器按规定的工作时间（长时连续工作、短时工作或间歇断续工作）运行时一、二次绕组允许通过的最大电流，单位为 A 或 kA。对于三相变压器，$I_N$ 指额定线电流。

对于单相变压器，一次和二次额定电流分别为

$$I_{1N} = \frac{S_N}{U_{1N}}, \quad I_{2N} = \frac{S_N}{U_{2N}}$$

对三相变压器，一次和二次额定电流分别为

$$I_{1N} = \frac{S_N}{\sqrt{3}\,U_{1N}}, \quad I_{2N} = \frac{S_N}{\sqrt{3}\,U_{2N}}$$

（4）连接组别    连接组别是表示一、二次绕组的连接方式及线电压之间相位差的一种方法，通常用时钟法表示。

（5）额定温升    变压器的额定温升是以环境温度 40℃（摄氏度）作为参考，规定在运行中允许变压器的温度超出参考环境的最大温度。

变压器除了上述额定值外，还有空载电流、空载损耗、阻抗电压、负载损耗等

参数。

### 4. 例题分析

【例5-1】 如图 5-11 所示，一台有两个二次绕组的变压器，一次绕组匝数 $N_1 = 1100$ 匝，接入电压 $U_1 = 220V$ 的电路中。

（1）要在两组二次绕组上分别得到电压 $U_2 = 110V$、$U_3 = 6V$，它们的匝数分别为多少？

（2）若在一个二次绕组上接上"110V、60W"的用电器，一次绕组的输入电流为多少？

**解:** （1）根据一、二次绕组间电压与匝数的关系有

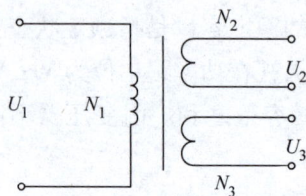

图 5-11　例 5-1 电路图

$$\frac{U_1}{U_2} = \frac{N_1}{N_2}, \ \frac{U_1}{U_3} = \frac{N_1}{N_3}$$

$$N_2 = \frac{U_2}{U_1}N_1 = \frac{110}{220} \times 1100 \text{ 匝} = 550 \text{ 匝}$$

$$N_3 = \frac{U_3}{U_1}N_1 = \frac{6}{220} \times 1100 \text{ 匝} = 30 \text{ 匝}$$

（2）设一次绕组输入电流为 $I_1$，二次绕组电流为 $I_2$，则

$$I_2 = \frac{P}{U} = \frac{60W}{110V} \approx 0.55A$$

$$I_1 = \frac{N_2}{N_1}I_2 = \frac{550}{1100} \times 0.55A \approx 0.275A$$

【例5-2】 电路如图 5-12 所示，若 $n = 4$，则接多大的负载电阻可获得最大功率？

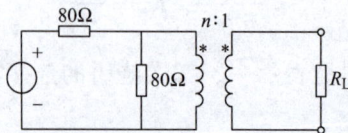

图 5-12　例 5-2 电路图

**解：**
$$R'_L = 80\Omega /\!/ 80\Omega = 40\Omega \qquad R_L = \frac{R'_L}{n^2} = \frac{40\Omega}{4^2} = 2.5\Omega$$

接 $2.5\Omega$ 负载电阻时可获得最大功率。

## 5.4 项目实施

### 5.4.1 项目实施条件

场地：学做合一教室或电工技能实训室。

工具：剪刀、螺钉旋具及剥线钳等。

仪器设备及材料：按表 5-1 配置仪器设备及材料。

表 5-1 仪器设备及材料

| 序号 | 名 称 | 型号与规格 | 数 量 | 备 注 |
|---|---|---|---|---|
| 1 | 单相调压器 | 0~450V | 1个 | |
| 2 | 可调直流稳压电源 | 0~30V | 1个 | |
| 3 | 交流数字电压表 | 0~500V | 2块 | |
| 4 | 交流数字电流表 | 0~5A | 2块 | |
| 5 | 直流数字电压表 | 0~500V | 1块 | |
| 6 | 直流数字电流表 | 0~5A | 1块 | |
| 7 | 万用表 | | 1块 | |
| 8 | 单相功率表 | | 1块 | 实验模块代号 TKDG-06 |
| 9 | 实验变压器 | 36V/220V 50V·A | 1个 | 实验模块代号 TKDG-04 |
| 10 | 可变电阻器 | 100Ω | 1个 | |
| 11 | 白炽灯 | 220V,15W | 5个 | 实验模块代号 TKDG-04 |
| 12 | 连接导线 | | 若干 | |

### 5.4.2 电路安装与测试

**1. 分别用直流法和交流法测定互感线圈的同名端**

（1）直流法　如图 5-13 所示，在开关 S 闭合的瞬间，若毫安表（万用表毫安档）指针正偏，则可断定"1""3"为同名端；若毫安表指针反偏，则"1""4"为同名端。

$U$ 为可调直流稳压电源输出电压，调至 10V。流过一次侧的电流不可超过 0.4A（选用 5A 量程的数字电流表）。二次侧直接接入 2mA 量程的毫安表。

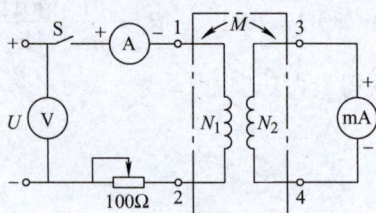

图 5-13　直流法

（2）**交流法**　按图5-14所示电路，将2、4两端用导线短接，用交流数字电压表测量1、2两端电压 $U_1$，3、4两端电压 $U_2$ 及1、3两端电压 $U$，将电压填入表5-2中，判断同名端。

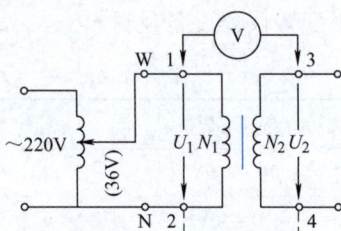

图 5-14　交流法

**表 5-2　测量数据**

| $U_1$ | $U_2$ | $U$ | 同名端 |
|---|---|---|---|
|  |  |  |  |

### 2. 变压器特性测试

1）按图5-1电路接线，其中 AX 为变压器的一次绕组（低压绕组），ax 为变压器的二次绕组（高压绕组），即电源经调压器接至一次绕组，二次绕组输出接 $Z_L$（即灯组负载，3只灯泡并联），经指导教师检查后方可进行实验。

2）将调压器手柄置于输出电压为零的位置（逆时针旋到底），合上电源开关，并调节调压器，使其输出电压为36V。令负载开路并逐次增加负载（最多亮5只灯泡），分别记下五个仪表的读数，记入表5-3中，绘制变压器外特性曲线。实验完毕后将调压器调回零位，断开电源。

**表 5-3　测量数据**

| 负载灯泡（只） | $U_1$ | $U_2$ | $I_1$ | $I_2$ | $P$ |
|---|---|---|---|---|---|
| 0 |  |  |  |  |  |
| 1 |  |  |  |  |  |

（续）

| 负载灯泡（只） | $U_1$ | $U_2$ | $I_1$ | $I_2$ | $P$ |
|---|---|---|---|---|---|
| 2 | | | | | |
| 3 | | | | | |
| 4 | | | | | |
| 5 | | | | | |

当负载为 4 个或 5 个灯泡时，变压器已处于超载运行状态，很容易烧坏。因此，测量和记录应尽量快，总共不应超过 3min。实验时，可先将 5 只灯泡并联安装好，断开控制每个灯泡的相应开关，通电且电压调至规定值后，再逐一打开各个灯的开关，并记录仪表读数。待开 5 灯的数据记录完毕后，立即用相应的开关断开各灯。

3）将二次侧（高压侧）开路，确认调压器处在零位后，合上电源，调节调压器输出电压，使 $U_1$ 从零逐次上升到 1.2 倍的额定电压（$1.2 \times 36V$），分别记下各次测得的 $U_{20}$ 和 $I_{10}$ 数据，记入表 5-4 中，用 $U_1$ 和 $I_{10}$ 绘制变压器的空载特性曲线。

表 5-4　测量数据

| $U_1/V$ | 0 | 5 | 10 | 15 | 29 | 20 | 30 | 36 | 43.2 |
|---|---|---|---|---|---|---|---|---|---|
| $U_{20}/V$ | | | | | | | | | |
| $I_{10}/mA$ | | | | | | | | | |

### 5.4.3　实训报告

实训报告格式见附录 A。

## 5.5　项目总结与考核

### 5.5.1　项目总结

1）当流过一个线圈中的电流发生变化时，在相邻线圈中产生感应电压的现象称为互感。

2）在列写自感电压和互感电压的表达式时，自感电压的正、负与端口电压、电流的参考方向是否关联有关：关联时取正，否则取负。互感电压的正、负与电流的参考方向、同名端有关：电流都是流入同名端时，互感取正，否则取负。

3）互感线圈串联时，若为顺接串联，则等效电感为 $L_1 + L_2 + 2M$；若为反接串联，则等效电感为 $L_1 + L_2 - 2M$。

155

4）互感线圈并联，同侧并联时，其等效电感为 $\dfrac{L_1 L_2 - M^2}{L_1 + L_2 - 2M}$；异侧并联时，其等效电感为 $\dfrac{L_1 L_2 - M^2}{L_1 + L_2 + 2M}$。

5）当两个互感线圈只有一端连接时，可以采用T形去耦等效的方法进行分析，同名端连接时，三条支路的自感系数分别为 $M$、$L_1 - M$、$L_2 - M$；异名端连接时，三条支路的自感系数分别为 $-M$、$L_1 + M$、$L_2 + M$。

6）理想变压器应具备三个条件：无损耗；耦合系数 $k = 1$；线圈的电感量和互感量为无穷大。理想变压器具有变压特性：$U_1 = nU_2$；变流特性：$I_2 = nI_1$；变阻特性：$Z'_L = n^2 Z_L$。在分析理想变压器构成的电路时，应根据已知条件，利用其基本特性进行分析。

## 5.5.2 项目考核

项目考核的原则是"过程考核与综合考核相结合，理论考核与实践考核相结合"，具体考核内容参考表5-5。

表5-5 项目5考核表

| 考核项目 | 考核内容及要求 | 分 值 | 得 分 |
|---|---|---|---|
| 电路制作 | 1）能正确连接电路<br>2）能正确连接功率表、电压表、电流表 | 30 | |
| 参数测量 | 1）能正确判定同名端<br>2）能正确绘制变压器负载特性<br>3）能正确绘制空载特性 | 40 | |
| 实训报告编写 | 1）语言表达准确，逻辑性强<br>2）格式标准，内容充实、完整<br>3）有详细的数据记录 | 20 | |
| 综合职业素养 | 1）学习、工作积极主动，遵时守纪<br>2）团结协作精神好<br>3）踏实勤奋，严谨求实 | 10 | |
| 总分 | | 100 | |

# 习　题

### 一、填空题

1. 两个互感线圈，它们绕向一致的端子称为＿＿＿＿＿＿＿。

2. 两个全耦合的互感线圈的电感分别是 0.4H 和 1.6H，则它们之间的互感系数是 0.8H。当它们顺接串联时，其等效电感 $L_{顺}$ = _____；当它们反接串联时，其等效电感 $L_{反}$ = _____。

3. 由本线圈中的电流变化而在本线圈两端产生的感应电压称为_____电压；由相邻线圈中的电流变化而在本线圈两端产生的感应电压称为_____电压。

4. 理想变压器的理想条件：变压器中无_____；耦合系数 $k$ = _____；线圈的 _____量和_____量均为无穷大。

5. 理想变压器二次侧的负载阻抗折合到一次回路的等效阻抗 $Z_L'$ = _____。

6. 两个互感线圈同侧相并时，其等效电感为_____；它们异侧相并时，其等效电感为_____。

## 二、判断题

1. 由同一电流引起的感应电压，其极性始终保持一致的端子称为同名端。（    ）

2. 通过互感线圈的电流若同时流入同名端，则它们产生的感应电压彼此增强。
（    ）

3. 两个相邻较近的线圈总是存在互感。（    ）

4. 理想变压器的其中一个特性是一次电流与二次电流之比等于它们的匝数之比。
（    ）

5. 两个串联互感线圈的感应电压极性，取决于电流流向，与同名端无关。（    ）

## 三、单项选择题

1. 两互感线圈同侧相并时，其等效电感量 $L_{同}$ = （    ）。

A. $\dfrac{L_1 L_2 - M^2}{L_1 + L_2 - 2M}$　　　B. $\dfrac{L_1 L_2 - M^2}{L_1 + L_2 + 2M^2}$　　　C. $\dfrac{L_1 L_2 - M^2}{L_1 + L_2 - M^2}$

2. 两互感线圈顺接串联时，其等效电感量 $L_{顺}$ = （    ）。

A. $L_1 + L_2 - 2M$　　　B. $L_1 + L_2 + M$　　　C. $L_1 + L_2 + 2M$

3. 两互感线圈的耦合系数 $k$ = （    ）。

A. $\dfrac{\sqrt{M}}{L_1 L_2}$　　　B. $\dfrac{M}{\sqrt{L_1 L_2}}$　　　C. $\dfrac{M}{L_1 L_2}$

4. 变压器不能变换（    ）。

A. 交流电压　　　　　　　　　　　B. 直流电压

C. 交流电流　　　　　　　　　　　D. 交流阻抗

5. 线圈几何尺寸确定后，其互感电压的大小正比于相邻线圈中电流的（    ）。

A. 大小　　　　　B. 变化量　　　　　C. 变化率

### 四、计算题

1. 两个互感线圈顺接串联时，总电感为0.6H，反接串联时总电感为0.2H，若两线圈的电感量相同，求互感和线圈的电感。

2. 电路如图5-15所示。（1）试选择合适的匝数比使传输到负载上的功率达到最大；（2）求1Ω负载上获得的最大功率。

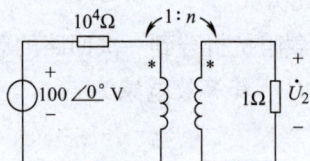

图5-15  计算题2电路

3. 如图5-16所示，一台有两个二次绕组的变压器，一次绕组匝数 $N_1 = 1100$ 匝，接入电压 $U_1 = 220V$ 的电路中。

（1）要求在两组二次绕组上分别得到电压 $U_2 = 400V$、$U_3 = 6V$，它们的匝数分别为多少？

（2）若要在400V二次绕组得到100mA，则一次绕组的输入电流为多少？

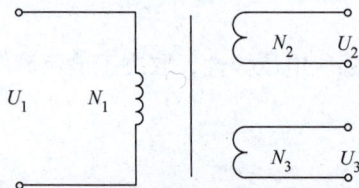

图5-16  计算题3电路

4. 有一个理想变压器，一次绕组匝数为1000匝，二次绕组匝数为100匝。若一次电压为220V，则二次电压为多少？若二次电流为100mA，那么一次电流应该是多少？

5. 在图5-17所示电路中，变压器为理想变压器，$\dot{U}_S = 10 \angle 0° $ V，求电压 $\dot{U}_C$。

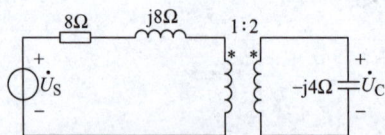

图5-17  计算题5电路

# 项 目 6

# 三相交流电路的安装与测试

## 6.1　项目分析

三相正弦交流电是目前世界上广泛使用的交流电。电力系统中的发电、输电、配电以及大功率用电器大多都是三相系统。由三相电源和三相负载连接而成的电路，称为三相电路。本项目以三相电动机的星形联结和三角形联结为例，进行分析和测量各种参数，达到教学目的。

通过本项目的学习，达到以下教学目标。

### 1. 能力目标

1）会连接三相电路。

2）会测相电压、相电流、线电压、线电流，会测有功功率和无功功率。

### 2. 知识目标

1）了解三相交流电的产生，掌握三相电源的连接方式及特点。

2）掌握三相负载的连接方式及特点。

3）熟悉线电压、线电流、相电压、相电流的概念。

4）掌握线电压、线电流、相电压、相电流的大小关系和相位关系。

5）熟悉三相电路对称与不对称情况下的分析、计算方法。

6）掌握三相电路中各种功率的关系。

### 3. 素质目标

通过对三相电路及电动机的学习，培养踏实勤奋、严谨求实、精益求精的工匠精神。

## 6.2　项目任务

1）认识三相交流电，认识三相电动机的星形联结和三角形联结方式，了解它们的特点以及在生产领域中的应用。认识三相电路的功率和功率因数，并学会功率和功率因数的测量方法。

2）三相电动机星形联结。将电动机连接成星形，如图6-1所示。测量相电压、线电压、相电流、线电流，并找出它们之间的关系，学会三相功率的测量方法。

3）三相电动机三角形联结。将电动机按图6-2所示电路连接成三角形。测量相电压、线电压、相电流、线电流，并找出它们之间的关系，学会三相功率的测量方法。

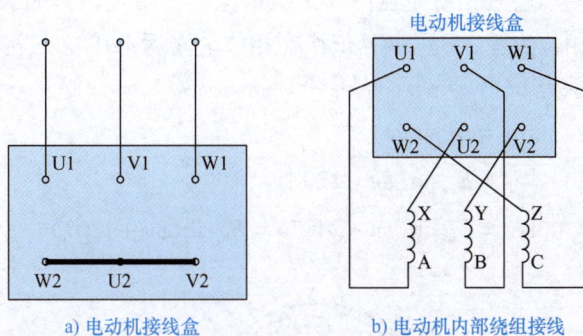

a) 电动机接线盒　　　　　　b) 电动机内部绕组接线

图 6-1　电动机星形联结

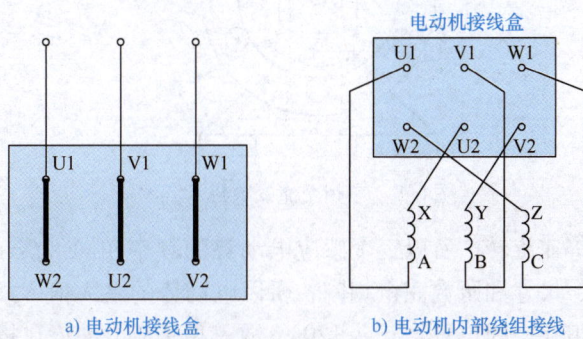

a) 电动机接线盒　　　　　　b) 电动机内部绕组接线

图 6-2　电动机三角形联结

# 6.3　相关知识

## 6.3.1　三相交流电的基本概念

　　能提供三相交流电的设备称为三相交流电源，三相交流电一般是由三相交流发电机产生的。图 6-3 所示为三相交流发电机的示意图。在磁极 N、S 中间放一圆柱形铁心，圆柱形铁心外圆安装三个结构上完全相同、空间位置上互差 120° 的绕组，三个绕组的一端用 A、B、C 表示，称为首端；另一端用 X、Y、Z 表示，称为末端，AX、BY、CZ 构成了三相发电机的对称三相绕组。铁心和绕组共同构成发电机的电枢，发电机磁极产生的磁感应强度沿电枢表面按正弦规律分布。

　　当电枢由原动机拖动在磁感应强度按正弦规律分布的磁场内按逆时针方向等速旋转时，三个绕组将分别感应和产生三个按正弦规律变化的电动势。三相感应电动势 $e_A$、$e_B$、$e_C$ 的正方向是从绕组末端指向首端，则相应三相感应电压 $u_A$、$u_B$、$u_C$ 的正方向是从绕组首端指向末端。若三相绕组从图 6-3 所示位置开始旋转，那么在 AX 绕组中产生的感应电动势的初相位为零，BY、CZ 依次在相位上滞后 120°。三相绕组中的感应电动势用三角函数式表示为

$$\begin{cases} e_A = E_m \sin\omega t \\ e_B = E_m \sin(\omega t - 120°) \\ e_C = E_m \sin(\omega t - 240°) = E_m \sin(\omega t + 120°) \end{cases} \qquad (6\text{-}1)$$

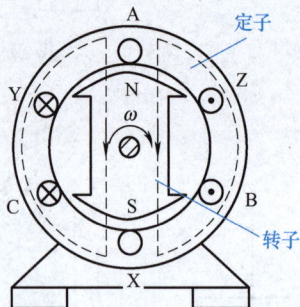

图 6-3   三相交流发电机示意图

由于三相绕组等速旋转，所以三个感应电动势的频率相同（$f = pn/60$）；又由于三相绕组的几何形状、尺寸和匝数完全相同，所以电动势的最大值 $E_m$（或有效值 $E$）相等；另外，三相绕组在空间位置上互差 120°，故三相感应电动势在相位上互差 120°。

在电路分析中，通常不用电动势表示，而用电压表示，因此，以 A 相绕组的感应电压为参考正弦量，则发电机三相感应电压的解析式为

$$\begin{cases} u_A = U_m \sin\omega t \\ u_B = U_m \sin(\omega t - 120°) \\ u_C = U_m \sin(\omega t + 120°) \end{cases} \qquad (6\text{-}2)$$

发电机三相绕组的三相感应电压波形如图 6-4a 所示。角频率（或频率、周期）相同、最大值（或有效值）相等、相位上互差 120°的三个正弦电压、电流（或电动势）称为对称三相正弦量。三相感应电压对应的相量表达式为

$$\begin{cases} \dot{U}_A = U \angle 0° \\ \dot{U}_B = U \angle -120° \\ \dot{U}_C = U \angle 120° \end{cases} \qquad (6\text{-}3)$$

三相感应电压的相量图如图 6-4b 所示。

根据图 6-4 所示波形图和相量图可得

$$\begin{cases} u_A + u_B + u_C = 0 \\ \dot{U}_A + \dot{U}_B + \dot{U}_C = 0 \end{cases} \qquad (6\text{-}4)$$

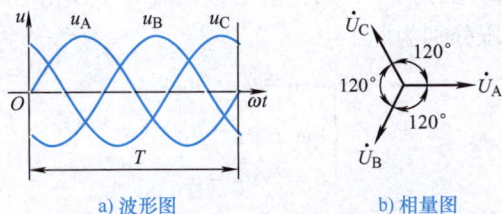

a) 波形图      b) 相量图

图 6-4  三相感应电压波形图和相量图

对称三相交流电在相位上的先后次序称为它们的相序。例如，图 6-4 所示的三相感应电压的相序为 A→B→C，一般称为正序或顺序；若相序为 A→C→B，则称为负序或逆序。电力系统一般采用正序。

## 6.3.2  三相电源的连接

### 1. 三相电源的星形联结

把发电机三相绕组的末端 X、Y、Z 连接成一点，把首端 A、B、C 作为与外电路相连接的端点的连接方式称为电源的星形联结，如图 6-5a 所示。

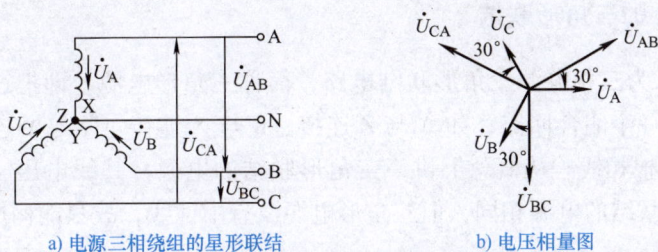

a) 电源三相绕组的星形联结      b) 电压相量图

图 6-5  发电机三相绕组的星形联结电路及电压相量

图 6-5 中，电源三相绕组的末端公共连接点 N 称为电源中性点（或零点），从中性点引出的导线称为中性线（或零线），当中性线接地时，又把中性线称为地线。从电源首端 A、B、C 引出的三根导线称为相线（或端线），俗称火线。通常将电源首端引出的三根相线分别用黄、绿、红三种颜色标记，这样的连接方式称为电源的三相四线制。如果电源不向外引出中性线，就构成三相三线制的星形联结。

电源三相绕组每一相由首端指向末端的感应电压称为相电压（$U_P$），如图 6-5a 中的 $\dot{U}_A$、$\dot{U}_B$、$\dot{U}_C$（也可以表示为 $\dot{U}_{AN}$、$\dot{U}_{BN}$、$\dot{U}_{CN}$）。相线 A、B、C 之间的电压称为线电压（$U_L$），如图 6-5b 中的 $\dot{U}_{AB}$、$\dot{U}_{BC}$、$\dot{U}_{CA}$。相线上通过的电流称为线电流，三相电气设备铭牌数据上所指的电流，通常都是指线电流。

设电源绕组中性点的电位为零，则首端电位显然等于各相电压，根据电压等于两点电位之差，可得各线电压分别为

$$\begin{cases} u_{AB} = u_A - u_B \\ u_{BC} = u_B - u_C \\ u_{CA} = u_C - u_A \end{cases}$$

对应相量关系式可由图 6-5b 导出，即

$$\begin{cases} \dot{U}_{AB} = \dot{U}_A - \dot{U}_B = \dot{U}_A + (-\dot{U}_B) = \sqrt{3}\,\dot{U}_A \underline{/30°} \\ \dot{U}_{BC} = \dot{U}_B - \dot{U}_C = \dot{U}_B + (-\dot{U}_C) = \sqrt{3}\,\dot{U}_B \underline{/30°} \\ \dot{U}_{CA} = \dot{U}_C - \dot{U}_A = \dot{U}_C + (-\dot{U}_A) = \sqrt{3}\,\dot{U}_C \underline{/30°} \end{cases} \qquad (6-5)$$

式(6-5)说明线电压是相电压的 $\sqrt{3}$ 倍，并依序超前相电压 $\dot{U}_A$、$\dot{U}_B$、$\dot{U}_C$ 的相位为 30°，计算时，只要计算 $\dot{U}_{AB}$，就可以依序写出 $\dot{U}_{BC}$ 和 $\dot{U}_{CA}$。因为相电压三相对称，所以线电压也依次三相对称，即 $\dot{U}_{AB} + \dot{U}_{BC} + \dot{U}_{CA} = 0$。

三相电源星形联结时，可以得到线电压和相电压两种电压，对用户较为方便。例如星形联结电源相电压为 220V 时，线电压为 $\sqrt{3} \times 220V \approx 380V$，给用户提供了 220V、380V 两种电压，380V 的电压供动力负载使用，而 220V 的电压供照明或其他负载使用。

**2. 三相电源的三角形联结**

图 6-6a 所示为三相电源三角形联结电路，简称三角形电源，即把三相电压源依次首尾相接，连成一个闭合回路，如 A 与 Z 连接、B 与 X 连接、C 与 Y 连接，再从端子 A、B、C 引出三根相线。从概念上讲，三角形联结的电源，其线电压、相电压、线电流的概念与星形联结的电源相同，但三角形电源没有中性线，故只能构成三相三线制供电系统。

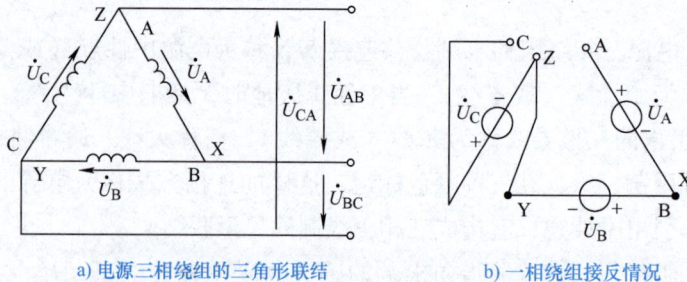

a) 电源三相绕组的三角形联结　　　　b) 一相绕组接反情况

图 6-6　三相电压源的三角形联结

从图 6-6a 可以看出，电源三角形联结时，两两相线都是由各相绕组的两端引出的，因此，线电压等于各相电压，即 $u_{AB} = u_A$、$u_{BC} = u_B$、$u_{CA} = u_C$。由于三相电源的相电压

对称，所以三个线电压也对称。

实际三相电源三角形联结时，如果接法正确，电源回路中没有电流。但是如果有一相绕组接反，例如 C 相接反，把 Z 错误地与 Y 连接，如图 6-6b 所示，则当 A、C 还未连接时，有

$$\dot{U}_{AC} = \dot{U}_{AX} + \dot{U}_{BY} + \dot{U}_{ZC} = \dot{U}_{AX} + \dot{U}_{BY} - \dot{U}_{CZ} = -2\,\dot{U}_{CZ}$$

即开口处电压的有效值是每相电源电压的两倍，而各相电源绕组的阻抗均很小，当一相绕组接反时，电源回路中就会产生很大的环流而烧坏电源绕组。因此，实际三相电源三角形联结时，为确保连接无误，可以先把三个绕组接成开口三角形，再用一个最大量程大于两倍电源相电压的电压表将开口闭合起来。电压表的阻抗很大，无论三相绕组的连接是否正确，电源回路中的电流都很小，不会损坏绕组。如果电压表的读数为零，就可以断定绕组接线正确。

## 6.3.3 三相负载星形联结

### 1. 三相电路的基本概念

图 6-7 所示为电源和负载均为星形联结的三相电路。各相负载阻抗的电压称为三相负载的相电压，如图中 $\dot{U}_{A'}$、$\dot{U}_{B'}$、$\dot{U}_{C'}$。三相负载的任意两个相线之间的电压称为负载的线电压，如图中 $\dot{U}_{A'B'}$、$\dot{U}_{B'C'}$、$\dot{U}_{C'A'}$。各相负载上通过的电流称为相电流，三条相线上通过的电流称为线电流，由电路的连接方式可知，星形联结的三相电路中，线电流等于相电流，分别用 $\dot{I}_A$、$\dot{I}_B$ 和 $\dot{I}_C$ 表示。负载中性点 N′到电源中性点 N 之间的电压称为中性点电压，用 $\dot{U}_{N'N}$ 表示。图中 $Z_L$ 为相线阻抗，$Z_N$ 为中性线阻抗。

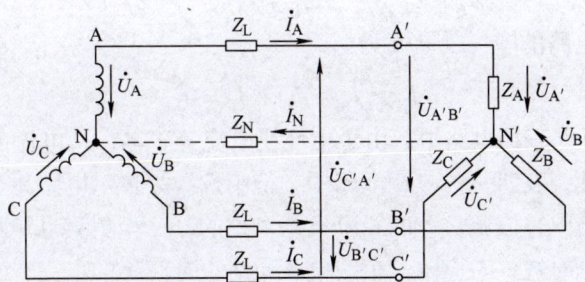

图 6-7 星形联结的三相电路

一般情况下，电源都是对称的，当三相负载 $Z_A = Z_B = Z_C = |Z| \underline{/\varphi}$，符合对称条件且相线复阻抗相等时，则此时构成的三相电路称为对称三相电路。不满足对称条件的三相负载称为不对称负载，由不对称负载组成的三相电路称为不对称三相电路。

如果三相电源和负载都为星形联结，称为丫–丫联结方式，如图 6-7 所示电路。若把电源的中性点 N 和负载的中性点 N′用具有阻抗 $Z_N$ 的中性线连接起来（见图 6-7 中虚线），则这种连接方式称为三相四线制连接方式。其中，中性线上通过的电流称为中性线电流，用 $\dot{I}_N$ 表示。若没有中性线连接，则称为三相三线制连接方式。如果星形负载连接三角形电源，称为△–丫联结方式，也属于三相三线制连接方式。

### 2. 星形对称三相电路的分析与计算

三相交流电路实际上是正弦交流电路的一种特殊情况，所以对三相交流电路而言，前面讨论的正弦交流电路的分析方法仍然适用。可以利用对称三相电路的特点，简化对称三相电路的分析与计算。

以图 6-7 所示电路为例进行分析，先从对称三相四线制电路入手，根据节点电压法先把中性点电压 $\dot{U}_{N'N}$ 求出，选 N 为参考节点，根据弥尔曼定理可得

$$\dot{U}_{N'N} = \frac{\dfrac{\dot{U}_A}{Z_A+Z_L}+\dfrac{\dot{U}_B}{Z_B+Z_L}+\dfrac{\dot{U}_C}{Z_C+Z_L}}{\dfrac{1}{Z_N}+\dfrac{1}{Z_A+Z_L}+\dfrac{1}{Z_B+Z_L}+\dfrac{1}{Z_C+Z_L}} \tag{6-6}$$

三相负载电流为

$$\dot{I}_A = \frac{\dot{U}_A-\dot{U}_{N'N}}{Z_A+Z_L}, \quad \dot{I}_B = \frac{\dot{U}_B-\dot{U}_{N'N}}{Z_B+Z_L}, \quad \dot{I}_C = \frac{\dot{U}_C-\dot{U}_{N'N}}{Z_C+Z_L} \tag{6-7}$$

由于三相电路对称，所以式(6-7)中分子为零，故 $\dot{U}_{N'N}=0$，电源中性点 N 和负载中性点 N′等电位。此时，各相负载中流过的电流分别为

$$\dot{I}_A = \frac{\dot{U}_A}{Z_A+Z_L}, \quad \dot{I}_B = \frac{\dot{U}_B}{Z_B+Z_L}, \quad \dot{I}_C = \frac{\dot{U}_C}{Z_C+Z_L} \tag{6-8}$$

对称三相负载电路的中性线电流为

$$\dot{I}_N = \dot{I}_A + \dot{I}_B + \dot{I}_C = 0 \tag{6-9}$$

显然，对称的丫–丫三相电路中，由于中性线电流等于零，从电流的观点来看，中性线相当于开路。因此，在对称的三相电路中，把中性线去掉对电路无影响。

在对称三相电路中，三相负载的相电压是对称的，三相负载也是对称的，因此三相负载中的电流必然也对称，对应的三个线电压当然也是对称的。

经上述讨论可得出如下结论：

1）对称丫–丫联结中，由于三相电源和三相负载的对称性，所以各相负载的端电压和电流也是对称的。只要求得其中一相电压和电流，其他两相就可以根据对称性直接写出。

2）由于 $\dot{U}_{N'N}=0$，所以各相电路的计算具有独立性，各相电流也是独立的，这样，

三相电路的计算就可以归结为一相来计算，其他两相按对称性可根据计算结果直接写出。一般取 A 相电路为参考，画出一相计算电路，如图 6-8 所示。

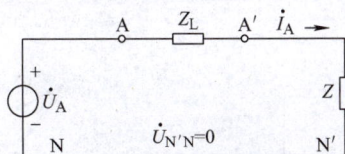

图 6-8　一相计算电路

**注意：** 在一相电路计算中，中性线阻抗 $Z_N$ 不起作用，N 点和 N′ 点等电位，用一根短接线连接。

**【例 6-1】**　对称三相电路如图 6-7 所示，已知 $u_A = 380\sin(\omega t + 30°)\,V$，各相负载阻抗均为 $Z = (5 + j6)\,\Omega$，相线阻抗为 $Z_L = (1 + j2)\,\Omega$，试求三相负载上的各电流相量。

**解：** 根据已知条件，得线电压和相电压相量分别为

$$\dot{U}_{AB} = 380 \underline{/30°}\ V \qquad \dot{U}_A = 220 \underline{/0°}\ V$$

画出一相计算电路，如图 6-8 所示，可得

$$\dot{I}_A = \frac{\dot{U}_A}{Z + Z_L} = \frac{220 \underline{/0°}}{6 + j8}A \approx 22 \underline{/-53.1°}A$$

根据对称性，可以写出另外两相电流相量为

$$\dot{I}_B = 22 \underline{/-173.1°}\ A$$

$$\dot{I}_C = 22 \underline{/66.9°}\ A$$

### 3. 星形不对称三相电路的分析与计算

三相负载不符合对称条件时所构成的三相电路，称为不对称三相电路。如照明负载接入电源后很难做到三相对称，又如某一相负载发生短路或开路，或对称三相电路的某一相线断开，都会造成三相电路不对称。不对称三相电路不再具有对称性的特性，所以，三相归一相电路的计算方法也随之失效。

星形不对称三相电路分以下两种情况进行讨论。

（1）**不对称三相电路星形联结且无中性线**　若图 6-7 所示电路中输电线的阻抗 $Z_L \approx 0$，则该电路就可简化为图 6-9a 所示电路。设该电路 $Z_N = \infty$，$Y_N = 0$，无中性线，显然 $\dot{I}_N = 0$。由于三相电路不对称，故有 $\dot{U}_{N'N} \neq 0$，即电源中性点 N 和负载中性点 N′ 电位不相等。此时通常先利用式（6-6）计算出中性点电压 $\dot{U}_{N'N}$，然后再求出实际加在各相负载的端电压。由图 6-9b 所示相量图可以清楚地看到 N′ 点和 N 点不重合，这一现象称为 <u>中性点偏移</u>。在电源对称的情况下，可以根据中性点偏移的程度来判断负载不对称的

程度。当中性点偏移较大时，会引起负载端相电压的严重不对称，使有的负载相电压低于电源相电压，有的负载相电压高于电源相电压（甚至可能高过电源线电压），从而造成各相负载工作的不正常。

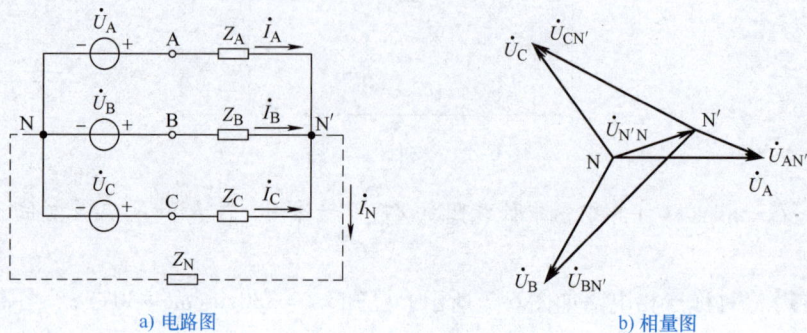

a) 电路图　　　　　　　　　　　　　　　b) 相量图

图 6-9　不对称三相电路

由图 6-9b 还可看出，三相电路不对称且又无中性线时，各相负载的端电压相互关联，这是因为三相负载在这种情况下工作状况相互关联。因此，三相负载中只要有一相因某种原因发生变化，中性点电压就要随之变化，三相负载彼此都会相互影响，即完全失去了独立性和对称性。各相负载的端电压要单独计算，即

$$\begin{cases} \dot{U}_{A'} = \dot{U}_A - \dot{U}_{N'N} \\ \dot{U}_{B'} = \dot{U}_B - \dot{U}_{N'N} \\ \dot{U}_{C'} = \dot{U}_C - \dot{U}_{N'N} \end{cases} \tag{6-10}$$

然后再根据电压、电流关系式进而求出各相负载上通过的电流。

**【例 6-2】** 图 6-10a 所示为测定三相电源相序的相序指示器电路，任意指定一相电源为 A 相后，指示器指示出其他两相中的 B 相和 C 相。图中指示器由两个白炽灯和一个电容组成星形联结，把电容接到指定的 A 相，两个白炽灯分别接另外两相。由于这组负载不对称，两个白炽灯的端电压不等，亮度不同，可以决定相序。设电容的容纳 $\omega C = G$，试问较亮的白炽灯所接的是 B 相，还是 C 相？

**解：** 设 $\dot{U}_A = U\underline{/0°}$，$\dot{U}_B = U\underline{/-120°}$，$\dot{U}_C = U\underline{/120°}$，则中性点电压为

$$\dot{U}_{N'N} = \frac{jG\dot{U}_A + G(\dot{U}_B + \dot{U}_C)}{jG + G + G} = (-0.2 + j0.6)U \approx 0.63U\underline{/108.4°}$$

画出相量图，如图 6-10b 所示，先画出 $\dot{U}_A$、$\dot{U}_B$、$\dot{U}_C$，再按所得结果画出 $\dot{U}_{N'N}$，然后就可以画出两个白炽灯的电压 $\dot{U}_B'$ 和 $\dot{U}_C'$。从相量图可以看出，$\dot{U}_B' > \dot{U}_C'$，从而知道较亮的白炽灯接 B 相，较暗接 C 相。

也可以通过计算得出 B 相、C 相灯泡承受的电压为

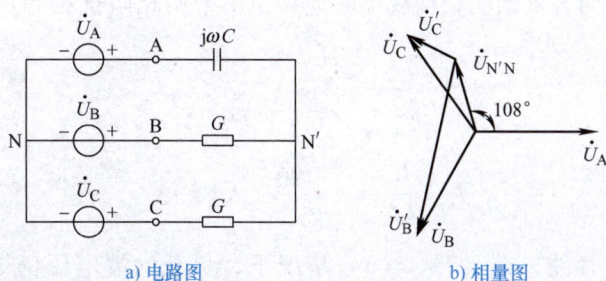

a) 电路图　　　　　　　b) 相量图

图 6-10　例 6-2 电路图和相量图

$$\dot{U}'_B = \dot{U}_B - \dot{U}_{N'N} = 1.5U \diagup -101.5°$$

$$\dot{U}'_C = \dot{U}_C - \dot{U}_{N'N} = 0.4U \diagup 133°$$

则有

$$\frac{U'_B}{U'_C} = \frac{1.5}{0.4} = 3.75$$

显然，$\dot{U}'_B > \dot{U}'_C$，B 相的灯泡比 C 相的灯泡亮。

（2）**不对称三相电路星形联结且有中性线**　设图 6-9a 所示不对称三相星形联结电路有中性线，且输电电路阻抗 $Z_L \approx 0$，中性线阻抗 $Z_N \approx 0$，即可做到强制 $\dot{U}_{N'N} \approx 0$，从而克服了中性点偏移现象。这时，尽管三相电路不对称，但由于电源对称，根据式（6-10）可知，各相负载的端电压就等于电源相电压，并且不随负载的变化而变化，各相保持独立性而又互不影响，可以分别独立计算。

【**例 6-3**】　已知星形联结对称三相电路（三相三线制）的电源线电压为 380V，各相负载阻抗 $Z = (8 + j6)\Omega$。求：（1）正常情况下负载的相电压及相电流的有效值；（2）一相短路时，另两相的相电压及相电流的有效值；（3）一相开路时，另两相的相电压及相电流的有效值；（4）如果电路是三相四线制，再求（2）、（3）。

**解**：（1）正常情况下，电路为对称三相电路，三相负载的相电压和相电流的有效值相等，可归结为一相计算，则

$$U_P = \frac{U_L}{\sqrt{3}} = \frac{380}{1.732}V \approx 220V$$

$$I_P = \frac{U_P}{|Z|} = \frac{220}{\sqrt{8^2 + 6^2}}A = 22A$$

（2）一相短路时，线电压通过短路线直接加在另外两相负载端，因此其余两相负载端电压就等于电源线电压 380V，相电流为

$$I_P = \frac{U_P}{|Z|} = \frac{380}{\sqrt{8^2 + 6^2}}A = 38A$$

（3）一相开路时，其余两相构成串联连接，由于两相阻抗相等，所以平分电源线电压，则

$$U_P = \frac{U_L}{2} = \frac{380\text{V}}{2} = 190\text{V}$$

$$I_P = \frac{U_P}{|Z|} = \frac{190}{\sqrt{8^2 + 6^2}}\text{A} = 19\text{A}$$

（4）如果有中性线，在（2）、（3）情况下，负载的端电压仍等于电源相电压，因此除短路或开路相的负载电流增大或等于零外，其余两相的端电压和电流不发生变化。

由此可知，在负载为星形联结且无中性线的对称三相电路中，一相负载短路或开路时，各相负载的端电压就不再对称了。当一相负载短路时，其余两相负载的相电压就等于电源的线电压，流过的电流是正常情况下的 $\sqrt{3}$ 倍，造成过载。当一相负载开路时，其余两相负载的端电压低于正常情况下的端电压，不能正常工作。但如果不对称三相电路有中性线，则中性线可使不对称星形联结负载的端电压仍然保持对称。因此，在三相不对称负载情况下，中性线的作用非常重要，为确保中性线的可靠性，一般使用加装钢芯的中性线，使其具有足够的机械强度，同时中性线上不允许安装熔丝和开关。

### 6.3.4 三相负载三角形联结

三个负载阻抗首尾相接连接成一个闭环，三个连接点分别与电源的三根相线相连，就构成了负载的三角形联结，如图 6-11 所示。这种方式称为丫-△联结方式，另外还有△-△联结方式。对于三角形联结负载，线电压等于相电压。图 6-11 中电路的相电流为 $\dot{I}_{A'B'}$、$\dot{I}_{B'C'}$、$\dot{I}_{C'A'}$，而线电流为 $\dot{I}_A$、$\dot{I}_B$、$\dot{I}_C$。因为三相电源对称，三相负载也对称，所以三个相电流必然对称，有

$$\dot{I}_{A'B'} = I_P \angle 0° \quad \dot{I}_{B'C'} = I_P \angle -120° \quad \dot{I}_{C'A'} = I_P \angle 120°$$

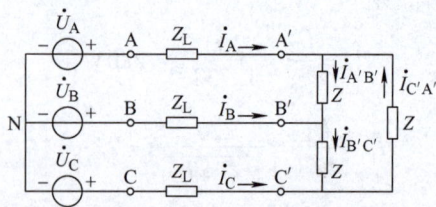

图 6-11 负载三角形联结

根据 KCL，线电流与相电流之间的关系为

$$\begin{cases} \dot{I}_A = \dot{I}_{A'B'} - \dot{I}_{C'A'} = \sqrt{3}\,\dot{I}_{A'B'} \underline{/-30°} \\ \dot{I}_B = \dot{I}_{B'C'} - \dot{I}_{A'B'} = \sqrt{3}\,\dot{I}_{B'C'} \underline{/-30°} \\ \dot{I}_C = \dot{I}_{C'A'} - \dot{I}_{B'C'} = \sqrt{3}\,\dot{I}_{C'A'} \underline{/-30°} \end{cases} \tag{6-11}$$

式(6-11) 说明：数值上，线电流是相电流的$\sqrt{3}$倍；相位上，线电流滞后相对应的相电流30°。由于三相对称，因此有

$$\dot{I}_A + \dot{I}_B + \dot{I}_C = 0$$

实际计算时，显然只需计算出一相电流$\dot{I}_A$，就可以依次写出另两相电流，这种分析方法对三角形联结电源也适用。

对于对称三角形联结负载，不能直接应用前面三相归结为一相的计算方法，应先将三角形联结负载等效变换为星形联结之后才能归结为一相进行计算。

因为三相负载对称，即

$$Z_\curlyvee = \frac{Z_\triangle}{3} \tag{6-12}$$

【例6-4】 对称三相电路如图6-11所示，已知$Z_L = (1 + \mathrm{j}2)\Omega$、$Z = (19.2 + \mathrm{j}14.4)\Omega$，线电压$U_{AB} = 380V$。求负载端的相电压和相电流。

解：先进行星形和三角形的等效变换，得$\curlyvee-\curlyvee$电路，如图6-12所示，则

$$Z_\curlyvee = \frac{Z_\triangle}{3} = \frac{19.2 + \mathrm{j}14.4}{3}\Omega = (6.4 + \mathrm{j}4.8)\Omega$$

令$\dot{U}_A = 220 \underline{/0°}$ V，根据一相电路计算方法求线电流：

$$\dot{I}_A = \frac{\dot{U}_A}{Z_\curlyvee + Z_L} = \frac{220 \underline{/0°}}{(6.4 + \mathrm{j}4.8) + (1 + \mathrm{j}2)}A \approx 22 \underline{/-42.58°}\ A$$

根据对称性，可写出另外两相为

$$\dot{I}_B = 22 \underline{/-162.58°}A$$

$$\dot{I}_C = 22 \underline{/77.42°}\ A$$

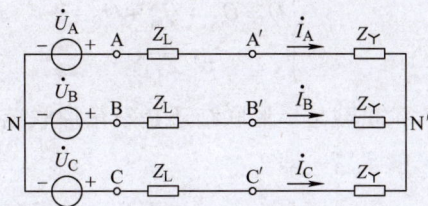

图6-12　例6-4电路

先求出负载端的相电压，再利用线电压和相电压的关系求出负载端的线电压，则有

$$\dot{U}_{A'N'} = \dot{I}_A Z_{\curlyvee} = 176 \ \underline{/-5.7^\circ} \ \text{V}$$

$$\dot{U}_{A'B'} = \sqrt{3} \ \dot{U}_{A'N'} \underline{/30^\circ} \approx 304.8 \ \underline{/24.3^\circ} \ \text{V}$$

根据对称性，可写出另外两相为

$$\dot{U}_{B'C'} = 304.8 \ \underline{/-95.7^\circ}\text{V}$$

$$\dot{U}_{C'A'} = 304.8 \ \underline{/144.3^\circ} \ \text{V}$$

依据负载端的线电压，再返回到原电路，可求得负载中的相电流为

$$\dot{I}_{A'B'} = \frac{\dot{U}_{A'B'}}{Z_\triangle} = \frac{304.8 \ \underline{/24.3^\circ}}{19.2 + j14.4}\text{A} \approx 12.7 \ \underline{/-12.57^\circ}\text{A}$$

$$\dot{I}_{B'C'} \approx 12.7 \ \underline{/-132.57^\circ}\text{A}$$

$$\dot{I}_{C'A'} \approx 12.7 \ \underline{/107.4^\circ} \ \text{A}$$

也可以利用对称三角形联结的线电流和相电流的关系直接求得，即

$$\dot{I}_{A'B'} = \frac{1}{\sqrt{3}} \dot{I}_A \underline{/30^\circ} = 12.7 \ \underline{/-12.57^\circ}\text{A}$$

对于不对称三相负载三角形联结，也可将三角形转换为星形，然后再按三相不对称负载星形联结的方法进行分析和计算。

### 6.3.5　三相电路的功率

#### 1. 三相电路功率的分析与计算

由前面介绍的内容可知，单相正弦交流电路中的有功功率 $P = UI\cos\varphi$，无功功率 $Q = UI\sin\varphi$，视在功率 $S = UI = \sqrt{P^2 + Q^2}$。

三相交流电路可以看成是三个单相交流电路的组合。因此，三相交流电路的有功功率、无功功率和视在功率均可用下式来计算：

$$\begin{cases} P = P_A + P_B + P_C \\ Q = Q_A + Q_B + Q_C \\ S = \sqrt{P^2 + Q^2} \end{cases} \tag{6-13}$$

当三相负载对称时，无论负载是星形联结还是三角形联结，各相功率都是相等的，因此，三相功率是每相功率的3倍，即

$$\begin{cases} P = 3U_P I_P \cos\varphi_P = \sqrt{3} U_L I_L \cos\varphi_P \\ Q = 3U_P I_P \sin\varphi_P = \sqrt{3} U_L I_L \sin\varphi_P \\ S = 3U_P I_P = \sqrt{3} U_L I_L \end{cases} \tag{6-14}$$

式中，$U_P$ 为相电压；$U_L$ 为线电压；$I_P$ 为相电流；$I_L$ 为线电流。

三相电路的瞬时功率为各相负载瞬时功率之和。当电路对称时，三相瞬时功率之和是一个常量，其值等于三相电路的平均功率，即

$$p = p_A + p_B + p_C = 3U_P I_P \cos\varphi_P = \sqrt{3}\, U_L I_L \cos\varphi_P \tag{6-15}$$

习惯上常把这一性能称为瞬时功率平衡。正是这种性能，才使得三相电动机的稳定性高于单相电动机。

**【例 6-5】** 一台三相异步电动机，铭牌上额定电压为 220/380V，接线是 △/丫，额定电流是 11.2/6.48A，$\cos\varphi = 0.84$。试分别求出电源线电压为 380V 和 220V 时，输入电动机的电功率。

**解**：（1）电源线电压为 380V，按铭牌规定，电动机绕组应连接成星形，输入功率为

$$P = \sqrt{3}\, U_L I_L \cos\varphi \approx 1.732 \times 380 \times 6.48 \times 0.84\text{W} \approx 3582\text{W} \approx 3.6\text{kW}$$

（2）电源线电压为 220V，按铭牌规定，电动机绕组应连接成三角形，输入功率为

$$P = \sqrt{3}\, U_L I_L \cos\varphi \approx 1.732 \times 220 \times 11.2 \times 0.84\text{W} \approx 3585\text{W} \approx 3.6\text{kW}$$

通过此例可知，只要按照铭牌的规定去接线，电动机的输入电功率是一样的。

### 2. 三相电路功率的测量

三相电路功率的测量通常借助于功率表，功率表内部有两个线圈，一个线圈与负载串联，用于测量电流；另一个线圈与负载并联，用于测量电压。接入电路时要求两个带"＊"标号的端头连接在一起。测量三相电路功率的方法有一表法、二表法和三表法三种。

（1）**一表法**　一表法适用于测量三相对称负载电路的功率，如图 6-13 所示。用功率表测量对称三相中的一相功率，则三相功率为

$$P = 3P_1 = 3U_P I_P \cos\varphi \tag{6-16}$$

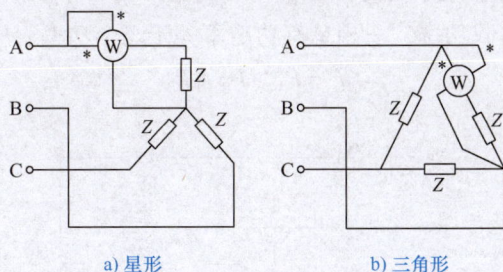

a) 星形　　　　　b) 三角形

图 6-13　一表法接线

注：① 电压线圈与被测电路并联，电流线圈与被测电路串联（切不可与负载并联）。
　　② 带有"＊"标号的电压、电流接线柱必须同为进线。

（2）**二表法**  二表法适用于测量三相三线制电路的功率，如图6-14所示。实际上，二表法是以三相中的一相作为参考点，测量另两相相对于该相的线电压、线电流构成的功率。三相总功率等于两个功率表所测功率的代数和，即

$$\begin{cases} P = P_1 + P_2 \\ P_1 = U_{AC} I_A \cos(\varphi - 30°) \\ P_2 = U_{BC} I_B \cos(\varphi + 30°) \end{cases} \tag{6-17}$$

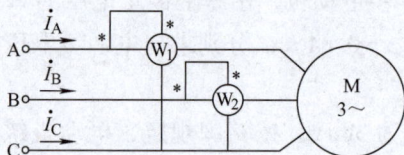

图6-14  二表法接线

二表法只适用于三相三线制电路功率的测量。三相四线制电路的功率需要用三表法测量，即用功率表分别测量各相的功率，最后将所测结果相加。

三相电路的功率测量时，存在如下几种情况：

1）对于 $\varphi = 0°$ 的电阻性负载，两功率表读数相等，三相有功功率 $P = P_1 + P_2$。

2）对于 $\varphi = \pm 60°$ 的感性和容性负载，$\cos\varphi = 0.5$，两功率表中有一只表的读数为零，则三相有功功率 $P = P_1$ 或 $P = P_2$。

3）对于 $|\varphi| > 60°$ 时的负载，$\cos\varphi < 0.5$，两功率表中有一只表读数为负值，即功率表反偏转。为了得到读数，将此功率表电流线圈的两个接头调换一下即可。此时三相有功功率等于两表读数之差，即 $P = P_1 - P_2$，因此三相电路的总功率等于这两个功率表读数的代数和。

显然，在二表法中，单独一个功率表的读数是没有意义的。

对于三相四线制电路，除对称运行外，不能用二表法来测量三相功率。

（3）**三表法**  三表法用于不对称三相四线制电路的功率测量，如图6-15所示。用功率表分别测量每相负载功率，三相总有功功率等于三个功率表所测功率之和，即

$$P = P_1 + P_2 + P_3 \tag{6-18}$$

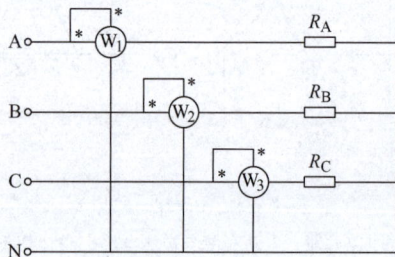

图6-15  三表法接线

**【例6-6】** 某台电动机的额定功率是 2.5kW，绕组星形联结，电路如图6-14所示。当 $\cos\varphi = 0.866$、线电压为380V时，求图中两个功率表的读数。

**解：** 这是用二表法测量功率的例题。在三相三线制电路中，无论电路对称与否，都可以用两个功率表来测量三相功率。两个功率表的连接方法如图6-14所示。

理论和实践都可以证明，图中两个功率表的读数之和就等于三相电路吸收的平均功率。其中，功率表 $W_1$ 的读数 $P_1 = U_{AC}I_A\cos(\varphi - 30°)$，功率表 $W_2$ 的读数 $P_2 = U_{BC}I_B\cos(\varphi + 30°)$。为求得两个功率表的读数 $P_1$ 和 $P_2$，需先求出

$$\begin{cases} I_L = \dfrac{P_N}{\sqrt{3}\,U_L\cos\varphi} \approx \dfrac{2.5\times10^3}{1.732\times380\times0.866}A \approx 4.39A \\ \varphi = \arccos0.866 \approx 30° \end{cases}$$

电动机为对称三相负载，所以三个线电流的有效值相同，即 $I_A = I_B = I_C = 4.39A$；电源线电压总是对称的，因此根据题中给出的线电压数值可得，$U_{AC} = U_{BC} = U_L = 380V$。

所以，两个功率表的读数分别为

$$P_1 = U_{AC}I_A\cos(\varphi - 30°) = 380\times4.39\times\cos(30° - 30°)W \approx 1668W$$

$$P_2 = U_{BC}I_B\cos(\varphi + 30°) = 380\times4.39\times\cos60°W \approx 834W$$

电路的三相总有功功率为

$$P = P_1 + P_2 = 1668W + 834W = 2502W \approx 2.5kW$$

计算结果与给定的额定功率 2.5kW 基本相符，微小的误差是由计算的准确度引起的。

## 6.4 项目实施

### 6.4.1 项目实施条件

场地：学做合一教室或电工技能实训室。

工具：电烙铁、剪刀、螺钉旋具及剥线钳等。

仪器设备：按表6-1配置仪器设备。

**表6-1 仪器设备**

| 序 号 | 名 称 | 型号与规格 | 数 量 | 备 注 |
| --- | --- | --- | --- | --- |
| 1 | 可调三相交流电源 | 0~450V | 1个 | |
| 2 | 交流数字电压表 | 0~500V | 1块 | |
| 3 | 交流数字电流表 | 0~5A | 1块 | |

（续）

| 序　号 | 名　　称 | 型号与规格 | 数　量 | 备　注 |
|---|---|---|---|---|
| 4 | 万用表 | | 1块 | |
| 5 | 电动机 | 0.5kW | 1台 | |

注：若没有电动机，可用三相灯组负载（220V，15W，白炽灯9只）替代。

### 6.4.2　电路安装与测量

#### 1. 三相电动机星形联结与测量

（1）相/线电压、相/线电流的测量和分析　根据图6-16所示电路进行连接。图中，电压表 $V_1$ 的读数是线电压有效值，电压表 $V_2$ 的读数是相电压有效值。因电路线电流等于相电流，所以电流表读数是三相的线电流或相电流。将数据填入表6-2中。

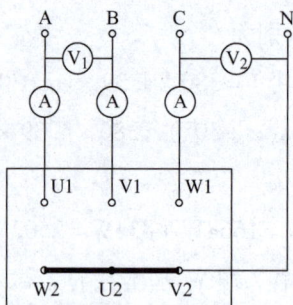

图6-16　电路连接

表6-2　测量数据

| 负载情况 | 测量数据 | | | | | | | | | 中性线电流 $I_N$/A | 中性点电压 $U_N$/V |
|---|---|---|---|---|---|---|---|---|---|---|---|
| | 线电流＝相电流/A | | | 线电压/V | | | 相电压/V | | | | |
| | $I_A$ | $I_B$ | $I_C$ | $U_{AB}$ | $U_{BC}$ | $U_{CA}$ | $U_A$ | $U_B$ | $U_C$ | | |
| 星形联结对称负载（带中性线） | | | | | | | | | | | |
| 星形联结对称负载（不带中性线） | | | | | | | | | | | |

（2）三相功率测量　因三相负载对称，可采用一表法测三相功率，接线如图6-17所示。将数据填入表6-3中。

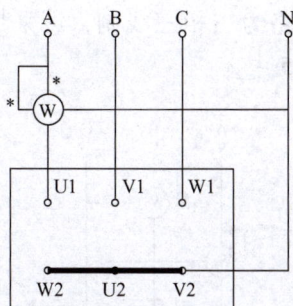

图 6-17 功率测量

**表 6-3 测量数据**

| 负载情况 | 测量数据 | | | 计算值 |
|---|---|---|---|---|
| | $P_A/W$ | $P_B/W$ | $P_C/W$ | $\sum P/W$ |
| 星形联结对称<br>负载（带中性线） | | | | |

## 2. 三相电动机三角形联结与测量

（1）相/线电压、相/线电流的测量和分析  根据电路图 6-18 所示电路进行连接。图中，电流表 $A_1$ 的读数是线电流有效值，电流表 $A_2$ 的读数是相电流有效值。因电路线电压等于相电压，所以电压表读数是三相的线电压或相电压。将数据填入表 6-4 中。

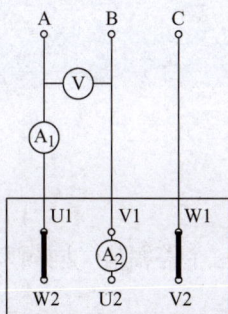

图 6-18 三角形联结图

**表 6-4 测量数据**

| 负载情况 | 测量数据 | | | | | | | | |
|---|---|---|---|---|---|---|---|---|---|
| | 线电压＝相电压/V | | | 线电流/A | | | 相电流/A | | |
| | $U_{AB}$ | $U_{BC}$ | $U_{CA}$ | $I_A$ | $I_B$ | $I_C$ | $I_{AB}$ | $I_{BC}$ | $I_{CA}$ |
| 三相对称 | | | | | | | | | |

（2）三相功率测量　因电路为三相三线制，可采用二表法测三相功率，接线如图 6-19 所示。将数据填入表 6-5 中。

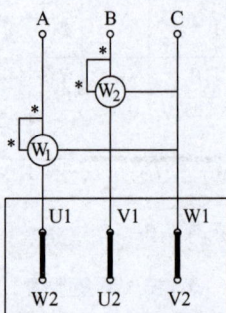

图 6-19　功率测量连接图

**表 6-5　测量数据**

| 负载情况 | 测量数据 | | 计算值 |
|---|---|---|---|
| | $P_1/\text{W}$ | $P_2/\text{W}$ | $\sum P/\text{W}$ |
| 三角形联结对称负载 | | | |

### 6.4.3　实训报告

实训报告格式见附录 A。

## 6.5　项目总结与考核

### 6.5.1　项目总结

1）对称三相电源的组成：由三个等幅值、同频率、初相位依次相差 120° 的电压源组成。

2）对称三相电源的表达式和特性：

表达式为

$$\begin{cases} u_A = U_m \sin\omega t \\ u_B = U_m \sin(\omega t - 120°) \\ u_C = U_m \sin(\omega t + 120°) \end{cases}$$

特性为

$$\dot{U}_A + \dot{U}_B + \dot{U}_C = 0$$

3）相量式为

$$\begin{cases} \dot{U}_A = U\ \angle\ 0° \\ \dot{U}_B = U\ \angle -120° \\ \dot{U}_C = U\ \angle\ 120° \end{cases}$$

4）对称三相电路星形联结时，电压与电流之间的关系为

$$\begin{cases} \dot{U}_L = \sqrt{3}\ \dot{U}_P \angle\ 30° \\ \dot{I}_L = \dot{I}_P \end{cases}$$

5）对称三相电路三角形联结时，电压和电流之间的关系为

$$\begin{cases} \dot{U}_L = \dot{U}_P \\ \dot{I}_L = \sqrt{3}\ \dot{I}_P \angle -30° \end{cases}$$

6）对称三相电路的优越性能之一就是对称三相功率的瞬时功率是一个常量，即

$$p = p_A + p_B + p_C = 3U_P I_P \cos\varphi_P = \sqrt{3}\ U_L I_L \cos\varphi_P$$

此式说明，三相瞬时功率等于三相电路吸收的平均功率 $P$。习惯上把这一性能称为瞬时功率平衡。

7）三相功率测量。一表法：适用于测量三相对称负载电路的功率，$P = 3P_1 = 3U_P I_P \cos\varphi$。

二表法：适用于测量三相三线制电路的功率，$P = P_1 + P_2$。

三表法：用于测量不对称的三相四线制电路的功率，$P = P_1 + P_2 + P_3$。

8）对于对称的三相电路，无论是星形联结还是三角形联结，都可以根据对称关系取单相进行计算，然后按对称关系推知另外两相。

9）对于不对称的三相电路的分析计算，应按复杂交流电路进行分析计算。

## 6.5.2　项目考核

项目考核原则是"过程考核与综合考核相结合，理论考核与实践考核相结合"，具体考核内容参考表6-6。

表6-6　项目6考核表

| 考核项目 | 考核内容及要求 | 分　值 | 得　分 |
|---|---|---|---|
| 电路制作 | 1）能正确连接电路<br>2）能正确使用仪器仪表 | 30 | |
| 参数测量 | 1）能正确测量相电压、相电流<br>2）能正确测量线电压、线电流<br>3）能正确测得三相功率 | 40 | |

（续）

| 考 核 项 目 | 考核内容及要求 | 分　　值 | 得　　分 |
|---|---|---|---|
| 实训报告编写 | 1）语言表达准确，逻辑性强<br>2）格式标准，内容充实、完整<br>3）有详细的数据记录 | 20 | |
| 综合职业素养 | 1）学习、工作积极主动，遵时守纪<br>2）团结协作精神好<br>3）踏实勤奋，严谨求实 | 10 | |
| 总分 | | 100 | |

# 习　　题

## 一、填空题

1. 我们把三个_____相等、_____相同，在相位上互差_____的正弦交流电称为三相交流电。

2. 三相电源星形联结时，由各相首端向外引出的输电线俗称_____线，由各相尾端公共点向外引出的输电线俗称_____线，这种供电方式称为_____制。

3. 在三相四线制供电系统中，电源可以向负载提供_____和_____两种不同的电压值。其中_____是_____的$\sqrt{3}$倍，且相位上超前与其相对应的_____30°电角度。

4. 相线与相线之间的电压称为_____电压，相线与零线之间的电压称为_____电压。电源为星形联结时，数值上$U_L = \sqrt{3} U_P$；若电源为三角形联结，则数值上$U_L = _____ U_P$。

5. 相线中流过的电流称为_____电流，负载上流过的电流称为_____电流。当对称三相负载为星形联结时，数值上$I_L = ____ I_P$；当对称三相负载为三角形联结时，$I_L = _____ I_P$。

6. 当三相电路对称时，三相瞬时功率之和是一个_____，其值等于三相电路的_____功率，由于这种性能，才使得三相电动机的稳定性高于单相电动机。

7. 对称三相电路中，三相总有功功率_____，单位为_____；三相总无功功率_____，单位为_____；三相总视在功率_____，单位为_____。

8. 对称三相交流电在相位上的先后顺序称为_____。我们把相序 A→B→C 称为_____或顺序，把 C→B→A 称为_____或逆序。电力系统中通常采用_____。

9. 已知对称三相电源 $\dot{U}_B = 220\ \angle{-30°}$ V，那么其他两相电压分别为 _____ ____。

## 二、判断题

1. 三相负载为三角形联结，无论负载对称与否，三个线电流的相量和均为零。
（    ）

2. 对称三相星形联结电路中，线电压超前与其相对应的相电压30°电角度。
（    ）

3. 为确保中性线（零线）在运行中安全可靠不断开，中性线上不允许接熔丝和开关。
（    ）

4. 对称三相交流电任一瞬时值之和恒等于零，有效值之和恒等于零。 （    ）

5. 三相电路只要为星形联结，则线电压在数值上是相电压的$\sqrt{3}$倍。 （    ）

6. 三相电路可化为Y-Y接线，因而可归结为一相计算。 （    ）

7. 中性线的作用是使三相不对称负载保持对称电压。 （    ）

8. 三相对称负载为三角形联结时，线电流在数值上是相电流的$\sqrt{3}$倍。 （    ）

9. 三相不对称负载越接近对称，中性线上流过的电流就越小。 （    ）

10. 三相负载为三角形联结时，总有 $i_L = \sqrt{3}\,i_P$ 关系式成立。 （    ）

11. 三相四线制电路对称时，可改为三相三线制而对负载无影响。 （    ）

12. 三相四线制电路无论对称与否，都可以用二表法测量三相功率。 （    ）

13. 同一组对称三相负载接在同一对称三相电源中，星形联结时的三相总有功功率是三角形联结时的3倍。 （    ）

14. 三相电路的总有功功率 $P = \sqrt{3}\,U_L I_L \cos\varphi$。 （    ）

15. 三相三线制对称负载电路中，如其中一相断开，其他两相负载将过电压损坏。
（    ）

## 三、单项选择题

1. 某三相四线制供电电路中，相电压为 220V，则相线与相线之间的电压为（    ）。

A. 220V           B. 311V           C. 380V

2. 某对称三相电源绕组为星形联结，已知 $\dot{U}_{AB} = 380\ \angle{15°}$ V，当 $t = 10\text{s}$ 时，三个线电压之和为（    ）。

A. 380V           B. 0V           C.380/$\sqrt{3}$ V

3. 某三相电源绕组连成星形时线电压为380V，若将它改接成三角形，则线电压为（　　）。

  A. 220V       B. 660V       C. 380V

  4. 在电源对称的三相四线制电路中，若三相负载不对称，则该负载各相电压（　　）。

  A. 仍然对称      B. 不对称      C. 不一定对称

  5. 已知 $X_C = 6\Omega$ 的对称纯电容负载为星形联结，与对称三相电源相接后测得各线电流均为 10A，则三相电路的视在功率为（　　）。

  A. 1800V·A      B. 600V·A      C. 600W

  6. 三相发电机绕组接成三相四线制，测得三个相电压 $U_A = U_B = U_C = 220V$，三个线电压 $U_{AB} = 380V$、$U_{BC} = U_{CA} = 220V$，这说明（　　）。

  A. A 相绕组接反了    B. B 相绕组接反了   C. C 相绕组接反了

  7. 对称三相负载星形联结，各相电流为 1A，则中性线电流为（　　）。

  A. 0A      B. 1A      C. 2A      D. 3A

  8. 在三相四线制供电系统中，中性线上不准装开关和熔丝的原因是（　　）。

  A. 中性线上没有电流

  B. 会降低中性线的机械强度

  C. 中性线电流很小

  D. 三相不对称负载承受三相不对称电压的作用，无法正常工作，严重时会烧毁负载

  9. 测量三相交流电路的功率有很多方法，其中三表法适合测量（　　）电路的功率。

  A. 三相三线制电路

  B. 对称三相三线制电路

  C. 三相四线制电路

  10. 三相对称交流电路的瞬时功率为（　　）。

  A. 一个随时间变化的量

  B. 一个常量，其值恰好等于有功功率

  C. 0

## 四、计算题

  1. 有一台三相电动机绕组为星形联结，从配电盘电压表读出线电压为 380V，电流表读出线电流为 6.1A，已知其总功率为 3.3kW，试求电动机每相绕组的参数。

  2. 三相四线制供电线路，已知星形联结的三相负载中，A 相为纯电阻，B 相为纯电感，C 相为纯电容，通过三相负载的电流均为 10A，求中性线电流 $\dot{i}_N$。

3. 三相电压对称，其线电压为 380V。三相负载（三角形联结）每相阻抗为 $Z_A = Z_B = Z_C = (10\sqrt{3} + j10)\Omega$，如图 6-20 所示。试求：（1）负载对称时的各相电流和线电流；（2）BC 相负载断开后的各相电流。

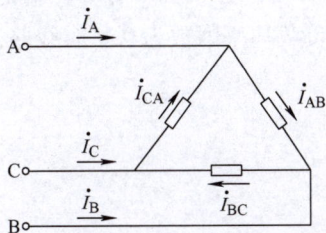

图 6-20　计算题 3 电路

4. 三相对称负载，每相阻抗为 $(6 + j6)\Omega$，接于线电压为 380V 的三相电源上，试分别计算出三相负载星形联结和三角形联结时电路的总功率各为多少？

5. 三相电路如图 6-21 所示。已知电源是线电压为 380V 的工频电，求各相负载的相电流、中性线电流及三相有功功率。

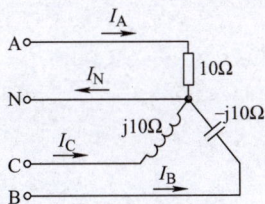

图 6-21　计算题 5 电路

6. 三相电源线电压为 380V，对称负载星形联结，$Z = (3 + j4)\Omega$，求各相负载中的电流、中性线电流和三相有功功率、三相无功功率、视在功率。

7. 图 6-22 所示为对称 $\curlyvee—\curlyvee$ 三相电路，电源相电压为 220V，负载阻抗 $Z = (30 + j20)\Omega$。求：（1）图中电流表的读数；（2）三相负载吸收的功率。

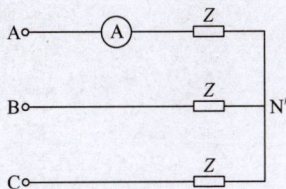

图 6-22　计算题 7 电路

8. 有一三相负载，每相等效阻抗为 $(3 + j4)\Omega$。试求下列两种情况下的有功功率：（1）连接成星形，接于线电压为 380V 的三相电源上；（2）连接成三角形，接于线电压为 220V 的三相电源上。

9. 已知对称三相负载各相复阻抗均为 (8 + j8)Ω，星形联结，接于工频 380V 的三相电源上，若 $U_{AB}$ 的初相位为 60°，求各相电流。

10. 某超高电压输电线路中，线电压为 22 万 V，输送功率为 24 万 kW。若输电线路的每相电阻为 10Ω，试计算负载功率因数为 0.9 时线路上的电压降及输电线上一年的电能损耗。

项 目 7

# 一阶电路充放电现象分析与测试

# 7.1  项目分析

图 7-1 所示为一阶动态电路，动态网络的过渡过程是十分短暂的单次变化过程，一阶 $RC$、$RL$ 电路的零输入响应和零状态响应分别按指数规律衰减和增长，其变化的快慢取决于电路的时间常数 $\tau$，可以用示波器观察过渡过程和测量有关的参数。

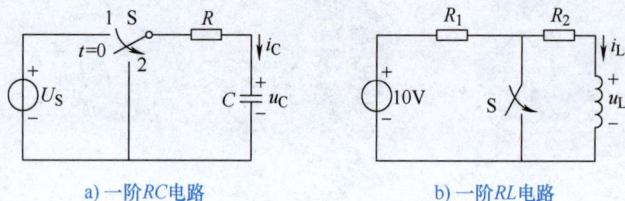

a) 一阶$RC$电路          b) 一阶$RL$电路

图 7-1  一阶动态电路

通过本项目的学习，达到以下教学目标。

### 1. 能力目标

1）能用示波器观察 $RC$、$RL$ 电路的充放电过程，能测量 $RC$、$RL$ 电路的时间常数。

2）能用示波器观察 $RC$、$RL$ 电路的过渡过程（矩形脉冲响应）。

### 2. 知识目标

1）熟练掌握换路定律的含义及初始值的计算，掌握 $RC$、$RL$ 电路充放电的规律。

2）理解一阶电路的零输入响应和零状态响应，掌握求解一阶电路全响应的三要素法。

### 3. 素质目标

通过一阶动态电路学习，加强数学思维模式和工程问题的关联，使知识体系做到前后贯通，提升学生的科学素养。

# 7.2  项目任务

1）用示波器观察 $RC$、$RL$ 电路的充放电过程。

2）用秒表、微安表测量 $RC$ 电路中电容放电电流的曲线及时间常数。

3）研究 $RC$、$RL$ 电路的零输入、零状态响应。

4）用示波器观察 $RC$、$RL$ 电路的方波响应。

## 7.3 相关知识

### 7.3.1 换路定律

#### 1. 基本概念

(1) **状态变量** 代表物体所处状态的可变化量称为状态变量，如电感元件的 $i_L$ 及电容元件的 $u_C$。

(2) **换路** 在含有动态元件 $L$、$C$ 的电路中，电路的通断、接线的改变、电路参数及电源的突然变化等，统称换路。

(3) **暂态** 动态元件 $L$ 的磁场能量 $W_L = 0.5LI^2$ 和 $C$ 的电场能量 $W_C = 0.5CU^2$，在电路发生换路时必定产生变化，由于这种变化持续的时间非常短暂，通常称为暂态。

(4) **零输入响应** 电路发生换路前，动态元件中已储有原始能量，换路时，外部输入激励为零，仅在动态元件原始能量作用下引起的电路响应称为零输入响应。

(5) **零状态响应** 动态元件的原始储能为零，仅在外部输入激励的作用下引起的电路响应称为零状态响应。

(6) **全响应** 电路中既有外部激励，动态元件的原始储能也不为零，这种情况下换路引起的电路响应称为全响应，即

$$全响应 = 零输入响应 + 零状态响应$$

(7) **阶跃响应** 当电路中的激励是阶跃形式（通常指变换前后都是恒定值的激励，例如直流电源突加、突减的供电方式）时，在电路中引起的响应称为阶跃响应。

#### 2. 换路定律

动态元件 $L$ 和 $C$ 是储能元件，储能必然对应一个吸收与释放的过程，这些过程当然需要时间。换句话说，电感元件和电容元件上能量的建立和消失是不能突变的。

在暂态过程中，由于能量的建立和消失不能突变，所以状态变量 $i_L$ 和 $u_C$ 只能连续变化，而不能发生跃变。据此可得到一个重要的基本规律：在电路发生换路后的一瞬间，电感元件上通过的电流 $i_L$ 和电容元件的极间电压 $u_C$，都应保持换路前一瞬间的原有值不变。此规律称为换路定律。

设换路发生在 $t = 0$ 时刻，换路前一瞬间（电路状态是换路前的情况）可记为 $t = 0_-$，换路后一瞬间（电路状态为换路后的情况）则记为 $t = 0_+$，它们和 $t = 0$ 时刻的时间间隔均趋近于零。这时换路定律可用数学式表示为

$$\begin{cases} i_L(0_+) = i_L(0_-) \\ u_C(0_+) = u_C(0_-) \end{cases} \tag{7-1}$$

换路发生在 $t=0$ 时刻，$t=0_-$ 为换路前一瞬间，该时刻电路还未换路；$t=0_+$ 为换路后一瞬间，此时刻电路已经换路。

换路定律实质上反映了在含有动态元件的电路发生换路时，动态元件的状态变量不会发生变化这一必然规律。其中，"$0_+$"数值称为初始值，注意这个初始值对应的是一个稳定状态而不是暂态过程中的变量。

**【例 7-1】** 电路如图 7-2a 所示，已知 $i_L(0_-)=0$，$u_C(0_-)=0$，试求 S 闭合瞬间，电路中所标示的各电压、电流的初始值。

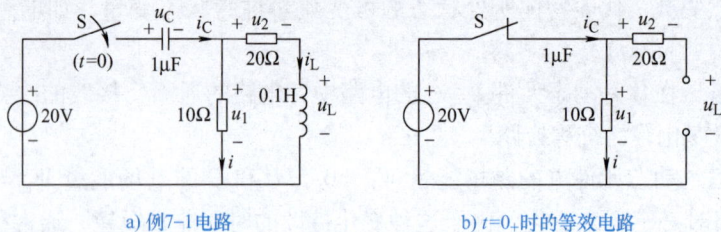

a) 例7-1电路　　　　　　　　b) $t=0_+$时的等效电路

图 7-2　例 7-1 电路及等效电路

**解：** 根据换路定律可得

$i_L(0_+)=i_L(0_-)=0$，相当于开路

$u_C(0_+)=u_C(0_-)=0$，相当于短路

可得 $t=0_+$ 时的等效电路如图 7-2b 所示。

其他各量的初始值为

$$u_L(0_+)=u_1(0_+)=20\text{V}$$

$$u_2(0_+)=0$$

$$i_C(0_+)=i(0_+)=\frac{20\text{V}}{10\Omega}=2\text{A}$$

## 7.3.2　一阶电路的暂态分析

### 1. 一阶电路的零输入响应

只含有一个储能元件的动态电路称为一阶电路，通常有一阶 $RC$ 电路和一阶 $RL$ 电路两大类。

（1）*RC 电路的零输入响应*　$RC$ 电路的零输入响应，实质上就是指具有一定原始能量的电容元件在放电过程中，电路中电压和电流的变化规律。

根据换路定律可知，若电容元件原来已经储有一定能量，当电路发生换路时，电容元件的极间电压是不会发生跃变的，必须从原来的数值开始连续地增加或减少，而电容元件中的充、放电电流是可以跃变的。

图 7-3a 所示为 $RC$ 零输入电路。开关 S 在位置 "1" 时电容 $C$ 被充电，充电完毕后电路处于稳态。$t=0$ 时换路，开关 S 由位置 "1" 迅速转向位置 "2"，放电过程开始。

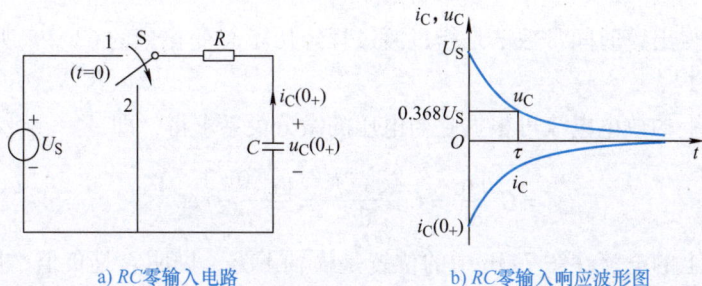

a) $RC$ 零输入电路　　　　b) $RC$ 零输入响应波形图

图 7-3　$RC$ 零输入电路及波形图

放电过程开始一瞬间，根据换路定律可得 $u_C(0_+)=u_C(0_-)=U_S$。此时电路中的电容元件与 $R$ 相串联后经位置 "2" 构成放电回路，由 KVL 可得

$$RC\frac{\mathrm{d}u_C}{\mathrm{d}t}+u_C=0$$

这是一个一阶的常系数齐次微分方程，对其求解可得

$$u_C(t)=U_S\mathrm{e}^{-\frac{t}{RC}}=u_C(0_+)\mathrm{e}^{-\frac{t}{\tau}} \tag{7-2}$$

式中，$U_S$ 为过渡过程开始时电容电压的初始值；$\tau$ 为电路的时间常数。

如果用许多不同数值的 $R$、$C$ 及 $U_S$ 来重复上述放电实验，可发现无论 $R$、$C$ 及 $U_S$ 的值如何变化，一阶 $RC$ 电路中的响应都是按指数规律变化的，如图 7-3b 所示。由此可推论，一阶 $RC$ 电路的零输入响应规律是指数规律。

如果让电路中的 $U_S$ 不变而取几组不同的 $R$ 和 $C$ 值，观察电路响应的变化可发现，当 $R$ 和 $C$ 值越大时，放电过程进行得越慢；$R$ 和 $C$ 值越小时，放电过程进行得越快。也就是说，一阶 $RC$ 电路放电速度的快慢，同时取决于 $R$ 和 $C$ 两者的大小，即取决于它们的乘积（时间常数）。因此，时间常数 $\tau=RC$ 是反映过渡过程进行快慢程度的物理量。

让式(7-2) 中的 $t$ 值分别等于 $\tau$、$2\tau$、$3\tau$、$4\tau$、$5\tau$，可得出 $u_C$ 随时间变化的衰减表，见表 7-1。时间常数的物理意义可由表 7-1 中的数据来进步说明。

表 7-1　电容电压随时间变化的衰减表

| $\tau$ | $2\tau$ | $3\tau$ | $4\tau$ | $5\tau$ |
|---|---|---|---|---|
| $\mathrm{e}^{-1}U_S\approx0.368U_S$ | $\mathrm{e}^{-2}U_S\approx0.135U_S$ | $\mathrm{e}^{-3}U_S\approx0.050U_S$ | $\mathrm{e}^{-4}U_S\approx0.018U_S$ | $\mathrm{e}^{-5}U_S\approx0.007U_S$ |

由表 7-1 中数据可知，当放电过程经历了时间 $\tau$ 后，电容电压就衰减为初始值的 36.8%；经历了时间 $2\tau$ 后，衰减为初始值的 13.5%；经历了时间 $3\tau$ 后，就衰减为初始值的 5%；经历了时间 $5\tau$ 后，则衰减为初始值的 0.7%。理论上，根据指数规律，必须

经过无限长时间，过渡过程才能结束，但实际上，过渡过程经历了 $(3 \sim 5)\tau$ 的时间后，剩下的电容电压值就已经微不足道了。因此，在工程上一般可认为此时电路已经进入稳态。

由此也可得出，时间常数 $\tau$ 是指过渡过程经历了总变化量的 63.2% 所需要的时间，其单位是 s（秒）。

电容元件上的放电电流可根据它与电压的微分关系求得，即

$$i = C\frac{\mathrm{d}u_C}{\mathrm{d}t} = C\frac{U_S \mathrm{e}^{-\frac{t}{RC}}}{\mathrm{d}t} = \frac{u_C(0_+)}{R}\mathrm{e}^{-\frac{t}{\tau}} \qquad (7\text{-}3)$$

电容元件上的电流在图 7-3b 中的位置是横轴下方，说明它是负值，原因是它与电压为非关联参考方向。

（2）**RL 电路的零输入响应**　根据电磁感应定律可知，电感线圈通过变化的电流时，总会产生自感电压，自感电压限定了电流必须是从零开始连续地增加，而不会发生不占用时间的跳变（不占用时间的变化率将是无限大的变化率，这在事实上是不可能的）。同理，本来在电感线圈中流过的电流也不会跳变消失。实际应用中，当含有电感线圈的电路断开开关时，触头上会产生电源，原因就在于此。

电路如图 7-4a 所示，在 $t < 0$ 时通过电感中的电流为 $I_0$，设在 $t = 0$ 时开关 S 闭合，根据换路定律，电感中仍具有初始电流 $I_0$，此电流将在 RL 回路中逐渐衰减，最后为零。在这一过程中，电感元件在初始时刻的原始能量 $W_L = 0.5LI_0^2$ 逐渐被电阻消耗，转化为热能。

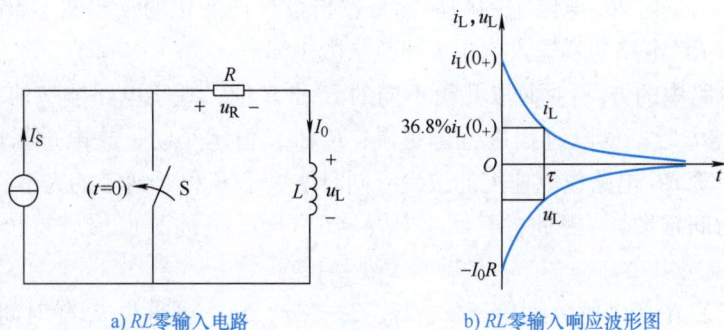

a) RL零输入电路　　　　　b) RL零输入响应波形图

图 7-4　RL 零输入电路与波形图

根据图 7-4a 电路中电压和电流的参考方向及元件上的伏安关系，应用 KVL 可得

$$Ri + L\frac{\mathrm{d}i}{\mathrm{d}t} = 0 \quad (t \geq 0)$$

若以储能元件 L 上的电流 $i_L$ 作为待求响应，则可解得

$$i_L(t) = I_0 \mathrm{e}^{-\frac{R}{L}t} = i_L(0_+)\mathrm{e}^{-\frac{t}{\tau}} \qquad (7\text{-}4)$$

式中，$\tau$ 为 RL 一阶电路的时间常数，其单位为 s（秒），$\tau = \dfrac{L}{R}$。

显然，在一阶 $RL$ 电路中，$L$ 值越小、$R$ 值越大，过渡过程进行得越快，反之越慢。电感元件两端的电压为

$$u_L(t) = L \frac{di}{dt} = -R I_0 e^{-\frac{t}{\tau}} \tag{7-5}$$

电路中响应的波形如图 7-4b 所示，显然它们也都是随时间按指数规律衰减的曲线。由以上分析可得出如下结论：

1）一阶电路的零输入响应都是随时间按指数规律衰减到零的，这实际上反映了在没有电源作用的条件下，储能元件的原始能量逐渐被电阻消耗掉的物理过程。

2）零输入响应取决于电路的原始能量和电路的特性，对于一阶电路来说，电路的特性是通过时间常数来体现的。

3）原始能量增大 $A$ 倍，则零输入响应将相应增大 $A$ 倍，这种原始能量与零输入响应的线性关系称为零输入线性。

### 2. 一阶电路的零状态响应

所谓零状态响应，是指储能元件的初始能量等于零，仅在外激励作用下引起的电路响应。

（1）$RC$ 电路的零状态响应　电容上的原始能量为零时称为零状态。实际上，零状态响应研究的就是 $RC$ 电路充电过程中响应的变化规律，其电路如图 7-5a 所示。

从理论上讲，当开关 S 闭合后，经过足够长的时间，电容的充电电压才能等于电源电压 $U_S$，这时充电过程结束，充电电流 $i_C$ 也衰减到零。

对图 7-5a 所示电路列出 KVL 方程：

$$RC \frac{du_C}{dt} + u_C = U_S$$

这是一个一阶的线性非齐次方程，对此方程进行求解可得

$$u_C(t) = u_C(\infty)(1 - e^{-\frac{t}{RC}}) = U_S(1 - e^{-\frac{t}{RC}}) \tag{7-6}$$

式中，$u_C(\infty)$ 为充电过程结束时电容电压的稳态值，其在数值上等于电源电压值。

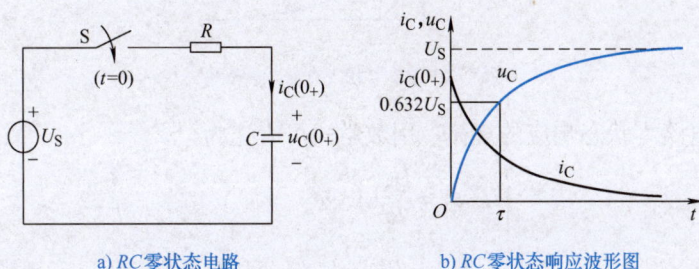

a) $RC$ 零状态电路　　　　b) $RC$ 零状态响应波形图

图 7-5　$RC$ 零状态电路与波形图

显然，一阶电路的零状态响应规律也是指数规律，其波形如图 7-5b 所示。充电开始时，由于电容的电压不能发生跃变，所以 $U_C = 0$；随着充电过程的进行，电容电压按指数规律增长，经历 $(3 \sim 5)\tau$ 时间后，过渡过程基本结束，电容电压 $u_C(\infty) = U_S$，电路达到稳态。

由于电容的基本工作方式是充放电，所以电容支路的电流不是放电电流就是充电电流，即电容电流只存在于过渡过程中，电路只要达稳态，$i_C$ 必定等于零。因此，在充电过程中，$i_C$ 按指数规律衰减，此过程中的电压、电流为关联参考方向，因此在横轴上方。

(2) *RL* 电路的零状态响应　电路如图 7-6 所示，在 $t = 0$ 时开关闭合。换路前，由于电感中的电流为零，根据换路定律，换路后 $t = 0_+$ 的瞬间有 $i_L(0_+) = i_L(0_-) = 0$。电流为零，说明此时的电感元件相当于开路；过渡过程结束，电路重新达到稳态时，由于直流情况下的电流恒定，电感元件上不会引起感抗，它又相当于短路，这一点恰好与电容元件的作用相反。

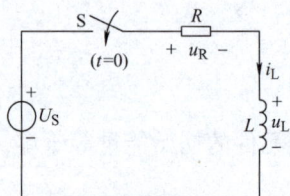

图 7-6　*RL* 零状态响应电路

在图 7-6 所示的 *RL* 零状态响应电路中，由于 $t = 0_+$ 时电流等于零，所以电阻上电压 $u_R = 0$，由 KVL 可知，此时电感元件两端的电压 $u_L(0_+) = U_S$。当达到稳态后，自感电压 $u_L$ 一定为零，电路中电流将由零增至 $U_S/R$ 后保持恒定。显然在这一过渡过程中，自感电压 $u_L$ 是按指数规律衰减的，而电流 $i_L$ 则是按指数规律上升的，电阻两端电压始终与电流成正比，因此，$u_R$ 从零增至 $U_S$，其变化规律如图 7-7 所示。

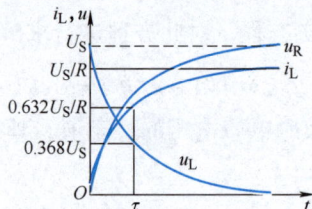

图 7-7　*RL* 零状态响应波形图

一阶 *RL* 电路零状态响应的规律，用数学式可表达为

$$\begin{cases} i_L(t) = \dfrac{U_S}{R}(1 - e^{-\frac{t}{\tau}}) \\ u_R(t) = Ri_L = U_S(1 - e^{-\frac{t}{\tau}}) \\ u_L(t) = L\dfrac{di}{dt} = U_S e^{-\frac{t}{\tau}} \end{cases} \tag{7-7}$$

### 3. 一阶电路的全响应

电路中动态元件为非零初始状态，且又有外输入激励，在它们的共同作用下所引起的电路响应，称为全响应。全响应可用下式来表达：

$$全响应 = 零输入响应 + 零状态响应$$

【例 7-2】 电路如图 7-8 所示，在 $t = 0$ 时 S 闭合。已知 $U_C(0_-) = 12V$，$C = 1mF$，$R_1 = 1k\Omega$，$R_2 = 2k\Omega$，试求 $t \geqslant 0$ 时的 $u_C(t)$ 和 $i_C(t)$。

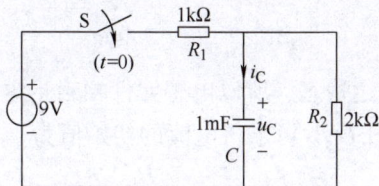

图 7-8 RC 全响应电路

**解：** 既然 RC 电路的全响应是由零输入响应和零状态响应两部分构成的，就可分别进行求解。

（1）求零输入响应 $u'_C$。当输入为零时，$u_C$ 将从其初始值 12V 按指数规律衰减，根据式（7-2）可求得零输入响应为

$$u_C(0_+) = u_C(0_-) = 12V$$

时间常数： $$\tau = (R_1 // R_2)C = \frac{2}{3} \times 10^3 \times 10^{-3} s = \frac{2}{3} s$$

零输入响应 $u'_C(t)$： $$u'_C(t) = u_C(0_+) e^{-\frac{t}{\tau}} = 12e^{-1.5t} V$$

（2）求零状态响应 $u''_C$。电容初始状态为零时，在 9V 电源作用下引起的电路响应可由式（7-6）求得，电容电压的稳态值为

$$u_C(\infty) = 9 \frac{2}{1+2} V = 6V$$

零状态响应 $u''_C(t)$： $$u''_C(t) = 6(1 - e^{-1.5t}) V$$

全响应 $u_C(t)$： $$u_C(t) = u'_C(t) + u''_C(t) = (6 + 6e^{-1.5t}) V$$

式中，第一项为常量 6V，它等于电容电压的稳态值 $u_C(\infty)$，因此也称为全响应的稳态分量；第二项是按指数规律衰减的，只存在于暂态过程中，因此也称为全响应的暂态分量。由此也可把全响应写为

$$全响应 = 稳态分量 + 暂态分量$$

电容电流的全响应 $i_C(t)$ 为

$$i_C(t) = C \frac{du_C(t)}{dt} = 1 \times 10^{-3} \frac{d(6 + 6e^{-1.5t})}{dt} A = 9e^{-1.5t} mA$$

【例 7-3】 电路如图 7-9a 所示，在 $t = 0$ 时 S 断开，开关断开前电路已达稳态。已

知 $U_S = 24\text{V}$，$L = 0.6\text{H}$，$R_1 = 4\Omega$，$R_2 = 8\Omega$。试求开关 S 断开后电流 $i_L$ 和电压 $u_L$。

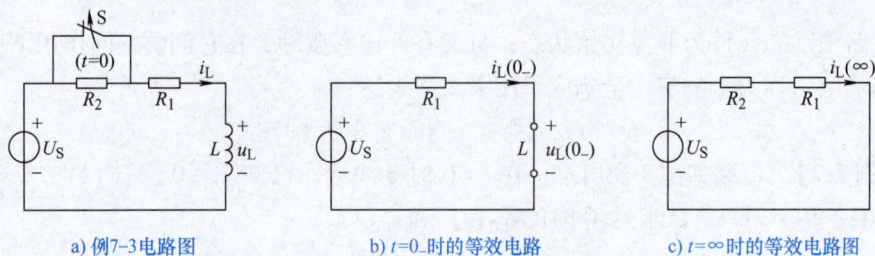

a) 例7-3电路图    b) $t=0_-$时的等效电路    c) $t=\infty$时的等效电路图

图 7-9    例 7-3 电路

**解：** 由于换路前电路已达稳态，所以电感元件相当于短路，故可得出换路前的等效电路，如图 7-9b 所示。由图 7-9b 可求得电流的初始值为

$$i_L(0_+) = i_L(0_-) = \frac{U_S}{R_1} = \frac{24}{4}\text{A} = 6\text{A}$$

根据图 7-9c 可求得稳态值为

$$i_L(\infty) = \frac{U_S}{R_1 + R_2} = \frac{24}{4+8}\text{A} = 2\text{A}$$

时间常数值 $\tau$ 为

$$\tau = \frac{L}{R_1 + R_2} = \frac{0.6}{4+8}\text{s} = 0.05\text{s}$$

则零输入响应 $i_L'$ 为

$$i_L'(t) = 6\text{e}^{-20t}\text{A}$$

零状态响应 $i_L''$ 为

$$i_L''(t) = 2(1 - \text{e}^{-20t})\text{A}$$

全响应 $i_L$ 为

$$i_L(t) = i_L' + i_L'' = (6\text{e}^{-20t} + 2 - 2\text{e}^{-20t})\text{A} = (2 + 4\text{e}^{-20t})\text{A}$$

根据电感元件上的伏安关系可求得

$$u_L(t) = L\frac{\text{d}i}{\text{d}t} = 0.6\frac{\text{d}(2 + 4\text{e}^{-20t})}{\text{d}t}\text{V} = -48\text{e}^{-20t}\text{V}$$

### 4. 一阶电路暂态分析的三要素法

一阶电路的全响应可表述为零输入响应和零状态响应之和，也可表述为稳态分量和暂态分量之和，其中，响应的初始值、稳态值和时间常数称为一阶电路的三要素。

一阶电路响应的初始值 $i_L(0_+)$ 和 $u_C(0_+)$，必须在换路前（$t=0_-$ 时）的等效电路图中进行求解，然后根据换路定律得出；如果是其他各量的初始值，则应根据 $t=0_+$ 的等效电路图去求解。

一阶电路响应的稳态值均应根据换路后重新达到稳态时的等效电路图去求解。

一阶电路的时间常数则应根据换路后（$t \geqslant 0$ 时）的等效电路图去求解。求解时首先将 $t \geqslant 0$ 时的等效电路除源（所有电压源短路，所有电流源开路处理），然后让动态元件断开，并把断开处看作无源二端网络的两个对外引出端，对此无源二端网络求出其等效电阻 $R_0$。若电路为一阶 $RC$ 电路，则 $\tau = R_0 C$；若电路为一阶 $RL$ 电路，则 $\tau = L/R_0$。

将上述求得的三要素代入式(7-8)，即可求得一阶电路任意响应为

$$f(t) = f(\infty) + [f(0_+) - f(\infty)] e^{-\frac{t}{\tau}} \tag{7-8}$$

式(7-8)称为一阶电路任意响应的三要素法一般表达式。应用此式，可方便地求出一阶电路中的任意响应。

**【例7-4】** 应用一阶电路的三要素法重新求解例 7-2 中的电容电压 $u_C$。

**解：** 首先根据换路定律得出电容电压的初始值为

$$u_C(0_+) = u_C(0_-) = 12V$$

再根据图 7-10a 所示的 $t \geqslant 0$ 时的等效电路，求出电容电压的稳态值为

$$u_C(\infty) = 9 \frac{2}{1+2} V = 6V$$

将图 7-10a 所示电路除源后，求动态元件两端的等效电阻 $R_0$，由图 7-10b 可得

$$R_0 = 1k\Omega // 2k\Omega = \frac{2}{3} k\Omega$$

$$\tau = R_0 C = \frac{2}{3} \times 10^3 \times 1 \times 10^{-3} s = \frac{2}{3} s$$

将上述求得的三要素值代入式(7-8)，可得

$$u_C(t) = u_C(\infty) + [u_C(0_+) - u_C(\infty)] e^{-\frac{t}{RC}} = 6V + (12-6) e^{-1.5t} V = (6 + 6e^{-1.5t}) V$$

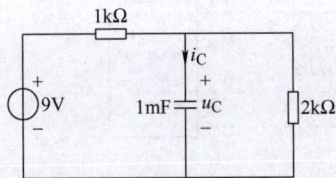

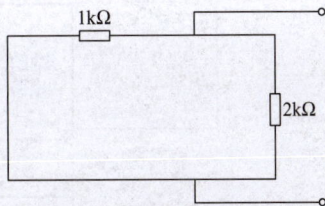

a) $t \geqslant 0$ 时的等效电路　　　　　　b) 求 $R_0$ 时的等效电路

图 7-10　例 7-4 等效电路

**【例7-5】** 应用一阶电路的三要素法重新求解例 7-3 中的电感电流 $i_L$。

**解：** 例 7-3 前三步已求得电路的三要素，直接代入式(7-8)中可得

$$i_L(t) = i_L(\infty) + [i_L(0_+) - i_L(\infty)] e^{-20t} = 2A + (6-2) e^{-20t} A = (2 + 4e^{-20t}) A$$

计算结果与例 7-3 完全相同，所不同的是，计算步骤大大简化。

### 7.3.3 一阶电路的阶跃响应

#### 1. 单位阶跃函数

在动态电路的暂态分析中，常引用单位阶跃函数，以便描述电路的激励和响应。单位阶跃函数是一种奇异函数，一般用符号 $\varepsilon(t)$ 表示，其定义为

$$\varepsilon(t) = \begin{cases} 0 & (t \leqslant 0) \\ 1 & (t > 0) \end{cases} \tag{7-9}$$

单位阶跃函数的波形如图 7-11 所示。

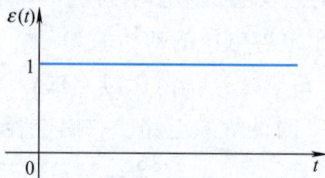

图 7-11　单位阶跃函数

单位阶跃函数在 $t = 0$ 处不连续，函数值由 0 跃变到 1，但这一点对于所要研究的问题无关紧要。

单位阶跃函数既可以用来表示电压，也可以用来表示电流，它在电路中通常用来表示开关在 $t = 0$ 时刻的动作。如图 7-12a、c 所示电路中开关 S 的动作，完全可以用图 7-12b、d 中阶跃电压或阶跃电流来描述，即单位阶跃函数实质上反映了电路中在 $t = 0$ 时刻，把一个零状态电路与一个 1V 或 1A 的独立源相接通的开关动作。

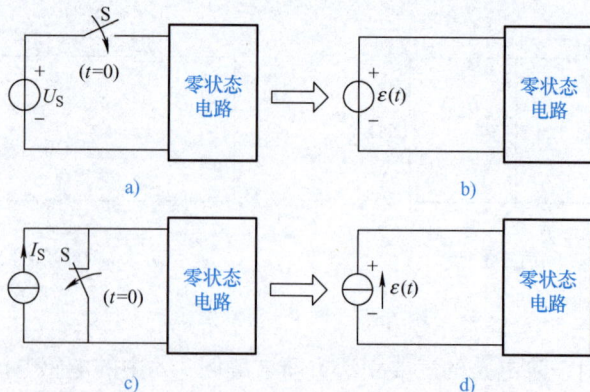

图 7-12　单位阶跃函数表示的开关动作

单位阶跃函数 $\varepsilon(t)$ 表示的是从 $t = 0$ 时刻开始的阶跃，如果阶跃发生在 $t = t_0$ 时刻，则可以认为是 $\varepsilon(t)$ 在时间上延迟了 $t_0$ 后得到的结果，把此时的阶跃称为延时单位阶跃

函数，并记作 $\varepsilon(t-t_0)$，其定义为

$$\varepsilon(t-t_0) = \begin{cases} 0(t \leqslant t_0) \\ 1(t > t_0) \end{cases} \tag{7-10}$$

延时单位阶跃函数的波形如图 7-13 所示。

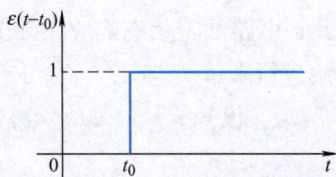

图 7-13　延时单位阶跃函数波形图

对于一个如图 7-14 所示的矩形脉冲波，可以把它看成是由一个 $\varepsilon(t)$ 与一个 $\varepsilon(t-t_0)$ 共同组成的，即

$$f(t) = \varepsilon(t) - \varepsilon(t-t_0)$$

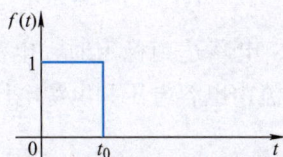

图 7-14　矩形脉冲波

同理，对图 7-15 所示的幅度为 1 的矩形脉冲波，可表示为

$$f(t) = 1(t-t_1) - 1(t-t_2)$$

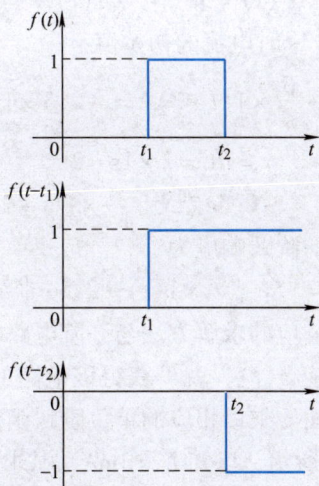

图 7-15　矩形脉冲波的组成

### 2. 单位阶跃响应

零状态电路对单位阶跃信号的响应称为单位阶跃响应，简称阶跃响应，一般用 $S(t)$ 表示。

如前所述，单位阶跃函数 $\varepsilon(t)$ 作用于电路时相当于单位独立源（1V 或 1A）在 $t=0$ 时与零状态电路接通，因此，电路的零状态响应实际上就是单位阶跃响应。只要电路是一阶的，均可采用三要素法进行求解。

【例 7-6】 电路如图 7-16 所示，已知 $u=5\times1(t-2)$ V，$u_C(0_+)=10$V，试求电路响应 $i$。

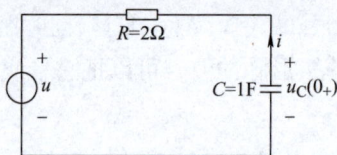

图 7-16  例 7-6 电路

**解：** 该电路为一阶 $RC$ 电路，电路达到稳定时，电流 $i(\infty)=0$，利用三要素法求解，只要求初始值就可。由于电流由电容电压和电源电压两部分作用产生，而且作用时间不同，采用叠加定理求解。

首先在电容电压作用的时间，求 $t=0_+$ 时电流的初始值：

$$i(0_+)=\frac{10}{2}\times1(t)\,\text{A}=5\times1(t)\,\text{A}$$

$$\tau=RC=2\times1\text{s}=2\text{s}$$

$$i'(t)=5\text{e}^{-0.5t}\times1(t)\,\text{A}$$

再求电源电压作用时间 $t=2$s 时电流的初始值：

$$i(2_+)=-\frac{5}{2}\times1(t-2)\,\text{A}=-2.5\times1(t-2)\,\text{A}$$

$$\tau=RC=2\times1\text{s}=2\text{s}$$

$$i''(t)=-2.5\text{e}^{-0.5(t-2)}\times1(t-2)\,\text{A}$$

利用叠加定理，可得电流的阶跃响应为

$$i(t)=i'(t)+i''(t)=\left[5\text{e}^{-0.5t}\times1(t)-2.5\text{e}^{-0.5(t-2)}\times1(t-2)\right]\text{A}$$

由此例可看出，单位阶跃响应的求解方法与一阶电路响应的求解方法类似，把响应公式中的输入改为单位阶跃响应 $\varepsilon(t)$，就可获得该电路的阶跃响应。为表示响应适用的时间范围，在所得结果的后面要乘以相应的单位阶跃函数。

【例 7-7】 电路如图 7-17 所示，已知 $I_0=3$mA，试求 $t\geqslant0$ 时的电容电压 $u_C(t)$。

**解：** 用三要素法求解：

$$u_C(0_+)=u_C(0_-)=(3+1)\times6\text{V}=24\text{V}$$

$$u_C(\infty) = 1 \times 6V = 6V$$

$$\tau = RC = 6 \times \frac{1}{12}s = 0.5s$$

所以 $u_C(t) = u_C(\infty) + [u_C(0_+) - u_C(\infty)]e^{-\frac{t}{\tau}} = [6 + 18e^{2t} \times 1(-t)]V$

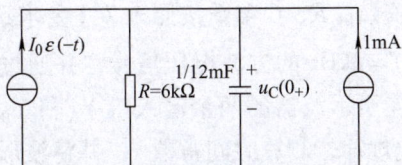

图 7-17  例 7-7 电路

# 7.4  项目实施

## 7.4.1  项目实施条件

场地：学做合一教室或电工技能实训室。

仪器仪表：秒表、万用表、直流稳压电源、双踪示波器、方波信号发生器。

工具：电烙铁、剪刀、螺钉旋具及剥线钳等。

元器件清单：按表 7-2 配置元器件。

表 7-2  元器件清单

| 序　号 | 元器件名称 | 型号及规格 | 数　量 |
|---|---|---|---|
| 1 | 电阻 | 100Ω | 1个 |
| | | 10kΩ | 1个 |
| | | 30kΩ | 1个 |
| 2 | 电容 | 0.01μF | 1个 |
| | | 0.068μF | 1个 |
| | | 0.1μF | 1个 |
| 3 | 电感 | 15mH | 1个 |
| | | 10mH | 1个 |
| 4 | 焊锡 | $\phi$1.0mm | 若干 |
| 5 | 导线 | 单股 $\phi$0.5mm | 若干 |
| 6 | 开关 | | 1个 |
| 7 | 通用电路板 | 100mm×50mm | 1块 |

### 7.4.2 电路安装与测试

#### 1. RC 电路充放电现象分析与测试

按照图7-18进行电路安装，$R$、$C$参数按照表7-2要求选取。$u_i$为函数信号发生器输出的电压幅值 $U_m = 3V$、$f = 1kHz$ 的方波电压信号，并通过两根同轴电缆线，将激励源 $u_i$ 和响应 $u_C$ 的信号分别连至示波器的两个输入口 $Y_A$ 和 $Y_B$。这时可在示波器的屏幕上观察到激励与响应的变化规律，测算时间常数 $\tau$，并将波形绘于表7-3中。

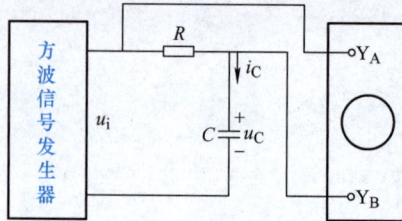

图 7-18　用示波器观察 RC 电路方波响应电路

表 7-3　RC 电路方波响应

| $R/k\Omega$ | $C/\mu F$ | $u_i$（波形） | $u_C$（波形） | 时间常数 $\tau$ |
|---|---|---|---|---|
| 10 | 0.01 | | | |
| 10 | 0.068 | | | |
| 10 | 0.1 | | | |
| 0.1 | 0.01 | | | |

#### 2. RL 电路充放电现象分析与测试

按照图7-19电路进行连接，$R$、$L$参数按照表7-4要求进行选取。脉冲信号发生器的输出为 $U_m = 1.5V$、$f = 1kHz$ 的方波脉冲。将激励源 $u_i$ 和响应 $u_R$ 的信号分别连至示波器的两个输入口 $Y_A$ 和 $Y_B$。这时可在示波器的屏幕上观察到激励与响应的变化规律，测算时间常数 $\tau$，并将波形绘于表7-4中。

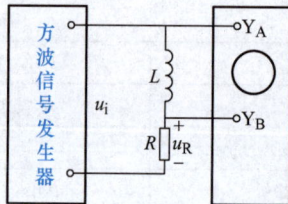

图 7-19　用示波器观察 RL 电路方波响应电路

表 7-4　*RL* 电路方波响应

| *R*/kΩ | *L*/mH | $u_i$ （波形） | $u_R$ （波形） | 时间常数 $\tau$ |
|--------|--------|-------------|-------------|---------------|
| 10 | 10 | | | |
| 30 | 10 | | | |
| 10 | 15 | | | |
| 10 | 15 | | | |

### 7.4.3　实训报告

实训报告格式见附录 A。

## 7.5　项目总结与考核

### 7.5.1　项目总结

1）由于电感元件和电容元件上的电压和电流是微分或积分的动态关系，所以将它们称为动态元件。含有动态元件的电路发生换路时，一般不能从原来的稳定状态立刻变化到新的稳定状态，而是必须经历一个过渡过程，对过渡过程中响应的分析过程，称为暂态分析。

2）一阶电路发生换路时，状态变量不能发生跃变，一般遵循换路定律，即

$$\begin{cases} u_C(0_+) = u_C(0_-) \\ i_L(0_+) = i_L(0_-) \end{cases}$$

3）只含有一个动态元件的电路可以用一阶微分方程进行描述，因而称为一阶电路。一阶电路的响应，既可以只由外加激励引起（零状态响应），也可以只由动态元件本身的原始储能引起（零输入响应），还可由两者共同作用引起（全响应）。

4）时间常数 $\tau$ 体现了一阶电路过渡过程进行的快慢程度。对于一阶 *RC* 电路，$\tau = RC$；对于一阶 *RL* 电路，$\tau = \dfrac{L}{R}$。同一电路中，只有一个时间常数。计算式中的 *R* 等于从动态元件两端看进去的戴维南等效电路中的等效电阻。时间常数 $\tau$ 的取值取决于电路的结构和参数。

5）一阶电路的过渡过程可以用三要素法来求解，一般表达式为

$$f(t) = f(\infty) + [f(0_+) - f(\infty)] e^{-\frac{t}{\tau}}$$

式中，$f(t)$ 为待求响应，$f(\infty)$ 为待求响应的稳态值；$f(0_+)$ 为待求响应的初始值；$\tau$ 为电路的时间常数。

三要素法使直流激励下的一阶电路的求解过程大大简化，应该熟练掌握。

6）单位阶跃函数具有一种"起始"（刚开始动作）的性质，可以用来"起始"任意一个 $f(t)$。电路对单位阶跃函数的零状态响应，称为阶跃响应，用 $S(t)$ 表示。延迟阶跃函数激励下的响应也要延迟出现，这就是它的延迟性质。

### 7.5.2　项目考核

项目考核的原则是"过程考核与综合考核相结合，理论考核与实践考核相结合"，具体考核内容参考表7-5。

表7-5　项目7考核表

| 考核项目 | 考核内容及要求 | 分　值 | 得　分 |
|---|---|---|---|
| 电路制作 | 能正确连接电路，元器件布局合理，焊接规范 | 30 | |
| 参数测量 | 1）能正确测量 $RC$、$RL$ 电路充放电波形<br>2）能正确使用示波器<br>3）能正确测量时间常数 | 40 | |
| 实训报告编写 | 1）格式标准，表达准确<br>2）内容充实、完整，逻辑性强<br>3）有测量数据记录及结果分析 | 20 | |
| 综合职业素养 | 1）遵守纪律，态度积极<br>2）遵守操作规程，注意安全<br>3）富有团队合作精神 | 10 | |
| 总　　分 | | 100 | |

# 习　　题

## 一、填空题

1. 换路定律指出，在电路发生换路后的一瞬间，_____元件上通过的电流和_____元件上的端电压，都应保持换路前一瞬间的原有值不变。

2. 一阶 $RC$ 电路的时间常数 $\tau =$ _____；一阶 $RL$ 电路的时间常数 $\tau =$ _____。时间常数 $\tau$ 的取值取决于电路的_____和_____。

3. _____态是指从一种_____态过渡到另一种_____态所经历的过程。

4. 换路前，动态元件中已经储有原始能量。换路时，若外激励等于_____，仅在动态元件_____作用下所引起的电路响应，称为_____响应。

5. 由时间常数公式可知，一阶 $RC$ 电路中，$C$ 一定时，$R$ 值越大，过渡过程进行的时间就越____；一阶 $RL$ 电路中，$L$ 一定时，$R$ 值越大，过渡过程进行的时间就越____。

6. 只含有一个_____元件的电路可以用_____方程进行描述，因而称为一阶电路。仅由外激励引起的电路响应称为一阶电路的_____响应；只由元件本身的原始能量引起的响应称为一阶电路的_____响应；既有外激励，又有元件原始能量的作用所引起的电路响应称为一阶电路的_____响应。

7. 换路定律指出，一阶电路发生换路时，储能元件的能量不能发生跳变。该定律用公式可表示为_____、_____。

8. 在电路中，电源的突然接通或断开、电源瞬时值的突然跳变、某一元件的突然接入或被移去等，统称为_____。

## 二、判断题

1. 一阶电路的时间常数 $\tau$ 只与电路的结构和参数有关，而与电路的初始状态无关。 （　　）

2. 换路定律指出，电感两端的电压是不能发生跃变的，只能连续变化。（　　）

3. 换路定律指出，电容两端的电压是不能发生跃变的，只能连续变化。（　　）

4. 一阶 $RL$ 电路的零状态响应，$u_L$ 按指数规律上升，$i_L$ 按指数规律衰减。（　　）

5. 一阶 $RC$ 电路的零状态响应，$u_C$ 按指数规律上升，$i_C$ 按指数规律衰减。（　　）

6. 由电压、电流瞬时值关系式来看，电容元件和电感元件都属于动态元件。 （　　）

7. 在换路瞬间，能量不能跃变，所以电容上的电压不能发生跃变。 （　　）

8. $RL$ 串联电路的 $L$ 越大，时间常数越大，过渡过程的时间越长。 （　　）

9. 一阶电路中所有的初始值，都要根据换路定律进行求解。 （　　）

## 三、单项选择题

1. 动态元件的初始储能在电路中产生的零输入响应（　　）。

A. 仅有稳态分量　　　　　　　　　　B. 仅有暂态分量

C. 既有稳态分量，又有暂态分量

2. 在换路瞬间，下列说法中正确的是（　　）。

A. 电感电压必然跃变　　　　　　　　B. 电感电流不能跃变

C. 电容电流必然跃变　　　　　　　　D. 电容电压必然跃变

3. 实际应用中，电路的过渡过程经（　　）时间，可认为过渡过程基本结束。

A. $\tau$                                              B. $2\tau$

C. $5\tau$                                             D. $\infty$

4. 下列关于时间常数的说法中，正确的是（　　　）。

A. 时间常数越大，过渡过程进行得越快

B. 时间常数越大，自由分量（暂态分量）衰减得越慢

C. 过渡过程的快慢与时间常数无关

D. 时间常数的大小与外激励有关

5. 工程上认为 $R=25\Omega$、$L=50\mathrm{mH}$ 的串联电路中，发生暂态过程时将持续（　　　）。

A. $30\sim50\mathrm{ms}$         B. $37.5\sim62.5\mathrm{ms}$         C. $6\sim10\mathrm{ms}$

## 四、计算题

1. 电路如图 7-20 所示，开关 S 在 $t=0$ 时闭合，则 $i_{\mathrm{L}}(0_+)$ 和 $u_{\mathrm{L}}(0_+)$ 为多大？

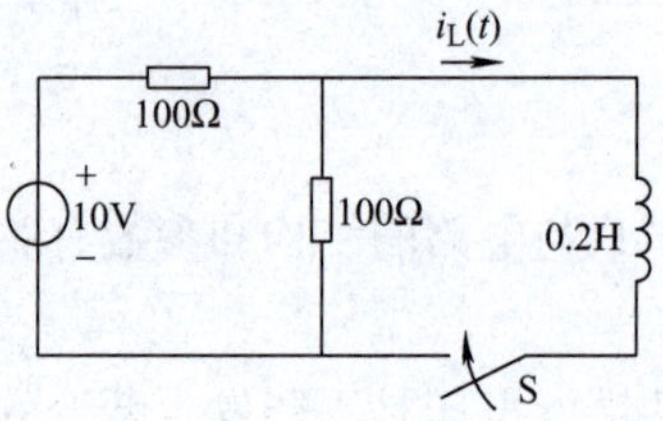

图 7-20　计算题 1 电路

2. 图 7-21 所示电路换路前已达稳态，在 $t=0$ 时将开关 S 断开，试求换路瞬间各支路电流及储能元件上的电压初始值。

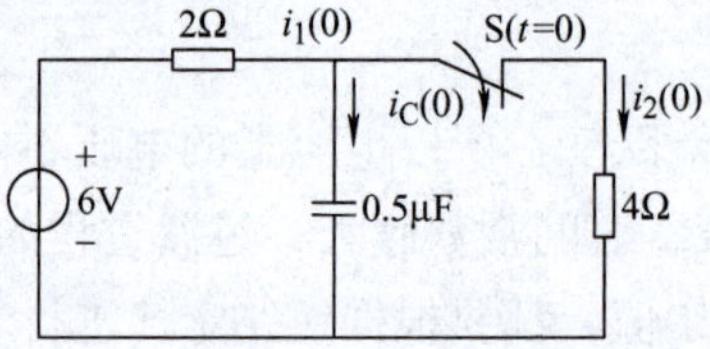

图 7-21　计算题 2 电路

3. 图 7-22 所示电路在 $t=0$ 时开关 S 闭合，闭合开关之前电路已达稳态，求 $u_{\mathrm{C}}(t)$。

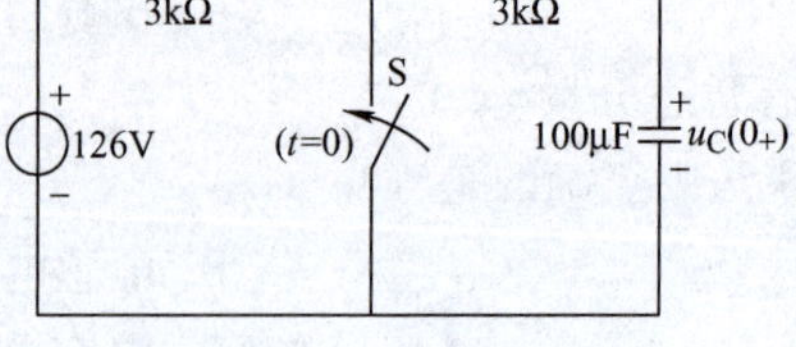

图 7-22　计算题 3 电路

4. 在图7-23所示电路中，$R_1 = R_2 = 100\text{k}\Omega$，$C = 1\mu\text{F}$，$U_S = 3\text{V}$。开关 S 闭合前，电容元件上原始储能为零，试求开关闭合后0.2s时电容两端的电压。

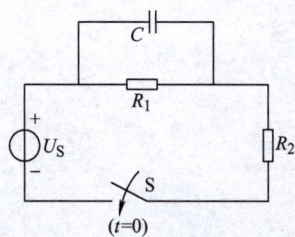

图7-23　计算题4电路

# 综合实训项目教学案例

## 8.1　案例概述

### 1. 案例名称

家庭用电线路设计。

### 2. 案例特色与创新

【特色】"电工基础及应用"是一门实践性很强的专业基础课程，既为后续课程做准备，又具有很强的独立应用性，每项内容都具有较强的实践性。本案例依托真实项目"家庭用电线路设计"，项目单元将围绕家庭用电的各类知识和实践的需要进行设计。

【创新】1）本项目教学内容与家庭用电线路真实项目相结合，直接对接工程实践。

2）采用小组合作探究、独立完成任务的项目教学法。

3）通过学生汇报、作品展示与教师点评相结合的方式选出优秀作品。

### 3. 案例应用与成效

【案例应用】本案例在"电工基础及应用"课程设计的各个环节中得到了充分应用。将学生分成若干组，实行组长负责制，每组由组长负责，经过集体讨论确定家庭用电负荷，并进行负载分配，确定负荷分配方案。负荷分配方案由教师审核通过后，学生各自完成负荷计算、导线选择，最后写出设计报告。项目实施过程中采用过程考核评价，根据日常考核、阶段性过程监控考核、最终项目质量考核等，给出每个学生的综合成绩。

【成效】通过实践，学生在理论结合实践方面得到了提升，深入了解身边常见的电，特别是对家庭用电分配和布局情况的掌握，提高了对线路故障的维护能力。学生通过线路分析、计算、方案的选择等，提高了计算能力、分析问题和解决问题的能力。

## 8.2　案例文本

## 8.2.1　案例背景

通过前面 7 个项目的学习，学生掌握了电路及仪器设备的基本理论知识、操作方法和操作技巧；能利用仪器设备排除电路故障；用电路知识结合仪器设备进行产品调试和参数测量。学生基本能达到理论联系实际、活学活用的基本目标，但是要提高学生的综合应用能力还是不够的。为提高学生综合应用能力，故本项目设计了一个专门用于融会贯通基本知识点和技能点的基于企业真实项目的综合实践项目。

## 8.2.2 案例描述

### 1. 目标分析

1）选择一个真实家庭用电项目，将其转换为教学项目。

2）项目应尽可能地融合课程中的知识点和技能点，使原本相对分散的知识点和技能点得到有效串联。

3）使学生在真实项目工作环境中应用所学的显性知识和技能，提炼出隐性经验知识和技能，从而提升学生的综合能力和素质。

4）项目训练目标见表8-1。

表8-1　项目训练目标

| 综合实践项目 | 任　务 | 知识目标和技能目标 |
|---|---|---|
| 家庭用电线路设计 | 确定负载 | 电路、电路模型；电压、电流、功率；复杂电路计算；正弦量三要素；电路中正弦量的相量分析 |
| | 负荷分配、画出系统图 | 家庭用电负荷分配；三相对称电源；识图与绘制单相与三相交流电系统图 |
| | 负荷计算、导线选择 | 电路计算；电路中正弦量的相量分析；有功功率和无功功率；互感现象；互感电压；换路定律；一阶电路零输入响应、零状态响应及全响应；一阶电路充放电规律；国家标准、规范 |
| | 画出负荷布线图、照明电路及开关连接电路 | 电路、电路模型；识图与绘图 |
| | 学生根据意见实施，汇报工作成效，提交设计说明书 | 工作成效总结 |

### 2. 真实项目介绍

"家庭用电线路设计"是建筑装修工程的一个项目。项目贯穿设计要求、负荷确定及分配、负荷计算、开关及导线选择、合理布线及施工注意事项等不同阶段。

（1）设计要求　根据给定的三室两厅一厨两卫商品房装修图样和用户对负荷的要求，设计用电线路。完成负荷统计，确定负荷分配，画出负荷分配图；进行负荷计算，导线选择；合理布线，画出平面开关布置图和顶面照明布置图；写出详细、完整的设计说明书。设计说明书格式见附录 B。

（2）负荷确定及分配　不同家庭的装修设计各有不同，家用电器的配置也不尽相同，但电气设计的基本原则是相同的。家庭装修中电气设计的基本原则如下：

1）照明、插座回路分开。如果插座回路的电气设备出现故障，仅此回路电源中断，不会影响照明回路的工作，便于对故障回路进行检修；若照明回路出现故障，可利用插座回路的电源，接上临时照明灯具。

2）照明应分成几个回路。家中的照明可按不同的房间搭配分成几个回路，一旦某一回路的照明出现故障，不会影响到其他回路的照明。在设计布线时，如果能把主要房间的照明接到不同的回路上，如客厅的一部分灯接入主卧室回路，另一部分灯接入次卧室回路，这样无论哪一条回路出现故障，每间房间都有照明。

3）对空调、电热水器、微波炉等大容量电器设备，宜一台设备设置一个回路。如果合用一个回路，当它们同时使用时，导线易发热，即使不超过导线允许的工作温度，长期使用也会降低导线的绝缘性能。此外，大容量用电回路的导线截面应适当加大，加大导线的截面可大大降低电能在导线上的损耗。

4）插座及浴室灯具回路必须采取接地保护措施。浴室是潮湿环境，如星级宾馆的浴室插座采用隔离变压器供电（如电动剃须刀插座），所以未接地，而其他插座则必须用防溅三孔插座。浴室灯具的金属外壳必须接地。

5）安全接地。不能用自来水管作为接地线，浴室应采用等电位连接，接地制式应与电源系统相符。

根据用户的需求及电气设计基本原则，对该家庭的用电进行了一系列分析，并进行了合理的安排：总共分为 12 路，插座分为 3 路，电热水器插座分为 2 路，照明分为 1 路，浴霸分为 2 路，空调分为 2 路，备用 2 路。线路安排见户内配电箱系统图，如图 8-1 所示。

线路 N1：冰箱、微波炉、电饭煲、抽油烟机、排气扇、消毒器等。

线路 N2：洗衣机、吸尘器、电视机、电吹风、计算机、电话、电风扇等。

线路 N3：电视机、吸尘器、电话、音响、录音机等。

线路 N4 和线路 N5：电热水器。

线路 N6：家庭照明线路。

线路 N7 和线路 N8：浴霸。

线路 N9 和线路 N10：主卧室、儿童房空调。

线路 N11 和线路 N12：备用线路。

（3）负荷计算 家用电器的负荷计算公式为 $P = UI\cos\varphi$，其中 $P$ 为家用电器的功率总和，一般情况，家用电器不可能同时使用，加上一个需要系数 0.8，即总功率 $P_总 = 0.8(P_1 + P_2 + P_3 + \cdots + P_n)$，$U$ 为电压（220V），$I$ 为电流，$\cos\varphi$ 为家用电器的功率因数，电动机为 0.8，灯具白炽灯为 1，电热类为 1，荧光灯（气体放电类）为 0.8，总体来讲，家用电器功率因数相对较高，通常取 1。通过公式计算出线路中的电流，最后选定导线及开关规格。

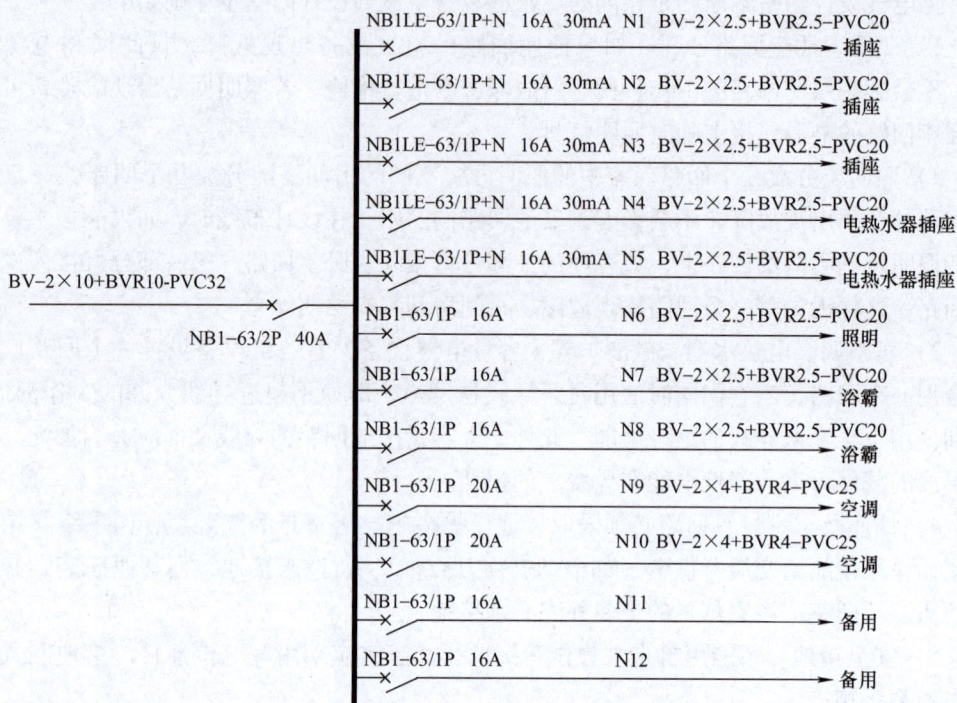

图 8-1　户内配电箱系统图

总开关或导线承受的电流应为

$$I_总 = \frac{P_总}{U\cos\varphi} \tag{8-1}$$

式中，$P_总$ 为总功率（容量）；$I_总$ 为总电流。

分路开关或导线承受的电流为

$$I_分 = 0.8P_n/U$$

而空调回路要考虑到起动电流，其开关电流为

$$I_{空调} = 3 \times 0.8P_n/U = 2.4P_n/U$$

该家庭电路布线各回路中通过的最大电流计算如下：

1）线路 N1 中可能用到的用电器有冰箱、微波炉、电饭煲、抽油烟机、排气扇、消毒器等，经计算，$I_{N1} = (120 + 1000 + 1000 + 200 + 40 + 520)\text{W} \times 0.8 \div 220\text{V} \approx 10.5\text{A}$。

2）线路 N2 中可能用到的用电器有洗衣机、吸尘器、电视机、电吹风、计算机、电话、电风扇等，经计算，$I_{N2} = (300 + 600 + 300 + 350 + 120)\text{W} \times 0.8 \div 220\text{V} \approx 6.07\text{A}$。

3）线路 N3 中可能用到的用电器有电视机、吸尘器、电话、音响、录音机等，经计算，$I_{N3} = (300 + 600 + 300 + 50 + 200)\text{W} \times 0.8 \div 220\text{V} \approx 5.27\text{A}$。

4）线路 N4、N5 中有电热水器，所以 $I_{N4} = I_{N5} = 3000\text{W} \div 220\text{V} \approx 13.6\text{A}$。

5）线路 N6 为照明线路，则 $I_{N6} = 25 \times 40W \div 220V + 4 \times 40W \div 220V \approx 5.27A$。

6）线路 N7、N8 是卫生间的浴霸，经计算，$I_{N7} = I_{N8} = 2200W \div 220V = 10A$。

7）线路 N9、N10 为主卧室、儿童房的空调，则 $I_{N9} = I_{N10} = 2000W \times 3 \div 220V \approx 27.27A$。

（4）开关及导线选择　导线截面面积和保护器件的选择应以实际使用为出发点，线路的导线应选择用铜芯塑料线。进户线截面面积不应小于 $6mm^2$，干线截面面积不应小于 $4mm^2$，一般插座回路导线截面面积不应小于 $2.5mm^2$，空调回路应单设一路，其截面面积不应小于 $2.5mm^2$，当一般插座和空调为同回路时，其干路导线截面面积不应小于 $4mm^2$。

根据之前的计算，铜芯线 $1mm^2$ 可以长期通过 6A 安全电流，计算中截面面积不足 $2.5mm^2$ 的导线，应按规范选用 $2.5mm^2$ 的导线。

导线的载流量与导线截面面积有关，也与导线的材料、型号、敷设方法以及环境温度等有关，影响的因素较多，计算也较复杂。各种导线的载流量通常可以从手册中查找，但利用口诀再配合一些简单的心算，便可直接算出，不必查表。

口诀："二点五下乘以九，往上减一顺号走"，这句话说的是 $2.5mm^2$ 及以下各种截面面积的铝芯绝缘线，其载流量约为截面面积数值的 9 倍，如 $2.5mm^2$ 导线，载流量为 $2.5 \times 9A = 22.5A$。$4mm^2$ 及以上导线的载流量和截面面积数值的倍数关系是顺着线号往上排，倍数逐次减 1，即 $4 \times 8$、$6 \times 7$、$10 \times 6$、$16 \times 5$、$25 \times 4$。若铝芯绝缘线明敷在环境温度长期高于 25℃ 的地区，导线载流量可按上述口诀计算方法算出，然后再打"九折"即可。

经计算，该家庭用电线路 N1、N2、N3、N4、N5、N6、N7、N8 应选择 $2.5mm^2$ 导线，线路 N9、N10 应选择 $4mm^2$ 导线。

家庭用电线路导线截面面积规格大小确定以后，就可以考虑导线的型号以及剩余电流断路器（俗称漏电开关）的选择，根据国家的有关规定和《住宅设计标准（附条文说明）》（DBJ08－20－2019），将线路 N1～N5 的导线型号选为 BV－2×2.5＋BVR2.5，因为这些线路是插座线路，所以要有漏电保护，则开关型号为 NB1LE－63/1P＋N（30mA）；而线路 N6～N8 三条导线型号为 BV－2×2.5＋BVR2.5，开关型号为 NB1－63/1P；线路 N9、N10 的导线型号为 BV－2×4＋BVR4，开关型号为 NB1－63/1P。

（5）合理布线　一个插座回路，最多不超过 10 个插座。平面布置图如图 8-2 所示，顶面布置图如图 8-3 所示。

（6）施工注意事项　家庭用电线路设计中，有了合理的布线方案后，施工质量尤其重要，为了能保证质量，安全用电施工必须注意以下事项：

1）弹线：要横平竖直。

2）开槽：不要斜向开槽，要横平竖直。

3）穿管布管：线管直处用直接头，弯处直接弯90°，管直接在地面敷设，其质量

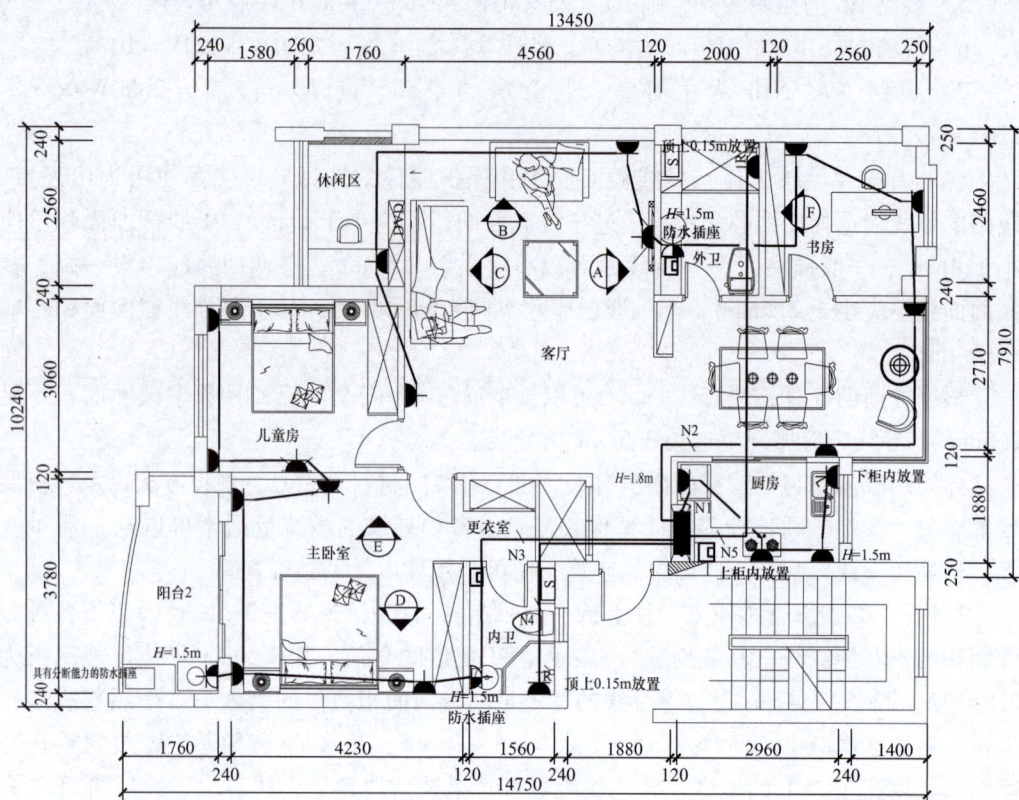

图 8-2　平面布置图（示例）

要求相对高些。

4）穿线：要用分色线，一般用 $2.5mm^2$ 铜芯线，空调用 $4mm^2$ 铜芯线，接线为"左零右火上地"。

5）固定：穿管后要对管进行固定，但很多施工队伍不注意这一点。

6）测量验收：如果要检测施工线路是否有问题，可直接用万用表检测线路是否通路。

7）导线的选配：电线应选用 $2.5mm^2$ 以上的铜质绝缘电线或铜质塑料绝缘护套线，熔丝要使用铅丝，严禁使用铅芯电线或使用铜丝作熔丝。施工时要使用三种不同颜色外皮的塑质铜芯导线，以便区分相线、零线和接地保护线，切不可图省事用一种或两种颜色的电线完成整个工程。

8）插座的安装：强电与弱电插座保持 50cm，强电与弱电要分线穿管。

① 明装插座距地面应不低于 1.8m。

② 暗装插座距地面不低于 0.3m，为防止儿童触电、手指触摸或金属物插捅电源的

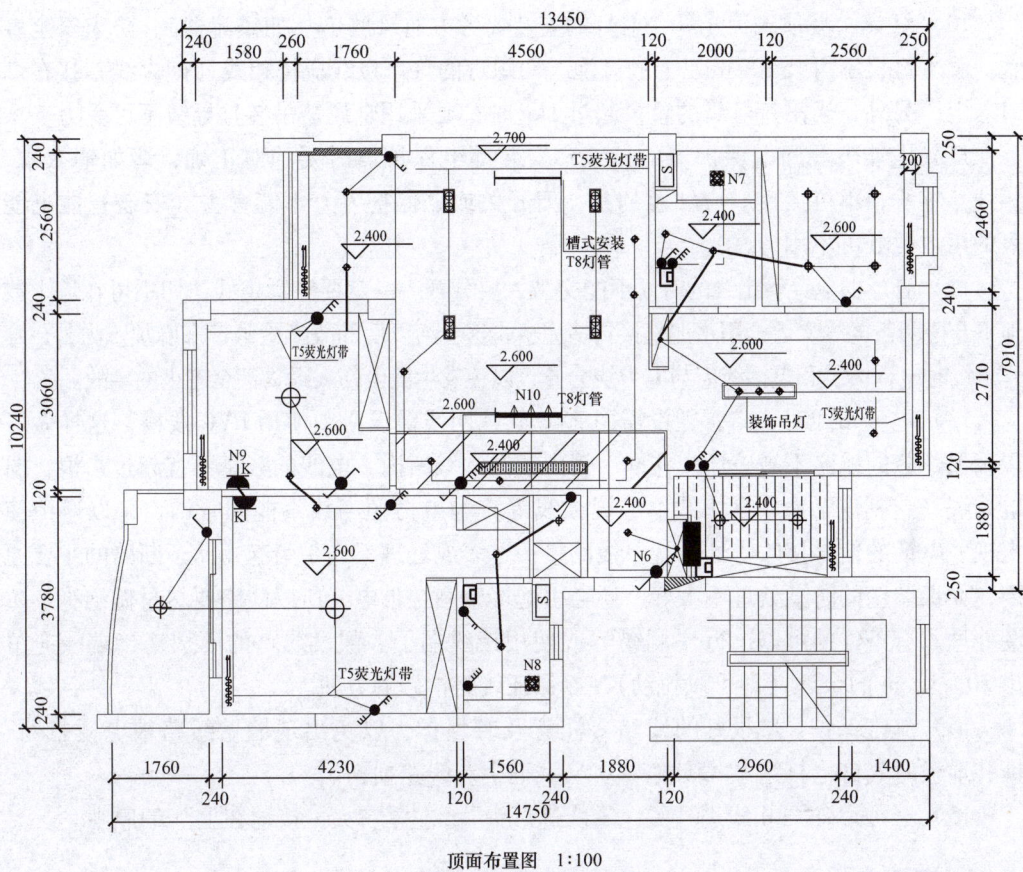

顶面布置图　1:100

图 8-3　顶面布置图（示列）

孔眼，一定要选用带有保险挡片的安全插座。

③ 单相二眼插座的施工接线要求是孔眼横排列时为"左零右火"，竖排列时为"上火下零"。

④ 单相三眼插座的接线要求是最上端的接地孔眼一定要与接地线接牢、接实、接对，决不能不接，余下的两孔眼按"左零右火"的规则接线，值得注意的是零线与保护接地线切不可错接或接为一体。

⑤ 电冰箱应使用独立的、带有保护接地的三眼插座。严禁自做接地线接于煤气管道上，以免发生严重的火灾事故。

⑥ 抽油烟机的插座也要使用三眼插座，接地保护决不可掉以轻心。

⑦ 卫生间常用来洗澡冲凉，易潮湿，不宜安装普通型插座。

9）开关的装配：开关安装要求距地面 1.2 ~ 1.4m，距门框水平距离 150 ~ 200mm。开关的位置与灯位要相对应，同一室内的开关高度应一致。卫生间应选用防水型开关，确保人身安全。

10）灯具：吸顶式荧光灯、射灯的安装要考虑通风散热（如镇流器）、防火安全事宜。胶木灯口不可装100W以上的灯泡，白炽灯的灯口接线应把相线（即火线）接在灯口芯上。另外，当吊灯灯具的重量超过1kg时，要采用金属链吊装且导线不可受力。

11）电能表、漏电保护器的接线：安装漏电保护器时要绝对正确，诸如输入端、相线、零线，不可接反。应注意的是，刀开关或磁保护万万不能舍去（安装智能电能表的用户此处可不用考虑）。

12）强、弱电穿管走线的时候不能交叉，要分开。一定要穿管走线，切不可在墙上或地下开槽明敷电线之后，用水泥直接封堵完事，这会给以后的故障检修带来麻烦。另外，穿管走线时电视馈线和电话线应与电力线分开，以免发生漏电伤人毁物甚至着火的事故。

13）电气布线时，暗管敷设需用PVC管，明线敷设必须使用PVC线槽，这样做可以确保隐蔽的线路不被破坏。在同一管内或同一线槽内，电线的数量不宜超过4根，弱电系统（包括电话线、网络线、电视天线等）与电力照明线不能同管铺设，以避免使电视、电话的信号接收受到干扰。线路接头过多或处理不当是引起短路、断路的主要原因，如果墙壁的防潮处理不太好，还会引起墙壁潮湿带电，所以线路要尽量做绝缘及防潮处理，有条件的可以进行"涮锡"或使用接线端子。敷设线路的面板连接端线应留出20～30cm的余地（即可以拉动），以保证线路检修的方便。

14）施工保护：敷设好的线路要注意及时保护，以免出现墙壁线路被电锤打断、铺装地板时气钉枪打穿PVC线管或护套线而引起线路损伤。

15）必须遵守"相线进开关，零线进灯头""左零右火，接地在上"的原则。

### 3. 项目实施

（1）项目活动设计　项目活动设计见表8-2。

表8-2　项目活动设计表

| 周　次 | 步　骤 | 活 动 设 计 |
|---|---|---|
| 第一周 | 查阅资料，确定负荷，论证总体方案 | 1）分组<br>2）布置任务（讲授）<br>3）确定负荷（小组讨论）<br>4）确定负荷分配系统图（小组讨论） |
|  | 计算负荷、选择导线 | 1）学习国家标准、规范（讲授）<br>2）进行各路负荷计算并进行导线选择（独立完成） |
| 第二周 | 设计电路布局、画出布线图 | 1）设计电路布局（小组讨论）<br>2）画出布线图（独立完成） |
|  | 完成设计报告、汇报及答辩 | 1）完成设计报告（独立）<br>2）汇报、答辩（小组推荐） |
|  | 教师评分 | 综合评价 |

（2）组建学生团队　将学生分成几个小组，由教师指定小组组长，由各小组组长负责各组人员分工，既有合作任务，又有学生独立完成内容，考核每个学生的独立工作能力和团队合作精神。

（3）工作任务的分配　每个小组由不同的模拟客户提出不同的用电要求，使得每个小组的数据都有所不同。这样，每个学生团队都有自己所负责设计的目标。

（4）项目实施过程管理

【实训组织】让学生向家长了解家庭用电设备及用电要求，了解照明要求。各组派出代表到正在装修的住宅进行实地考察。采用小组讨论和独立思考相结合的方式，学生各自完成计算和绘图。在设计过程中出现的问题，教师给予指导。

【实训要求】完成负荷统计，并对数据进行处理；查阅相关设计规范、国家标准等资料，并进行负荷计算，选用导线型号；画出负荷分配图、平面开关布置图、顶面照明布置图；整理、打印文稿；答辩。

【考核方式】检查小组数据记录；安排授课辅导时间进行考勤；对设计进度进行考核。

（5）考核评价　日常考核和阶段性过程监控考核相结合，形成最终考核项目。项目实施完成后，上交完整的设计成果，根据方案质量（50分）、阶段性过程监控考核（20分）、汇报和答辩成绩（20分）、团队合作（10分）给出每个学生的综合成绩。

## 8.2.3　案例诠释

### 1. 项目成效

（1）教学成效　在真实环境中的真实工作，实现了知识技能的融合、提升，以及职业素质的锻炼，也培养了学生自主学习的能力，提高了综合能力与素质。部分学生提交了高质量的设计报告。

学生提供了全部材料，其中包括设计报告、计算数据、平面开关布置图、顶面照明布置图、户内配电箱系统图。

（2）项目家庭应用成效　因为该项目是家庭用电项目，直接关系到每个家庭的实际使用，通过整个设计过程的训练，知识和技能的融会贯通，学生对自己家中线路分布产生浓厚的兴趣，为家庭线路的维护提供了保障。后续配套了照明电路的安装，使学生进一步增强了工程的实战能力和综合应变能力。从家庭用电线路设计到安装与维护，学生对家庭用电从理论到实践、从个体到系统的整个认识有了一个质的飞跃。

### 2. 案例小结

通过在"电工基础及应用"课程中引入真实项目的实践，从教学方面来看：一是培养学生运用知识的能力。学生运用电工基础相关知识，引入公司设计理念和方法，独立完成整个设计过程，将过去所学的知识一点一点地串联起来应用到设计中。二是激发学生学习兴趣。以学生为主体，通过师生互动探讨问题，激发学生的学习热情，从被动学习，变主动学习。三是培养团队合作精神。以团队为单位完成真实项目，通过沟通、信任、合作和承担责任，形成协作效应。四是培养学生创新意识。通过完成该项目，培养学生创新意识；提高学生独立工作能力。从实际应用方面来看：一是学生对家中日常接触到的电有更深入的了解，提高了对线路的维护能力；二是对建筑装修行业电路部分的设计有系统的认识，可以为就业开辟一条通道。

### 3. 案例反思

本案例在教学中得到了有效应用，将学生身边的常见真实项目融入教学，使学生对专业知识产生浓厚的兴趣，变被动学习为主动学习，充分发挥学生主体作用，调动了学生学习积极性，取得了较好的教学效果，但是也存在着一些问题，有待以后不断总结提高。

1）工作量大。虽然提前布置了任务，个别学生较被动，时间不够，一些学生就没有严格参照《民用建筑电气设计规范》（GB 51348—2019）和《低压配电设计规范》（GB 50054—2011）进行设计。

2）实训报告书写能力还有待提高。

附 录

## 附录 A    实训报告

实训报告由两部分组成，第一部分为封面，见表 A-1，也可让学生自行设计，但要包含表 A-1 中的信息；第二部分为报告正文，见表 A-2。

表 A-1    实训报告封面

# ××××项目实训报告

/    学年 第    学期

项 目 名 称 _____

班        级 _____

学        号 _____

姓        名 _____

指 导 教 师 _____

表 A-2　实训报告正文

一、项目实训目的

二、项目实训内容

三、实训步骤

四、数据记录

五、结果分析

六、成绩评定

## 附录 B　设计说明书

设计说明书由两部分组成，第一部分为封面，见表 B-1，也可让学生自行设计，但要包含表 B-1 中的信息；第二部分为说明书正文，见表 B-2。

表 B-1　设计说明书封面

× × × × × ×

# 设计说明书

题　　目：＿＿＿＿＿＿＿＿＿＿＿＿＿＿＿＿＿

系　　别：＿＿＿＿＿＿＿　专　业：＿＿＿＿＿＿

班　　级：＿＿＿＿＿＿＿　学　号：＿＿＿＿＿＿

姓　　名：＿＿＿＿＿＿＿＿＿＿＿＿＿＿＿＿＿

指导教师：＿＿＿＿＿＿＿专业技术职务：＿＿＿＿＿

时　　间：＿＿＿＿＿＿＿＿＿＿＿＿＿＿＿＿＿

表 B-2　设计说明书正文

一、方案确定

二、负荷分配

1. 分几路，每路有哪些电器

2. 照明电路要求及灯的布置

3. 未来发展需求

三、负荷计算

四、导线选择

五、布线方案

1. 画出布线图

2. 布线说明

六、照明电路介绍

1. 照明电路

2. 开关连接

双联、三联等

3. 灯的介绍

七、安装注意事项（或安装方案）（施工要求及注意事项）

八、总结

致谢

参考文献

附录

# 参 考 文 献

[1] 陈菊红. 电工基础 [M]. 5 版. 北京：机械工业出版社，2020.

[2] 曾令琴，徐思成，赵书文，等. 电路分析基础 [M]. 4 版. 北京：人民邮电出版社，2017.

[3] 童建华. 电路分析基础 [M]. 3 版. 大连：大连理工大学出版社，2018.